"十四五"普通高等教育部委级规划教材

创新设计

CHUANGXIN SHEJI

孙守迁 闵歆 刘曦卉 著

U0241566

中国纺织出版社有限公司

内 容 提 要

本书聚焦创新设计能力建设支撑体系的三大要素（工具、平台、生态），结合创新实践案例，为读者全面呈现创新设计的理论意义与应用价值。其中，第一章概述了创新设计的发展现状；第二章论述了创新设计的价值；第三~第五章聚焦工具和平台要素，重点阐述了面向智能化（第三章）、数字化（第四章）、网络化（第五章）新一代设计的发展态势；第六章聚焦生态要素，介绍了创新设计评价体系。

本书可供高校设计专业学生和科研人员参考。

图书在版编目（CIP）数据

创新设计 / 孙守迁，闵歆，刘曦卉著 . -- 北京：中国纺织出版社有限公司，2023.8

"十四五"普通高等教育部委级规划教材

ISBN 978-7-5229-0472-6

Ⅰ . ①创… Ⅱ . ①孙… ②闵… ③刘… Ⅲ . ①设计学—高等学校—教材 Ⅳ . ① TB21

中国国家版本馆 CIP 数据核字（2023）第 056486 号

责任编辑：华长印 郑冰雪 责任校对：寇晨晨
责任印制：王艳丽

中国纺织出版社有限公司出版发行
地址：北京市朝阳区百子湾东里 A407 号楼 邮政编码：100124
销售电话：010—67004422 传真：010—87155801
http://www.c-textilep.com
中国纺织出版社天猫旗舰店
官方微博 http://weibo.com/2119887771
北京华联印刷有限公司印刷 各地新华书店经销
2023 年 8 月第 1 版第 1 次印刷
开本：710×1000 1/16 印张：20
字数：270 千字 定价：89.80 元

前言

党的二十大报告指出，加快实现高水平科技自立自强。以国家战略需求为导向，集聚力量进行原创性引领性科技攻关，坚决打赢关键核心技术攻坚战[1]。

创新设计是国家创新驱动发展战略的重要组成部分，对培育和发展战略性新兴产业、加快经济发展方式转变和产业结构调整具有关键作用，是提升国家设计竞争力、推动数字经济发展的新动能。笔者自2013年参与中国工程院重大咨询项目"创新设计发展战略研究"以来，一直从事创新设计研究、研究生教育以及设计学学科建设等工作。经过一段时间的教学实践和对相关研究成果的积淀总结，笔者认为工具、平台、生态作为创新设计能力建设支撑体系的三大要素，对创新设计产业健康发展起到关键性的支撑作用。在工具要素方面：中国需要加强高端制造——工业软件领域的能力。在平台要素方面：随着新一轮科技革命和产业变革的加速推进，在数字化经济中，平台正在高速改变着行业的运营模式，亚马逊、微软、爱彼迎等公司变革的成功也在为平台模式背书，创新设计作为一种能力，应将平台与技术结合转化为产品的创新和统合能力。在生态要素方面：创新设计需要从产业生态的角度考虑配套问题，建立健全适应创新设计自身特点的数字化评价和管理体系，营造良好的创新设计发展生态，促进产业规范健康发展。

---

[1] 新华社. 加快实现高水平科技自立自强——各地贯彻落实党的二十大精神加强科技创新观察 [EB/OL]. 2002-11-19.

大部分关于创新设计的图书多从设计进化的角度研究分析创新设计在产品、服务等多方面的价值实现，或从创新设计五大构成的角度探讨设计问题的解决方法。本书则重点关注创新设计能力建设的三大要素，即以工具、平台、生态为切入点，结合笔者带领的研究团队的相关创新实践案例，阐述如何通过提升创新设计能力实现智能化、数字化和网络化的新一代设计。旨在进一步优化创新设计教学体系，为从事设计相关工作的读者提供参考。

本书首先概述了创新设计的内涵、特点以及发展现状等内容，为创新设计奠定了坚实的理论基础；其次，从经济学理论视角、四个不同的经济时代、企业竞争力等方面论述了创新设计所创造的价值；最后，从创新设计能力建设支撑体系的三大核心要素（工具、平台、生态）分析笔者带领的研究团队的相关创新实践案例。具体包括，聚焦智能化的工具要素，强调利用人工智能技术催生面向未来的新产品、新业态；聚焦数字化的平台要素，强调基于大数据和云计算的服务平台建设，形成面向创新设计的知识分享、创意供给和设计交易服务平台；聚焦网络化的工具要素，强调依托人机融合技术实现基于信息物理系统的创新型应用；聚焦生态要素，包含推动全数字化设计模拟试点，建立完善的创新设计评价体系、标准体系和教育体系。

本书得到了国家自然科学基金、中国工程院战略咨询项目以及国家重点研发计划等项目的支持，并得到了中国创新设计产业战略联盟、中国工程科技知识中心创新设计分中心、中国机械工程学会工业设计分会以及数字创意智能技术与装备浙江省工程研究中心等单位的大力支持，特此向关心和支持笔者研究和撰写工作的所有单位和个人表示衷心的感谢。

本书是笔者带领的团队在创新设计领域多年研究成果的积累。罗凌颖、刘映南、闫北歌以及张叶冰清参与了统稿和校对工作。感谢曾宪伟、赵东伟、罗睿铭、戚文谦、陈小雨、曾泽栋、赵相羽、段竣骁、熊皎宇以及张颖为本书撰写提供了丰富的素材和有价值的指导。

由于作者水平有限，书中难免有疏漏之处，恳请广大读者批评指正。

孙守迁

目录

第一章
创新设计
概述

第二章
创新设计
创造价值

3

第三章
创新设计的
核心方法

第四章

创新设计的
关键载体

第五章

创新设计的
重要表现

第六章

创新设计评价体系

创新设计概述

路甬祥院士在报告《设计的进化——设计3.0》一文中指出，人类社会文明形态的演进，历经从"自然经济"过渡到"市场经济"再到当今的"知识网络经济"，是一场由"传统设计"到"现代设计"再到"创新设计"引发的产业变革❶。设计的进化过程可以分为三个阶段：第一阶段是以农耕时代自然经济为主导的设计1.0时期（传统设计）；第二阶段是以工业时代市场经济为主导的设计2.0时期（现代设计）；如今正步入第三阶段，是以知识网络时代数字经济为主导的设计3.0时期（创新设计）。新工业革命背景下的创新设计，作为创造性实践的先导和准备，集成技术、人本、艺术、文化、商业，呈现网络智能、绿色低碳、跨界融合、共创分享等新特征。在推动科技成果转化、人文精神传承、环境与经济协同发展等方面具有重要意义，是国家创新驱动发展战略的重要组成部分❷。

设计创新推动人类社会的文明和进步，设计的价值理念、方法技术、人才团队也随着文明进化和技术变革而演进❸。本章首先阐述了设计的进化历程，其次介绍了创新设计的基本概念、构成要素以及发展进程，最后论述了发展创新设计的重要意义。本章是创新设计总体情况的概览，有助于建立整体的知识体系框架，理解创新设计的基础知识和概念，为后续章节的进一步阐述提供背景和理论铺垫。

通过本章节的学习，可以让学习者在创新驱动发展战

---

❶ 邵律,王鹰高. 共聚上海杨浦同济共话打造"设计之都"核心功能区 路甬祥:设计的进化——设计3.0[J]. 上海经济,2014(11):47.

❷ 路甬祥,孙守迁,张克俊. 创新设计发展战略研究[J]. 机械设计,2019,36(2):1-4.

❸ 路甬祥. 设计的进化与面向未来的中国创新设计[J]. 装备制造,2015(1):46-51.

略的大背景下，对创新设计有初步的认识，深刻领会发展创新设计的重要意义，提升创新设计多维能力。有助于激发学习者的创新意识、活力和潜力，培养新时代、新需求下的复合型创新人才。对建设创新型国家，推动中国制造向中国创造转变，实现创新驱动、跨越发展具有重大意义❶。

第一节
设计的变革

一、新工业革命

自18世纪中叶以来，人类历史上曾发生过三次重要的工业革命。18世纪60年代至19世纪40年代，第一次工业革命开创了"蒸汽时代"。金属材料的广泛运用和规模化机械制造工艺，标志着人类文明从农耕时代走向工业化时代的伟大进步。19世纪70年代至20世纪初期，第二次工业革命带领人类进入"电气时代"。石油成为日益重要的新能源，催生了电力、化工、铁路等重工业，制造生产也逐步迈向精密仪器的自动化时代。同时，推动了交通的迅速发展，世界各国逐渐形成全球化的国际政治经济体系。两次世界大战后（20世纪50年代）世界形势发生深刻变化，第三次工业革命开创了"信息时代"。全球信息和资源交流的速度、范围、规模达到空前水平，世界政治经济格局进一步确立。计算机与信息技术发展日新月异，它所带来的巨大变革，为社会经济结构带来质的飞跃，

❶ 路甬祥. 创新设计与中国创造 [J]. 全球化,2015(4)：5-11,24,131.

并在全球催生一场新的技术变革。每一次工业革命都伴随人类社会技术范式、制造方式、产业形态和组织形式的创新与变革，一步步推动人类文明发展进入空前繁荣的时代❶。

继蒸汽技术革命、电力技术革命、计算机及信息技术革命后，人类世界正悄然迎来第四次工业革命。新一轮工业革命和产业变革是建立在5G、大数据、人工智能、云计算、物联网、边缘计算、虚拟现实等为核心的现代技术上的又一次科技革命。具备数字化、网络化、智能化等主要特征，是新一轮现代制造技术与制造系统的突破性创新，将对全球供应链、产业链、价值链产生前所未有的影响❷。

新工业革命将进入拓展期，全球各国为了抓住新一轮工业革命的重要机遇，结合本国实际提出了面向全新发展阶段的相关战略举措。2012年，美国通用电气提出"工业互联网"的概念。随后美国5家行业龙头企业联手组建了工业互联网联盟（IIC），并将这一概念传播扩散。以互联互通的物联网为基础，通过大数据的智能分析及生产过程中的智能管理，实现对传统制造业流程的改造升级，巩固美国在全球制造业竞争中的领先地位❸。相比于美国，德国有着不一样的竞争优势。作为传统工业和制造业强国，德国在2013年4月的汉诺威工业博览会上正式提出"工业4.0"这一概念。它是指利用嵌入式以及控制设备的物联信息系统，将生产中的供应、制造及销售信息数据化和智能化，最终实现快速、有效、个性化的产品供应❹。核心目的是提高德国工业的竞争力，依托其自身强大的机械工业制造基础，在新一轮工业革命中抢占先机，进而引领全球制造业的潮流。2015年5月，国务院印发《中国制造2025》，以加快新一代信息技术与制造业深度融合为主线，以推进智能制造为主攻方向，部署全面推进实施"制造大国"向"制造强国"转型

❶ 胡鞍钢. 中国不会错过第四次工业革命 [J]. 军工文化,2013(5) :36-37.

❷ 王盛勇,李晓华. 新工业革命与中国产业全球价值链升级 [J]. 改革与战略,2018,34(2): 131-135.

❸ 杜传忠,金文翰. 美国工业互联网发展经验及其对中国的借鉴 [J]. 太平洋学报,2020, 28(7) :80-93.

❹ AI? 人工智能? 智能制造的工业 4.0 时代解读 [EB/OL]. (2019-10-17)[2022-02-08].

升级战略。在工业制造创新发展方面，中国与德国依托"中国制造2025"和"工业4.0"这两大发展战略，建立了良好的合作关系。2015年10月，德国总理默克尔访华时，中德两国宣布将推进"中国制造2025"和德国"工业4.0"战略对接，共同推动新工业革命和业态[1]。此举深挖了两国合作潜力，引领了中国与发达国家关系。国家发展和改革委员会对外经济研究所国际经济合作研究室主任张建平认为"德国的制造理念和制造品质在全球是有目共睹的，德国的技术和中国的市场如果能够对接起来，将产生非常大的合作优势。"[2]

新工业革命将带来人类社会根本性变革和机遇。这场大规模突破性创新设计活动和产业变革过程的发生和推进，将会给全球经济增长注入新的动能，同时将催生资本市场崭新投资机遇，智能制造、物联网、工业机器人等先进制造业领域有望迎来新一轮发展[3]。

二、设计的进化

（一）设计进化的三大阶段及设计内涵与实践

1. 三大阶段的特征

设计进化的过程可以分为三个阶段：第一阶段为农耕时代的传统设计，即设计1.0时代。这一时期，设计主要是为了满足人们的物质功能需求；第二阶段为工业时代的现代设计，即设计2.0时代（工业设计1.0）。此阶段人类社会经历了工业革命所带来的生产、生活方式的变革，正式步入工业时代，并催生出了市场经济和体验经济。这一时期，德国包豪斯设计的产生与发展，和随之建立起的

---

[1] 邹雅婷. 当"中国制造2025"遇上德国"工业4.0". 滚动新闻 [EB/OL]. 中国政府网，(2016-06-15)[2022-02-08].

[2] 同[1].

[3] 苑舜. 新一轮工业革命:物联网、人工智能与智慧能源的结合 [J]. 中国电业,2019(12)：6-9.

一整套的设计教学方法和教学体系，为后来工业设计科学体系的建立、发展奠定了坚实的基础❶。此时期设计的目标已经由单纯满足物质功能需求，向满足人们的个性化和多样化需求转变，设计的内涵开始丰富；第三阶段为新工业革命背景下知识网络时代的创新设计，即设计3.0时代（工业设计2.0）❷，创新设计以满足人们物质、精神需求和生态环保要求为目标，追求个人、社会、人与自然的和谐，实现可持续发展❸（图1-1）。

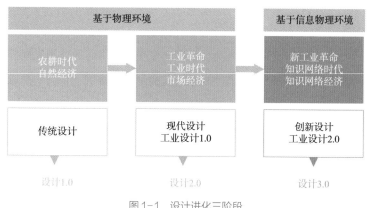

图1-1　设计进化三阶段

迈入设计3.0阶段，以云计算、大数据、物联网为代表的信息化浪潮席卷而来，人类社会进入了全新的工业化进程。当前中国工业化的内容、内涵更为丰富，涉及范围更加广泛，以往的设计体系已经无法定义信息时代下飞速发展的设计主体与内容，新一代设计——创新设计应运而生。设计2.0向设计3.0的自主跨越，标志着从传统基于物理环境的设计正式走向基于信息物理环境的设计，从现代设计向创新设计的深刻变革❹。潘云鹤院士指出，人类世界正在由二元空间（以"物理空间"和"人类社会"为主）转变为三元空间（"物理空间"—"人类社会"—"信息空间"构成的生态系统）❺。"信息空间"的出现势必会对"物理空间"和"人类社会"

❶ 苑舜. 新一轮工业革命:物联网、人工智能与智慧能源的结合 [J]. 中国电业,2019(12) : 6-9.

❷ 路甬祥. 设计的进化与面向未来的中国创新设计 [J]. 装备制造,2015(1) :46-51.

❸ 路甬祥,孙守迁,张克俊. 创新设计发展战略研究 [J]. 机械设计,2019,36(2) :1-4.

❹ 路甬祥. 创新设计引领中国创造 [J]. 中国战略新兴产业,2017(17) :96.

❺ 张立华. 机器智能的灵感与顿悟 [J]. 大数据时代,2020(9) :18-25.

产生多方位的影响。例如，人类可以在信息空间以某种新手段对物理空间进行改造，甚至信息空间正在改变人类对自我和物理环境的认知。而这也意味着创新设计的外部环境正在发生巨变、社会新需求的爆发。同时，自设计1.0以来，经历了技术驱动下生产效率和品质的提升，以及市场拉动下用户需求层次的进化。在设计3.0阶段，设计成为创新的主要驱动力，创新主体与范畴也从企业、用户拓展到人类社会以及更多的相关范畴。由多维因素构成的生态系统概念开始被广泛接受，创新设计从业者和研究者们也开始关注更宏观和深入的领域内容。

2. 三大阶段的设计内涵与实践

伴随设计三个阶段的变革，每个阶段设计的内涵和设计实践的内容都在进化。设计内涵的进化体现在许多方面，例如，设计的价值观念、设计方法和技术工具，以及设计人才团队及培养方式等都发生了阶段性变化。

（1）设计的价值观念：设计1.0阶段处于农耕文明的进程中，当时设计的价值观尊崇自然价值观，设计与手工业制造、农业自然经济形态息息相关，当时的设计崇尚自然美，契合社会伦理，通过效仿自然的实用功能；设计2.0阶段工业革命使得生产力大大提升，生产力的发展催生了市场经济，此时设计的价值观转向市场价值观，注重功能效率，强调技艺结合，发展人机功效学，适应工业化、标准化、模块化生产，追求性价比，适应市场竞争需求，创造品牌价值，注重保护生态环境，创造了工业文明；设计3.0阶段的设计融合了科学技术、经济社会、人文艺术、生态环境等知识信息大数据，注重创意、创造、创新，更加重视用户体验❶。追求经济、社会、文化、生态综合价值，重视全球网络协同设计；追求绿色低碳、网络智能、共创分享、可持续发展，为产品、产业的全过程提供系统性服务，是实现科技成果转化、创造市场新需求的核心环节，将引领人类文明发展的进程（图1-2）。

（2）设计方法及技术工具：设计1.0阶段主要依靠手工方法，

❶ 路甬祥.设计的进化与面向未来的中国创新设计 [J]. 装备制造,2015(1)：46-51.

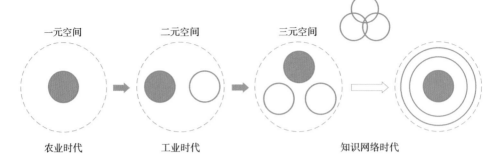

一元空间　　　　二元空间　　　　三元空间

农业时代　　　　工业时代　　　　知识网络时代

图1-2　创新设计外部环境变化

只使用简单工具；设计2.0阶段发展了计算、平面、透视、三维等设计形式，测绘、建模、实验、仿真、CAD、CAE、CAPP等方法，使用数据库设计工具、计算机和软件、数字−物理仿真、2D/3D打印设备等；设计3.0阶段依靠知识、信息大数据、云计算、虚拟现实、3D打印等，实现全球网络协同设计；发展超级计算、超级存储、3D演示与打印等，云计算、云服务等网络设计工具软件和协同设计平台。

（3）设计人才团队及培养方式：设计1.0阶段的设计者主要依靠个人天赋、爱好、学习能力，训练和经验。其培养模式主要是通过家庭和师徒进行传承，工匠即设计师；设计2.0阶段的设计师与团队由学校培养训练，掌握基础知识。在设计实践中需要技术和艺术的结合以及团队合作，因此催生了专业设计师、设计团队，设计公司，设计学科、设计学院、学会/协会等。设计师逐渐职业化；设计3.0阶段的设计师更需要科学技术、经济社会、人文艺术、生态环境等多方面的知识和多学科交叉融合，多样化人才团队的协同与合作。基于网络大数据、云计算、云服务、3D打印等开放共享环境，使人人可以参与设计，人人可以成为设计师，共创设计的理念被推崇（表1-1）。

表1-1　设计内涵的进化

设计的进化	设计1.0	设计2.0	设计3.0
时代的演变	农耕时代	工业时代	知识网络时代
价值观的演变	自然价值观	市场价值观	社会价值观

设计的进化	设计1.0	设计2.0	设计3.0
设计价值理念的进化	效仿自然的实用功能	适应竞争的品牌价值	以人为本的系统融合
设计方法	手工方法	计算、仿真	网络协同设计
技术工具	原始工具	计算机、软件、打印等	超级计算机、网络设计工具软件和协同设计平台
设计人才	工匠即设计师	专业设计师	人人可以参与设计，人人可以成为设计师
设计团队	缺少团队概念	专业设计团队	多样化人才团队的协同与合作
培养方式	家庭和师徒传承	学校专业教育	多学科交叉融合培养、网格教育、创新创业活动等多种人才培养模式

同样，进化也体现在设计实践的各个方面，例如，设计实践中所利用的材料与资源、设计的系统与方法，以及设计在典型行业领域和社会服务领域中的变化（表1-2）。

表1-2　设计实践的进化

设计的进化	设计1.0	设计2.0	设计3.0
设计材料	直接利用天然材料或经过简单加工的材料	开发利用钢铁和有色合金、无机非金属、有机合成与高分子等多种性能优良的结构材料以及功能材料	超常智慧结构功能材料、绿色可再生环境友好材料、纳米和低维结构功能材料、生物及仿真材料
设计资源/能源	依靠土壤、阳光、水、动植物等自然资源，依靠人畜力和薪柴、水、风等天然资源	主要依靠开发利用金属、非金属等矿产资源，依靠煤炭、石油、天然气等化石能源	转向主要依靠信息知识大数据和人的创造力，实现金属、生物质等物质资源清洁高效利用
动力系统设计	主要设计利用人畜力和水、风等为原始动力的简单机械装置	人们设计制造了蒸汽机、电动机、内燃机、蒸汽轮机等动力系统	设计创造绿色低碳、智能高效，具有可再生、可回收、可存储、可控制分配的能源和动力系统

续表

设计的进化	设计1.0	设计2.0	设计3.0
制造方式的设计	人们使用简单工具，依靠家庭作坊和手工业工厂方式；设计与手工艺制作紧密结合，融为一体	发展为工厂化、专业化、自动化的柔性制造方案；设计与制造分离，设计工程师成为专门职业；设计服务并服从于制造	将发展进化为依托网络和知识信息大数据的全球绿色、智能制造与服务模式、设计和制造重新结合，结合3D打印技术，设计变得更加自由、更加完美
交通运载工具	利用天然土路、水道，设计桥梁类设施，主要依靠畜类、风力等	设计发展了公路、铁路、索道等；发明并创造了蒸汽、内燃机、电力等现代化运输方式	设计创新发展新型高速公路、无人轨道、无人驾驶、管道列车等
农业与生物技术产业设计	依靠土地、阳光和水等自然资源进行渔猎、种植、养殖	发展优良农作物品种，农药、农肥等农业生产资料；设计建设水利设施等	发展先进农业技术，依托网络和知识信息大数据发展农业与生物产业
信息通信的设计	依靠结绳、刻痕、算盘等手工记事和计算	依靠电话、数字、无线、GPS、互联网等信息基础设施；发展形成数字网络	依靠无处不在的无线宽带互联网打造共创共享，多样无限的大数据，云计算服务系统
生态与人居环境的设计进化	利用天然材料，设计建造民居、寺庙、园林等；人的生存发展方式和自然和谐共处	利用混凝土等人造建筑材料，规划建造现代住宅等设施；生态环境受到严重破坏	保护修复生态环境，创造宜居环境，发展绿色低碳、智慧和谐的现代化城镇
社会管理与公共服务的设计	原始公社—氏族社会—奴隶社会进化为封建社会，总体封闭、局限、保守	以市场经济基础和民主法治的社会管理，制度化、社会化、专业化、信息化	进化为高度依托网络与知识信息大数据，更加民主、法治、智慧和谐的社会管理
公共和国家安全的设计进化	关注领土、主权、财产、统治权的安全；主要依靠人力和冷兵器等工事攻防	进化为经济安全、资源安全、食品药品安全，公共与公民安全等	信息网络成为公共与国家安全的核心和关键环节；综合国力、制度与执行力、科技力

（二）设计要素的变化

随着新兴技术的不断发展，创新设计作为设计3.0，在实践中其外部环境不断发生变化、内涵不断丰富、语义不断扩展。知识网络时代人们处于一个"物理空间"—"人类社会"—"信息空间"
构成的生态系统，与此同时，设计的方法、载体和对象也发生了相
应的变化。

19世纪末20世纪初，第二次工业革命浪潮席卷全球，工厂和
机器取代手工工艺体系。社会生产分工使设计与制造分离，设计因
此获得了独立的地位。在第二次工业革命的影响下，全新的社会生
产形式开始形成，工厂大规模机械化生产促使设计开始从整个制造
生产环节中独立出来，传统手工艺体系中的设计制造一体模式被打
破。工业化浪潮对传统手工艺者的生产造成了冲击，规模化生产
方式的出现也直接导致生产制造者对机器技术和材料能效趋之若
鹜。艺术与人们的日常生活脱节，产品粗制滥造和审美缺失的弊端
开始显现。包豪斯设计学院便在工业时代这种艺术审美与先进技术
的矛盾冲突中应运而生。包豪斯设计将平面构成、立体构成、色彩
构成作为设计的基础训练，主张艺术与技术、理论与实践、教学与
生产、技术训练相结合的理念，强调社会责任感，将艺术与工业对
接，形成了一套科学系统的教学体系和教学方法，被后人视为现代
设计艺术教育的基础。这个时期是现代设计的开端，也处于人—物
理系统的二元空间。设计人员通过将个人的设计知识和工艺制造相
结合，将平面的设计图纸转为理性、优雅的三维设计。从经济层面
来看，人—物理世界时代处于工业经济阶段，这一时期生产具有大
规模、集中式、标准化的特点，并以人为主导（图1-3）。

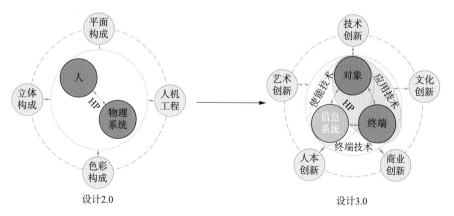

图1-3 设计2.0到设计3.0

20世纪50年代，第一台计算机绘图系统在美国问世，作为最早的被动式计算机辅助设计技术，该系统能够实现简单的绘图功能。20世纪60年代是CAD发展的起步时期。1963年，美国学者伊凡·苏泽兰（Ivan Sutherland）发明出了一个具有革命性的计算机程序——Sketchpad，并凭借着这项成果于1988年获得图灵奖（Turing Award），后又于2012年获得京都奖（Kyoto Prize）。Sketchpad被认为是最早的人机交互式（Human-Computer Interaction，HCI）计算机程序，被之后众多交互式系统当作蓝本。同时，它也是计算机图形学的一大突破，被认为是现代计算机辅助设计的鼻祖。到20世纪80年代中期，经过一系列的发展，实体建模的出现也让计算机辅助设计迈向了新的阶段。这一时期设计工作者极大地提升了设计效率，实体建模技术发展至今相关应用已十分普及。与此同时，随着互联网、物联网的发展，设计的对象也从传统的家居、生活用品扩展到智能家电、现代设施等；设计的方法也从早期注重艺术与技术的结合扩展到以人为本，探讨人与技术、人与产品之间的关系，逐步向设计3.0的时期迈进。由于技术的发展，设计人员需要掌握的知识不再局限于传统的三大构成，更多的现实因素被纳入设计的范畴（图1-4）。

进入21世纪，CAD技术在应用和实用技术方面取得了不少的进展，并出现一些新的趋势，如协同设计的进一步完善、全流程建

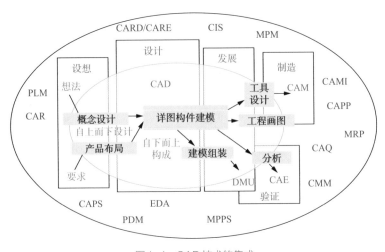

图1-4　CAD技术的集成

模与仿真、网络化等。同时，更多的智能设计手段被引入CAD的设计领域，主要包括：全自动设计、多学科信息融合、智能算法等。这些强大的智能设计手段使设计者如虎添翼，在设计过程中能更集中精力于设计和创新本身。这个过程中，计算思维和设计思维进行碰撞，现实载体和虚拟载体的边界逐渐模糊，设计的对象也逐步进化，"物理空间"—"人类社会"—"信息空间"之间的关系逐渐紧密、无法分割，正式进入了设计3.0，即创新设计的时期。人类历史中的制造系统从人—物理系统的关系到现如今的人—信息—物理系统，新一代智能制造系统以智能为主导，制造为主体，人是主宰的角色。新一代信息技术包含使能技术、应用技术和终端技术，这些要素不断丰富新一代的制造系统，逐步向智能系统演进。从经济层面看，逐步进入人—信息—物理世界中的智能经济的新阶段。这一时期更多的技术要素被纳入，由智能作为主导，而发达国家的发展经验也证实了创新设计在此时期的重要性。

三、新一代设计发展态势

在2018年两院院士大会上，党和国家领导人提出"世界正在进入以信息产业为主导的经济发展时期。我们要把握网络化、数字化、智能化融合发展的契机，以信息化、智能化为杠杆培育新动能。"徐宗本院士对以上论述表示高度认同，同时提出："网络化、数字化、智能化是新一轮科技革命的突出特征，也是新一代信息技术的核心。网络化为信息传播提供物理载体，其发展趋势是信息物理系统（CPS）的广泛采用。信息物理系统不仅会催生出新的工业，甚至会重塑现有产业布局。数字化为社会信息化奠定基础，其发展趋势是社会的全面数据化。数据化强调对数据的收集、聚合、分析与应用。智能化体现信息应用的层次与水平，其发展趋势是新一代人工智能。目前，新一代人工智能的热潮已经来临。"[1]新一代信息技术已然成为推动人类社会创新发展的主导力量，当今世界创新设计整体发展走向与科技和信息技术的发展息息相关，沿着这三大特征的脉络人们能窥见新一代设计的发展态势。

（一）网络化：从互联网、物联网到信息物理系统

上文提到，人类世界原来是由人类社会空间与物理空间构成的二元空间，但随着信息流的出现和信息力量的迅速发展，让信息空间成长为除人类社会空间和物理空间两级外的新一级，这一切都是源于互联网技术的诞生。

作为信息化的公共基础设施，互联网已经成为人们获取信息、交换信息、消费信息的主要方式。但是，互联网关注的只是人与人之间的互联互通以及由此带来的服务与服务之间的互联。物联网主要解决人对物理世界的感知问题，而要解决对物理对象更复杂的操控问题则必须进一步发展信息物理系统（CPS）。信息物理系统是一个综合计算、网络和物理环境的多维复杂系统，它通过3C（Computer, Communication, Control）技术的有机融合与深度协作，实现对大型工程系统的实时感知、动态控制和信息服务。通过人机交互接口，信息物理系统实现计算进程与物理进程的交互，利用网络化空间以远程、可靠、实时、安全、协作的方式操控一个物理实体。从本质上说，信息物理系统是一个具有控制属性的网络[2]。信息物理系统的最终目标是实现信息世界和物理世界的完全融合，构建一个可控、可信、可扩展并且安全高效的CPS网络，并最终从根本上改变人类构建工程物理系统的方式[3]。

而随着CPS系统的不断发展强大，人在H-CPS（人—信息—

---

❶ 徐宗本. "数字化、网络化、智能化"把握新一代信息技术的聚焦点[J]. 科学中国人，2019(3)：36-37.

❷ 同❶.

❸ 曾雅芸. 基于CAN的信息物理系统的形式化验证方法研究[D]. 南京：南京邮电大学，2014：1.

物理系统）中的角色也发生了变化。自从有了计算机和网络技术，人类可以将大脑构思的人造物用数字技术表达在计算机内以构建虚拟的人造物，并用计算机数字技术制造出来，实现信息数字化转换。而计算机虚拟构建的人造物则在网络中存储、传递、设计、制造、产品+服务信息反馈、改造、优化……在CPS发展初期，人与CPS系统进行的还是相对初级基础的人机交互，CPS系统可以帮助人们解决部分脑力及体力劳动。新一代信息技术发展至今，扩展现实、5G、大数据、AI、区块链等技术的创新，进一步推动了"人类—信息—物理"系统向新一代"人类—信息—物理"[1]融合系统发展。这一阶段能帮助人类解决部分创造性的脑力劳动，实现从"授人以鱼"到"授之以渔"的升级。人性化、信息化与工业化正在深度融合，如现在智能汽车、穿戴式机器人等装备的出现。人性化、信息化向深度发展，其深化的趋势和设计的深化趋势有密切的关系（图1-5）。

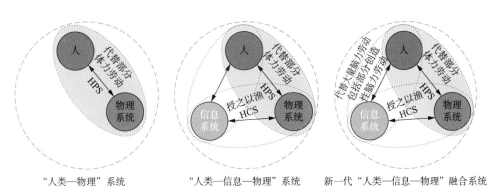

"人类—物理"系统　　　　"人类—信息—物理"系统　　　新一代"人类—信息—物理"融合系统

图1-5　从"人—物理系统"到新一代"人—信息—物理系统"

（二）数字化：从计算机化到数据化

数字化是指将信息载体（文字、图片、图像、信号等）以数字编码形式（通常是二进制）进行储存、传输、加工、处理和应用的技术途径。数字化本身指的是信息表示方式与处理方式，但本质上强调的是信息应用的计算机化和自动化。数据化（数据是以编码形

❶ 周济,李培根,周艳红,等. 走向新一代智能制造 [J]. Engineering,2018,4(1)：28-47.

式存在的信息载体，所有数据都是数字化的）除包括数字化外，更强调对数据的收集、聚合、分析与应用，强化数据的生产要素与生产力功能。数字化正从计算机化向数据化发展，这是当前社会信息化最重要的趋势之一[1]。

技术创新也推动着数字化技术不断发展，信息时代人们的日常开始进入一种"数字化生存"的状态，数字化技术市场瞬息万变，数字化产品层出不穷。数字化技术的应用在当下呈现出数字技术集成化、数字内容去中心化、数字产品全生命周期管理化等发展趋势。随着许多关键性技术被逐一攻破，数字化技术研究方向已由发展早期的单一化走向集成化，除了在技术研究上着重集成化技术，在技术应用上也由信息集成、过程集成向服务集成、知识集成发展[2]；去中心化是互联网发展至今形成的一种新的社会关系形态和内容产生形式，数字化内容迎来全民共创的新风潮，数字内容创作方式由早期单一的专业生产内容（PGC）到现在用户生成内容（UGC）甚至AI智能生成内容（AIGC），引发了业态创新；数字产品也由着重关注产品本身的设计和制造逐渐转变为强调产品生命周期管理（Product Lifecycle Management，PLM），这是技术、企业、流程、策略等发展到一个相对成熟时期所产生的理念革新，旨在通过一整套全面的解决方案来提升产品和企业的竞争力。

科技带来的进步和数字技术的飞速发展，催生了体量庞大的数字经济市场。据《中国数字经济发展与就业白皮书（2019年）》[3]（以下简称《白皮书》）数据显示，2018年，中国数字经济规模达到了31万亿元，占国内生产总值的比重约为1/3，已成为经济增长的重要引擎[4]。在持续增长的消费需求下，数字产业发展不断升级，新业态的出现创造了大量就业机会，也推动就业格局不断优化。当今世界，科技革命和产业变革日新月异，数字经济蓬勃发展，深刻

❶ 徐宗本."数字化、网络化、智能化"把握新一代信息技术的聚焦点 [J]. 科学中国人，2019(7)：36-37.

❷ 数字化技术对当代艺术发展的影响 [J]. 中国美术馆，2013(10)：1.

❸ 中国信通院. 中国数字经济发展与就业白皮书(2019 年) [EB/OL]. (2019-04-18) [2022-02-08].

❹ 夏杰长，肖宇. 数字娱乐消费发展趋势及其未来取向 [J]. 经济研究参考，2020(2)：121-128.

改变着人类生产生活方式，对各国经济社会发展、全球治理体系、人类文明进程影响深远。中国高度重视发展数字经济，正积极推进数字产业化、产业数字化，引导数字经济和实体经济深度融合，推动经济全面高质量发展。产业数字化，即传统产业由于应用数字技术所带来的生产数量和生产效率提升，其新增产出构成数字经济的重要组成部分。

（三）智能化：新一代人工智能

智能化是信息技术发展的永恒追求，实现这一追求的主要途径是发展人工智能技术。人工智能技术诞生六十多年来，虽历经三起两落，但还是取得了巨大成就。1959—1976年是基于人工智能知识表示和符号处理的阶段，产生了在一些领域具有重要应用价值的专家系统；1976—2007年是基于统计学习和知识自表示的阶段，产生了各种各样的神经网络系统；2017年人工智能成为科技界最热门的话题，无论是国家还是企业都在大力投入发展人工智能领域，以BAT为首的互联网国内顶尖企业相继发布了人工智能发展战略；近几年开始的基于环境自适应、自博弈、自进化、自学习的研究，正在形成一个人工智能发展的新阶段——元学习或方法论学习阶段，这构成新一代人工智能[1]，人工智能的发展与应用步入高速发展时期。

新一代人工智能主要包括大数据智能、群体智能、跨媒体智能、人机混合增强智能和类脑智能等[2]。潘云鹤院士认为，从2015年起，人工智能正在从1.0走向2.0，主要有三个方面的具体原因：一是社会产生了新的需求，二是信息环境发生了巨大变化，三是人工智能的基础和目标发生了变化[3]。

2017年，《国务院关于印发新一代人工智能发展规划的通知》

[1] 徐宗本."数字化、网络化、智能化"把握新一代信息技术的聚焦点 [J]. 科学中国人，2019(7)：36-37.
[2] 同[1].
[3] 潘云鹤. 人工智能 2.0 与教育的发展 [J]. 中国远程教育，2018(5)：5-8,44,79.

提出了人工智能2.0时期五大人工智能发展技术方向：大数据智能、群体智能、跨媒体智能、人机混合增强智能和自主智能系统（图1-6）。

而新一代人工智能技术也支撑新一代创新设计发展，赋能创新设计个性化：随着移动互联网的发展，用户获取信息的途径越来越个性化，以兴趣为导向的信息消费习惯逐渐凸显。通过人工智能技术，可以根据相关用户数据等细分目标用户，针对不同的用户设计定制不同类型的产品，吸引聚集不同类型的用户，从而进行服务和营销，增加用户黏性。这主要是解决供给和需求之间的智能匹配问题，识别用户，发现需求，更重要的是发掘用户，创造需求，并且基于此进行智能匹配设计，引领需求，提升体验，为用户创造舒适且节能环保的个性化、人性化的智能工作和生活方式，让人们享受到更为轻松自在、体贴安心的工作和家居生活。融合了传感功能的可穿戴设备、智能汽车、智能家电、智能住宅将逐步走向消费者。

大数据智能	• 大数据智能理论重点突破无监督学习、综合深度推理等难点问题，建立数据驱动、以自然语言理解为核心的认知计算模型，形成从大数据到知识、从知识到决策的能力
群体智能	• 群体智能理论重点突破群体智能的组织、涌现、学习的理论与方法，建立可表达、可计算的群智激励算法和模型，形成基于互联网的群体智能理论体系
跨媒体智能	• 跨媒体感知计算理论重点突破低成本低能耗智能感知、复杂场景主动感知、自然环境听觉与言语感知、多媒体自主学习等理论方法，实现超人感知和高动态、高维度、多模式分布式大场景感知
混合增强智能	• 混合增强智能理论重点突破人机协同共融的情境理解与决策学习、直觉推理与因果模型、记忆与知识演化等理论，实现学习与思考接近或超过人类智能水平的混合增强智能
自主智能	• 自主协同控制与优化决策理论重点突破面向自主无人系统的协同感知与交互、自主协同控制与优化决策、知识驱动的人机物三元协同与互操作等理论，形成自主智能无人系统创新性理论体系架构

图1-6 新一代人工智能发展方向

国内通过AI++和++AI两种主要的方式，进行AI全面赋能：一方面通过++AI在原有发展基础上，寻找到AI在各个行业产业领域的规模效应，通过人工智能全面赋能；另一方面通过AI++，以人工智能为引领主导，在基础产学研领域形成颠覆式全新的产业模式，以科研为导向推手，通过资本介入，将人工智能技术高效产业化，通过营建健康系统的生态发展环境，从AI政策大数据政策到组织结构方式，机制规则保障，安全法律护航，AI人才主导，以产业市场需求为目的，形成人工智能的生产方、消费方、传播方多种多元的发展生态❶。在国际方面，通过空间地域物质流、信息流、资金流三大流的智能交换产生智能价值，如"丝绸之路经济带"和"21世纪海上丝绸之路"、中欧贸易、中非贸易等多种形式，加强经济和文化交流。

当人们回顾各行各业的历史发展，可以清晰地看到数字化、网络化、智能化的变革悄然发生在日常生活的各个方面。从汽车产业的发展来看，新一代创新设计发展趋势正在一步步引领传统行业的创新变革（图1-7）。

图1-7 从"数字一代"产品到"网联一代"产品再到"智能一代"产品

❶ 覃京燕. 人工智能与创新设计发展现状及趋势 [J]. 创意与设计,2020(2):5-9,32.

第二节
创新设计介绍

一、创新设计的基本概念及特征

（一）定义

创新设计是一种具有创意的集成创新与创造活动，也是一种对重要创新行动的构思与表达。知识网络时代的创新设计是融合多学科、跨领域的系统集成创新，它面向知识网络时代，以产业为主要服务对象，在公共服务、生态环境、城市建设、国家安全等领域都有着重要作用。

（二）特征

创新设计以绿色低碳、网络智能、开放融合、共创分享为时代特征[1]。

1. 绿色低碳

绿色低碳设计是绿色制造、可持续发展的基础和源头，决定了产品全生命周期内能源消耗和废料排放的总水平。知识网络时代的创新设计必须秉承以人为本的可持续发展的理念，将绿色低碳作为突出的时代特征，注重设计制造过程、销售服务、使用运行到遗骸处理和再制造等全生命周期的资源能源高效循环利用，废弃物和碳排放最少，实现人类文明进步与自然生产的和谐和可持续发展[2]。远古时期，人类生命活动完全适应自然，到了农耕文明时期，人们利用的主要是生物资源，人类与自然的关系整体和谐；工业文明时代一切以发展生产力为目标，人口消费大量增长，化石能源和矿产资源被大规模开

❶ 路甬祥,孙守迁,张克俊. 创新设计发展战略研究 [J]. 机械设计,2019,36(2):1-4.
❷ 路甬祥. 创新设计竞争力研究 [J]. 机械设计,2019,36(1):1.

发利用，人类与自然的关系开始转变成前者对后者的开发、改造、征服，各类社会和环境问题日益滋生；渐渐地人们开始意识到人与自然应当和谐共处，而不是简单的征服与被征服的关系，"以人的需求为本"的理念是短视的，不利于人类长期的生存发展，绿色低碳方式才是人与自然正确的相处方式。绿色低碳既不是简单得像农耕时代那样因为生产力水平低而被动的"绿色环保"，也不应该是为了满足人们短期的需要而牺牲人们长期的发展，而是应该优化提升生产力，在人类文明进步的必然与自然生态的良性发展之间寻求平衡。可持续设计理念的推广，为推动绿色生态文明的建设提供了新的可能性。

2. 网络智能

数字化网络智能技术的发展使得信息传递、处理、知识挖掘、判断决策、设计仿真、加工演示更加快捷高效，让用户感受到更加安全可信、丰富多彩的生活。信息网络时代产品与装备已不再是孤立和固化的，而是处于信息物理空间中，能感知、能协同、能升级、有智能的产品装备。具有网络智能特征的创新设计是虚拟网络和实体生产的相互渗透融合，通过大数据、云计算、信息网络、软件、自动控制、3D打印等技术支持实现设计制造、使用运行、营销服务的网络化与智能化；依托全球信息和物流网络、软件的支撑，实现多样化、个性化、定制式，更注重用户体验的智能设计、制造与服务❶。企业通过智能互联，将完成对传统产业价值链的重构，经济效益和生产效率都将得到极大规模的提升。

3. 开放融合

农耕时代要制造一个产品往往需要不同身份的人通过各自的努力配合完成，并且不同的职业角色之间存在很强的壁垒。此外，受到交通等客观条件限制，古代的商品交易大部分集中在一小块区域，开放和融合的程度较低，跨地区流动也很难。工业时代要制造一个产品往往需要纵向一体化的产业链结构，但纵向一体化的模式也提高了客产业间的壁垒，使各个产业融合发展的难度增大，即使后工业时代横向一体化的产业链结构蓬勃兴起，企业间合作成为常

❶ 路甬祥. 创新设计竞争力研究 [J]. 机械设计,2019,36(1)：1-4.

态，但是产业与产业之间的跨界合作和融合发展的程度仍然不高。

知识网络时代，互联网作为一种"溶剂"，大大消解了不同产业之间存在的壁垒。新一代创新设计将与研发、制造、应用、服务相融合，成为多学科、跨领域的系统集成创新，是全球信息网络——物理环境下的软硬件功能的综合优化，最终实现制造过程、营销服务、使用运行等多元综合优化，追求更好的经济、社会、生态和文化效益❶。设计制造服务创新，更需要学科交叉融合、跨界知识融合、创新方法多样融合、终端·云端·软硬件深度融合。企业仅仅依靠内部资源进行高成本的创新活动，已经难以适应快速发展的市场需求以及日益激烈的企业竞争。开放融合正在逐渐成为创新设计的主导模式和制度保障。企业积极寻找外部合资、技术特许、委外研究、技术合伙、战略联盟或者风险投资等合适的商业模式以尽快地把创新思想变为现实产品与利润❷。

4. 共创分享

从农耕时代到知识网络时代，知识的传递方式逐步转变，具备共创分享的趋势。农业时代，知识技能通常被称为手艺，传承方式则是师傅带徒弟，知识技能的获取方式是三点式、局域性、低效率的。工业时代，随着传媒技术的迅猛发展、完整的教育体系的建立，获取知识与技能的效率大大提高，同时专利制度和知识产权保护制度逐步在全球范围内建立起来。虽然知识技术生产方的利益得到了保护，却未能促进知识和技能更好地分享和获得。知识经济时代，获取知识的路径不再是局限性、单向表达，而是出现了更多可能，知识分享经济就是典型的知识网络时代的知识获取模式。共享经济是利用互联网等现代信息技术整合、分享海量的分散化闲置资源，满足多样化需求的经济活动的总和❸。通过网络，公众将自己的知识、经验、机能经由社会平台与他人分享，进而获得收入的经济现象。全球网络促成了资源的开放共享和整合，协同变得越来

❶ 路甬祥. 创新设计竞争力研究 [J]. 机械设计, 2019, 36(1): 1-4.
❷ 潘云鹤. 潘云鹤："好设计奖" 要使设计走向经济社会发展的舞台中央 [J]. 设计, 2021, 34(2): 69-72.
❸ 李源, 李容, 龚萍, 等. 共享经济发展现状、问题及治理研究——基于机构调查报告和行业实例分析视角 [J]. 西南金融, 2017(9): 57-62.

及有效，促进全球文化的交流提升了创新设计成果的人文价值，市场的多样化需求推动了规模化集中的生产方式向更现代化的方向变革。全球网络时代的创新设计将是人人可以公平参与、竞争合作、共创分享的创意和创造，将催生创客、众包、众筹，以及个性化、定制化的设计制造，网络设计制造、软性设计制造与服务等新业态❶。

（三）内涵与实现路径

1. 内涵

创新设计集科学技术、文化艺术、服务模式创新于一体，并涵盖工程设计、工业设计、服务设计等各类设计领域，为产品、产业的全过程提供系统性服务，融技术创新、产品创新和服务创新为一体，是科技成果转化为现实生产力、创造市场新需求的关键环节，正引领新一轮产业革命❷（图1-8）。

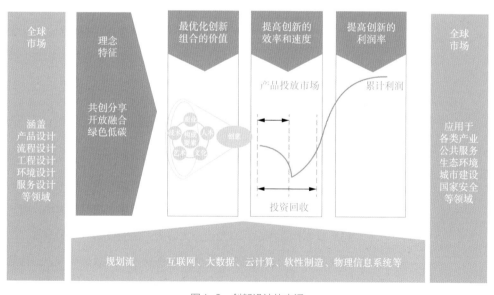

图1-8　创新设计的内涵

---

❶ 路甬祥. 创新设计竞争力研究 [J]. 机械设计, 2019, 36(1): 1-4.
❷ 路甬祥. 论创新设计 [J]. 科技创新与品牌, 2018(1): 4.

2. 实现路径

主要分为三个方面，分别是科学技术、文化艺术以及产业模式。科学技术包含机器人、区块链、产业大脑、大数据、AI、AR/VR 等新兴技术；文化艺术包含音乐、美术、影视、戏剧、舞蹈、东西方文化融合、中华文化、物质文化等内容与形式；产业模式包含新兴服务业、数字健康、乡村振兴、智能制造和数字文旅等领域。

二、创新设计的构成要素

创新设计作为一种科学技术创新，是一种重要且跨学科融合的集成创新，具有集成性、多维度、组合式创新等特点。创新设计的构成要素在每个时代并不是一成不变的，而是在动态发展的。在设计 3.0 时代，创新设计的构成要素主要涵盖五个方面，是融合了技术构成要素、人本构成要素、艺术构成要素、文化构成要素、商业构成要素于一体的创新❶。这 5 个方面涵盖了创新设计的前期和中期，包括用户分析、产品形式美感、技术实现、品牌塑造和商业营销的过程❷。

（一）技术构成

技术是打造产品品质，形成核心竞争力的要素。技术是产品的核心竞争力，没有技术支撑的产品和企业迟早会被时代淘汰；新一代信息技术按照用途可以分为三大方向：使能技术、应用技术、终端设备技术。使能技术包含了人工智能技术、大数据技术、云计算技术、新一代数字感知技术、未来网络技术；应用技术包含了综合广播宽带技术、家庭娱乐产品软件、数字内容加工处理软件、虚拟现实处理软件、动漫游戏制作引擎软件、文化资源数字化处理技

❶ 潘云鹤. 于中国创新设计大会发表的题为《中国的创新设计之路》的主旨报告 .
❷ 路甬祥,孙守迁,张克俊. 创新设计发展战略研究 [J]. 机械设计,2019,36(2) : 1-4.

术❶；终端设备技术包含了超高清技术、3D audio技术、AR/VR/MR技术、3D全息图像重建技术。

（二）人本构成

人本是获取用户需求，打造令用户满意的产品功能的要素，这里的需求包含了人—机—环的需求。产品发展从"以物为中心"到"以人为中心"，人本的重要性毋庸置疑，没有人本设计的产品得不到用户的青睐。互联网技术的发展，使获取用户需求信息的成本变得越来越低。通过数据挖掘等技术，可以获取更加全面准确的用户需求，可以获取单个或部分用户的个性化信息，也可以推测连用户自己都没意识到的隐性需求。有了这些精准信息、个性化定制及C2B等模式成为现实。

（三）艺术构成

艺术是形成产品形式美感的要素。艺术设计可以为产品获取用户的"第一印象"；设计中融合艺术的想象与科学的方法，艺术的创造与科学的分析，艺术的自由与科学的严谨，就会超越简单的"加和"效果，发挥"乘方"的巨大作用❷。

（四）文化构成

文化是形成产品特质，打造产品品牌的要素❸。文化属性的增值能够为设计创造附加价值，设计也是文化发展的动力源泉。因此，文化与设计之间相辅相成。文化设计是创新设计的重要分支，将文化因素融入设计之中一直是设计界的前沿趋势。产品/企业自身独特的文化则是确保其可以长远健康发展的关键。

❶ 中华人民共和国国家发展和改革委员会. 关于对《战略性新兴产业重点产品和服务指导目录》(2016版)征求修订意见的公告 [EB/OL]. (2018-09-21)[2022-02-09].

❷ 唐林涛. 工业设计方法 [M]. 北京：中国建筑工业出版社，2006.

❸ 路甬祥,孙守迁,张克俊. 创新设计发展战略研究 [J]. 机械设计,2019,36(2):1-4.

（五）商业构成

商业是进行市场营销、形成盈利模式的要素，是实现创新设计价值的重要途径和手段。随着知识技术的商品化，技术不再是竞争中的唯一核心要素，产品性能创新也越来越容易被模仿和超越[1]。随着大数据的应用及信息透明化，人们在进行商业决策时，能够得到更多的数据支撑，商业复杂度降低。同时，由于各种商业信息数据的汇集和掌握，进行商业模式组合的样式增多，商业创新的可能性增加，商业重要性上升。当今世界处于经济全球化过程中，科技发展日新月异，商业环境具有极大不确定性，企业纷纷开始意识到商业模式已经成为决定成败的关键因素，好的商业模式和后期服务是产品占领市场因素的重中之重。在苹果公司被奉为传奇的今天，商业模式创新已成为新时期企业战略布局中的关键竞争力（图1-9）。

进入新的发展时代，创新设计有了更为复杂的系统观，设计的边界不断拓展，新兴技术的创新层出不穷。现代语境下的创新设计早已不同于往日为了解决某一特定领域的特定问题而展开的行为，

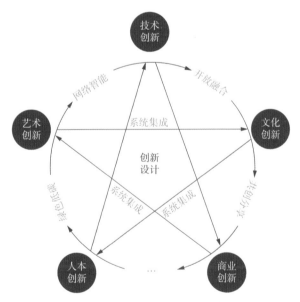

图1-9　创新设计五大构成要素

❶ 张颖. 基于创新设计构成要素的作品综合评价系统研究 [D]. 杭州:浙江大学,2016: 7-17.

如今的设计需要跨越不同领域去识别问题，在交叉领域中寻找应用场景，定义设计的作用域，这就要求新时代设计者们需要深刻理解经济、文化、技术、商业、艺术等社会要素，并基于多维度认知基础去发现问题、解决问题。同时，新时代的设计者们需要意识到环境的变化，主动转换思路与定位，从新技术的被动感知者主动向新技术发展过程中的参与者转变。历史过往的经验都证明了技术的原始创新能够引领时代的发展。

三、创新设计的发展进程

2013年8月，中国工程院启动了"创新设计发展战略研究"重大咨询项目。该项目历时两年，100余位相关领域的院士专家分为十个课题组，在地方、行业和企业广泛调查和深入研究❶。该研究对设计进化理论进行了阐述，并给出了创新设计的定义。

2015年2月，中国工程院向国务院正式提报了《关于大力发展创新设计的建议》报告，主要提出三点建议：一是将创新设计纳入国家"十三五"规划纲要；二是制定《中国创新设计十年行动纲要（2016—2025）》；三是加强顶层设计和经费保障，成立国家创新设计指导委员会，国务院建立创新设计部际协调机制，同时建设国家和区域创新设计工程中心❷。

2015年5月，"创新设计"被纳入"中国制造2025"，以提升设计能力和产业化能力为核心，推进"工业设计"向"创新设计"跨越发展，实现中国制造业由传统的"市场导向、价格驱动"的发展转向"创新导向、价值驱动"的新模式❸。《中国制造2025》特别指出创新设计能力是国家制造业创新能力的重要组成部分，并提出了如下战略任务：提高创新设计能力。在传统制造业、战略性新兴产业、现代服务业等重点领域开展创新设计示范，全面推广应用以绿色、

---

❶ 曾鸣.智能商业:数据时代的新商业范式 [EB/OL].(2017-04-17)[2022-02-13].
❷ 中国科学报."中国好设计"背后的科学家推手 [EB/OL].(2016-05-30)[2022-02-09].
❸ 李子子."2017 第四届中国中部设计学国际研讨会"[J].陶瓷研究,2017(6):4-19.

智能、协同为特征的先进设计技术。加强设计领域共性关键技术研发，攻克信息化设计、过程集成设计、复杂过程和系统设计等共性技术，开发一批具有自主知识产权的关键设计工具软件，建设完善创新设计生态系统。建设若干具有世界影响力的创新设计集群，培育一批专业化、开放型的工业设计企业，鼓励代工企业建立研究设计中心，向代设计和出口自主品牌产品转变。发展各类创新设计教育，设立国家工业设计奖，激发全社会创新设计的积极性和主动性。

中国创新设计产业肩负着建设创新型国家，培育和发展战略性新兴产业，加快经济发展方式转变和产业结构调整，提高国家设计竞争力的使命，需要各行各业的共同努力，实现重大科技突破和转型升级，推动创新设计产业进一步合理分工，优势互补。要务实开展前瞻性的基础共性研发，推动创新成果的转化，促进产业链、创新链、资金链的对接，打造面向全行业开放的、具有国际先进水平的创新设计共性技术平台[1]。

第三节
发展创新设计的意义

一、创新设计是把握新工业革命机遇的关键环节

2008年金融危机之后，全球经济正处于工业革命的转型期。上一轮科技进步带来的增长动能逐渐衰减，科技革命和产业变革日新月异，以大数据、人工智能业态等为代表的数字经济蓬勃发展，但新一轮科技和产业革命尚未形成势头。世界经济面临增长动力不足、需求不振、金融市场反复动荡、国际贸易和投资持续低迷等多

---

❶ 路甬祥. 创新设计引领中国创造 [J]. 中国战略新兴产业, 2017(17) : 96.

重风险和挑战❶。世界各国都在竞相调整与之相适应的创新战略与发展战略。

一方面，由于全球经济增速低迷、发达国家制造业回流、跨国公司逐步向低成本发展中国家转移等原因；另一方面，由于我国经济进入新常态，制造业面临着要素成本上升、资源环境约束、贸易增速放缓、增长动能转换等挑战❷，使中国面临发达国家重振高端制造和发展中国家低成本制造竞争的双重挑战。这迫切要求中国通过创新设计引领、提升自主创新能力，重塑制造业新的国际竞争优势❸。因此，中国提出创新设计，外因源于全球新技术革命与产业变革的大环境、大趋势，内因源于中国制造业和经济发展现状，着眼于实现制造强国、创新强国的发展目标。

以信息、能源、材料、生物等技术为主导的新技术革命和产业变革，成为推动新一轮全球经济增长和产业结构变革的引擎和动力。潘云鹤院士在采访中曾谈到："面向知识网络时代，传统的设计理念已经无法满足经济社会的新需求，在这种情况下任何一个单独的设计专业、设计领域都不能够支撑，必然进化为创新设计"❹。"创新设计"在新工业革命浪潮中，必然会引领以网络化、智能化和低碳可持续发展为特征的文明走向。为顺应新工业革命浪潮，中国正积极推进数字产业化、产业数字化，引导数字经济和实体经济深度融合，推动经济高质量发展。中国经济也已经进入由要素驱动向创新驱动转变，由注重增长速度向注重发展质量和效益转变的新常态。

创新设计与网络制造深度融合可以推动传统制造向数字制造、智能制造、绿色制造和服务型制造发展，促进制造商、用户、营销和服务商之间的紧密合作与协同创新，推动全球制造业的变革。近年来，我国坚持以智能制造为主攻方向，推进新一代信息技术与制造业深度融合，加快数字化转型进程，加速中国制造正在向中

❶ 推动世界经济强劲、可持续、平衡、包容增长 [J]. 杭州(周刊),2016(17) :6.
❷ 新形势下应进一步推动工业设计加快发展 [J]. 中国工业评论,2017(7) :100-103.
❸ 王晓红. 推动创新设计迈向制造强国 [J]. 全球化,2017(5) :15-35,134.
❹ 杜芳. 发展创新设计引领新产业革命 [J]. 经济日报,2016:11.

国"智"造的全新变革。云计算、大数据、物联网、区块链、车联网等新技术快速发展，远程教育、在线医疗、远程办公等新业态迅速兴起，共享经济、电子商务、移动支付加速普及，焕发蓬勃生机❶。不仅改变了全球设计制造的范式，还为创新设计提供了全新的网络信息、计算环境及共创共享平台❷。

在新一轮工业革命与我国加快转变经济发展方式形成历史性交汇、百年变局和世纪疫情交织叠加之际，国际产业分工格局正在重塑，人类社会进入新的历史关口。必须紧紧抓住这一重大历史时机，重视并大力发展创新设计，牢牢把握新一轮工业革命的机遇。抓住创新这一龙头，准确把握新发展阶段，深入贯彻新发展理念，加快构建新发展格局，促进创新设计与制造业深度融合，推动制造业实现"中国制造向中国创造转变""中国速度向中国质量转变""中国产品向中国品牌转变"❸，在创新驱动发展战略的强大助力下早日实现强国梦。

二、创新设计是走出价值链底端的突破口

2020年12月30日，工业和信息化部在全国工业和信息化工作会议上公布，2016—2019年，我国制造业增加值年均增长8.7%，由20.95万亿元增至26.92万亿元，占全球制造业比重达28.1%。目前，我国正处于从"制造大国"向"制造强国"转变的征程中，《2020中国制造强国发展指数报告》对我国制造业26个产业的分析指出，我国通信设备、轨道交通装备、输变电装备、纺织服装、家用电器五大产业达到世界领先水平；航天装备、发电装备、新能源汽车、钢铁、石化、建材六大产业处于世界先进水平；但是我国大部分产业与国际先进水平相比仍存在较大差距，特别是集成电路及

---

❶ 中共工业和信息化部党组. 坚定不移建设制造强国和网络强国 [EB/OL]. 求是，(2021-11-16)[2022-02-09].
❷ 王晓红. 以创新设计引领制造业升级 [J]. 智慧中国，2017(7)：54-55.
❸ 潘云鹤. 创新设计：全面提升国家竞争力 [J]. 紫光阁，2015(11)：14.

专用设备、操作系统与工业软件、航空发动机、农业装备产业❶。

经过改革开放四十余年的发展，中国虽已成为全球第一制造大国，但制造业整体自主创新设计能力和企业设计创新能力依然薄弱，先进制造技术和设计创新的研究和应用水平较低。长期跟踪模仿和创新设计能力不足使我国产业处于全球价值链的底端。以美国苹果公司的全球垂直型"设计生产模式"，即"硅谷设计—日本精密机械制造芯片—中国台湾制造主板—中国大陆组合生产成品"为例，中国内地代工苹果产品获得的劳动力价值比约2%，远低于美国所获得的创新设计研发的60%价值比。在苹果的全球价值链中，美、日、韩分别凭借设计和技术获得49.9%、34%和13%的利润分成，中国靠代工生产仅获得不到4%的利润❷。

不仅如此，我国高端数控机床、集成电路、民航客机、航空发动机、科学与医疗仪器、高端基础关键零部件等也严重依赖进口。中国自主设计创造并引领设计的重要产品、高端制造设备、经营服务模式少。因自主创新设计创造的国际著名品牌及成为享誉国际的著名企业偏少❸。企业研发侧重短期市场效益的渐进式创新，缺乏侧重企业长期竞争力、以创新设计引领的突破性创新。

设计是制造的起点，是制造的第一道工序。我国拥有全世界最完备的工业制造基础，发展创新设计是实现价值链跨越提升的关键，是我国早日摆脱对发达国家的依赖、突破自主创新驱动发展瓶颈的关键环节，是实现创新能力从"跟跑""并跑"到"领跑"的关键手段。要果断抓住时代机遇，立足制造业基础和后发优势，通过发展创新设计提升自主创新能力，完成从"跟踪模仿"到"引领跨越"的转变。

中国制造的定位是面向全球生产，现在中国经济步入了"新常态"，企业产品创新能力也需要提高，大力发展创新设计，对于全面提升我国产业国际竞争力和国家竞争力，提升我国在全球价值链

❶ 2020 中国制造强国发展指数报告(节选)[J]. 机械工业标准化与质量,2021(3):7-9.
❷ 中央政府门户网站. 创新设计引领中国制造. [EB/OL]. 经济日报,(2015-11-30)
[2022-02-09].
❸ 同❷.

中的分工地位具有重要战略意义。必须要让自主研发的创新产品成为行业标准，重点提升产品设计、基础设施设计、产业园区设计、整体解决方案设计等方面的能力，提升我国制造业的国际竞争力，为创新设计发展提供有力动能。

三、创新设计引领中国创造

路甬祥院士在"国际工程科技发展战略高端论坛"上的讲话中表示"虽然我国是全球制造大国，但还不是设计制造强国，基础核心技术缺失、设计引领的集成创新能力薄弱等因素是制约中国制造"由大转强"的主要瓶颈"❶。《中国制造2025》中提出，创新设计正式成为国家创新驱动发展战略的重要组成部分，并将成为中国制造技术创新、制造结构调整、发展方式转型的关键。因此，我国要从"制造大国"走向"制造强国"乃至"创造强国"，必须重视设计，抓住这一创新龙头，为创新驱动战略提供新的推动力，依靠创新设计助推强国梦。

设计是人类有目的的创新实践活动的设想、计划和策划。是将信息、知识、技术和创意转化为产品、工艺装备、经营服务的先导和准备，决定着制造和服务的品质和价值，是提升自主创新能力的关键环节❷。重视创新设计是工业发达国家的共同战略，德国1907年的"设计定标准，设计定质量"战略，铸就了奔驰、大众、西门子等百年品牌❸。路甬祥院士在《再论创新设计引领中国创造》中指出，创新设计是引领中国创造的先导和关键环节。把握新机遇、应对新挑战，认知设计的价值和竞争力要素，提升创新设计能力，对于引领推动自主创新，加快实现中国创造至关重要。由此可见，创新设计成为国家创新能力和软实力的重要组成。

❶ 经济评论 . 路甬祥：以"创新设计"引领"中国制造2025"[EB/OL]. (2016-01-11) [2022-02-09].

❷ 路甬祥.《论创新设计》[J]. 科技创新与品牌，2018(1) :4.

❸ 潘云鹤. 创新设计：全面提升国家竞争力 [J]. 紫光阁，2015(11) :14.

创新引领变革，设计创造价值。创新设计能够发掘新需求，开拓新市场，打造产业新生态。全球强大的搜索引擎不断设计推出导航地图、百科全书、语言处理、图像识别等新应用，构建了知识服务产业共创分享的新平台和新生态❶。同时，创新设计能够为产品增加附加价值，为用户提供更好的服务与体验，创造新价值，进而产生良好的品牌效应，在市场竞争中获得优势。华为公司便是以强大的技术创新设计能力在行业激烈竞争中突出重围，它实现了芯片、算法、软件等核心技术的突破，汇聚俫卡等全球高端资源，并且不断加大在产品研发创新设计上的投入，高品质的产品打造出了良好的消费者口碑，近年来在国内消费市场占比超越三星、苹果，国际市场份额也快速上升直追冠亚军。在手机领域，另外两家公司OPPO和vivo也十分看重自身在创新设计方面的竞争力，聚焦于不同的细分市场，如摄影、音乐这类年轻消费者们的关注热点，为消费者提供更加年轻化、个性化的功能体验，深受年轻群体的喜爱❷。

发展创新设计是中国文化"走出去"战略的重要手段，对提升国家软实力意义深远。移动互联时代，依托于网络载体的数字内容能够快速在全球范围传播，这带来了巨大的机遇与挑战。不同于以往的"硬"出海，互联网创业的下半场是"软"出海。以往出海是硬件和工具类应用打头阵，但现在泛娱乐内容型、模式创新型等"软实力"应用才是中国公司走出去的主要阵营。国内短视频头部产品抖音的国际版TikTok在美国等国家掀起了一阵热潮，在2020年一度跃升为全球下载量最大的非游戏类应用程序，并在多个国家应用排行榜上夺冠。与此同时，以网络文学、动漫游戏为代表的泛娱乐内容正以其广泛的内容渗透力、娱乐吸引力和文化影响力在海外迅速传播，海外市场占有率快速增长，成为对外传播中华文化和中国声音的新途径❸。2015年是我国网络文学IP元年。从这一年开始，网络文学海外传播转变为多种文艺形态。多部超人气网络小说

❶ 路甬祥. 论创新设计 [M]. 北京：中国科学技术出版社,2017.
❷ 同❶.
❸ 杨柳. "文化出海"背景下数字内容产业引导与监督机制探析 [J]. 新闻爱好者,2019(2):23-26.

改编的动漫、影视、游戏等多种文艺形态纷纷出海，如动漫《从前有座灵剑山》《全职高手》和网络电视剧《琅琊榜》相继登陆日韩等亚洲国家。2017年，起点国际（Web Novel）正式上线，"起点国际"是国内互联网企业阅文集团在海外率先开展付费阅读业务的文学平台。它的出现开启了企业、行业和产业"出海"战略布局，标志着网络文学海外传播进入产业业态输出阶段。在产业化输出布局下，多种文艺形态传播加大落地性和影响力。更多优秀网络小说改编剧集登陆欧美主流视频网站和韩国、泰国、越南、新加坡、马来西亚等国家与中国港台地区电视台，其中部分甚至实现了全球同步播出。从实体版权输出的"1.0时代"到IP多元化传播的"2.0时代"，再到海外产业业态布局的"3.0时代"，网络文学海外传播初步实现了"三级跳"，实现整体上的递进式发展，传播路径越来越清晰。电视剧出海初见成效，精品网剧出海也成为新趋势❶。

借助互联网在传播上的优势，我国数字内容产品携带着丰富的文化价值和精神内涵走向海外，向世界传递着我们的中国力量。可以说，数字创意内容的跨海传播，通过中国声音诉说中国故事、以中国风格弘扬中国文化，让世界更了解中国。未来，创新设计会继续前行，与时俱进，继续推动新一轮工业革命，引领中国创造。

❶ 肖惊鸿. 网络文学海外传播: 与时代、世界和文化趋势合拍 [EB/OL]. 光明日报, (2020-04-01)[2022-02-09].

创新设计

创造价值

第二章

著名德国工业设计师迪特·拉姆斯（Dieter Rams）在由加利·哈斯特维特（Gary Hustwit）执导的纪录片《设计面面观》（*Objectified*）❶中对设计的价值进行了探讨："The value, and especially the legitimization of design will be in the future, measured more in terms of how it can enable us to survive and I don't think this is an exaggeration, to survive on this planet." 创新设计的价值如何？其与价值的关系是怎样的？这是人们在理解创新设计概念过程中最为关键的两个问题。

本章首先论述了经济学中的设计价值，从古典经济学理论到现代的新经济增长理论中，剥离出关于设计价值的阐述，提供了创新设计价值的经济学视角；然后通过四个经济范式的转变，说明了创新设计的价值内容和内涵；最后将创新设计的价值聚焦到企业层面，即如何打造企业的竞争力。本章基于经济学理论的演变、创新设计进化论，着重从经济学视角、企业的竞争力视角，阐述创新设计的价值，并厘清其相关基本概念。

通过本章节的学习，可以让学习者理解不同经济学理论和范式下的设计价值、不同经济时代中创新设计的价值，以及创新设计对于企业的创新战略和竞争优势塑造的重要作用。创新设计作为一种能力，其所包含的思维方式、流程和方法，对于经济发展的推进，以及大众消费生活的改变都产生了积极影响。

---

❶ Hustwit, G. Objectified [M] United Kingdom: Swiss Dots, 2009.

第一节
经济学中的设计价值

从经济学理论视角看待创新设计的价值，可以通过理解主要的经济学理论中与设计相关的阐述，得到客观的判断。这归功于约翰·赫斯科特（John Heskett）教授，他在长期对于设计史[1][2]、经济学理论的阅读和研究中，归纳总结了价值创造理论（Value Creation Theory）[3]。这里，我们基于他的基本价值创造理论，系统回顾在不同经济学理论和范式下的设计价值。

亚当·斯密在1776年出版的《国富论》[4]一书中总结了近代初期各国资本主义发展的经验，批判吸收了当时的重要经济理论，对整个国民经济的运动过程做了系统的描述，该书被誉为"第一部系统的伟大的经济学著作"。《国富论》否定了重农主义学派对于土地的重视，也驳斥了认为大量储备贵金属是经济成功所不可或缺的重商主义。该书的主要贡献包括提出了劳动分工、自由市场和交换价值。亚当·斯密认为劳动才是最重要的，而劳动分工能大量地提升生产效率。自由市场表面看似混乱而毫无拘束，实际上却是由一双被称为"看不见的手"（Invisible Hand）所指引，引导市场生产出正确的产品数量和种类。价值涵盖使用价值与交换价值，前者表示特定财货的效用，后者表示拥有此一财货取另一财货的购买力。其理论直接影响并导致了新古典主义理论（Neo-classical Theory）在19世纪50年代的产生。

---

[1] John Heskett. Design：A very short introduction [M]. New York, USA: Oxford University Press, 2005.

[2] John Heskett. Past, present, and future in design for industry[J]. Design issues, 2001, 17(1): 18-26.

[3] John Heskett. Creating economic value by design[J]. International Journal of Design, 2009, 3(1).

[4] 亚当·斯密. 国富论 [M]. 凡禹, 译. 上海: 立信会计出版社, 2012.

一、新古典主义：市场价值

新古典主义着重对于市场进行阐述，因为那里才是实现价值的地方。商品只有在市场上实现了交换，才能实现其经济价值。商品的价格决定了市场是如何配置资源的，也决定了价值。因此在新古典主义中的价值强调的是交换价值，即经济价值。

新古典主义认为生产的两个要素是资金和劳动力，在完全竞争的条件下，供给和需求通过互动最终会达到一个平衡的状态，即商品价格的产生之处。而因为理性的消费者和完全竞争保障了价格在达到供需平衡后将保持在一个稳定的状态，即一个稳定、静止的市场。

因此，新古典主义的局限性在于，它否认了市场的动态性特征，也没有阐述是什么推动了"看不见的手"的出现，更没有在理论中阐述创新的作用与意义。同时，它是以个人的视角看待社会，认为所谓的社会价值就是个人效用的集合。

二、奥地利理论：用户价值

在新古典主义出现后的大约20年时间里，一批来自奥地利的学者开始在其基础上讨论动态市场，以及其产生的原因。因此他们所提出的理论被称作奥地利理论。可以被视为奥地利理论的主要学者有：卡尔·门格尔（Carl Menger）、弗里德里希·冯·维塞尔（Friedrich von Wieser）、路德维希·冯·米塞斯（Ludwig von Mises）、弗里德里希·奥古斯特·冯·哈耶克（Friedrich von Hayek）、彼得·德鲁克（Peter Drucker）。

和新古典主义最大的区别在于，奥地利理论明确地提出了人的作用，即价值是由用户创造的。卡尔·门格尔提出他们研究的主体是物和对物采取行动的人之间的关系。而由于人的知识和主观意愿的差别，以及他们对于满意的客观标准不同，就直接导致了物的各类特性的重要性差异。路德维希·冯·米塞斯指出："人的行动是有目的的行为（Human action is purposeful behavior），即人都会追求一个更令其满意的生活条件与状态"。弗里德里希·奥古斯特·冯·哈耶克更明确阐述，而正因为人的这种不断的追求导致了一个动态的状态，也使竞争从本质上而言是一个动态的过程。这也使得对于差异化的追求最终导致一个非完全竞争的存在，而不是完全竞争。当代管理大师德鲁克更从质量的角度强调了用户对于市场的重要性，他认为"质量"并不是由供应商放在产品或是服务中的，而是消费者所取得并且愿意支付的特性。通常制造商认为一个产品的"质量"不好是因为其难以制造或是成本很高，事实上这一认知是不全面的。消费者只会购买对他们有用并且能给予他们价值的东西，这就是构成"质量"的全部内涵。

奥地利理论最大的贡献在于从用户创造价值的角度提出了不完全竞争，也因此为创新的出现做出了解释。企业需要通过创新战略助力产品创新，才能在竞争中形成差异化。而最终竞争的结果将导致新的用户需求和新的市场，并取代现有产品。设计的价值通过用户价值的产生逐渐得以体现。

三、制度经济理论：个人选择的价值

在奥地利理论之后的约二十年，体制理论在19世纪90年代出现了。其代表人物有托斯丹·邦德·范伯伦（Thorsten Veblen）、罗纳德·哈里·科斯（Ronald Coase）、道格拉斯·诺斯（C. Douglass North）。体制理论顾名思义，是通过检验经济活动发生的情景，以寻求对于公司和国家不同层面经济表现的解释。

在1899年出版的《有闲阶级论》（*The Theory of Leisure Class*）[1]一书中，托斯丹·邦德·范伯伦提出了获得（Acquisition）和炫耀性消费（Conspicuous Consumption）的概念。他认为新的发展导致了人两种倾向的冲突，即对于生产的强调和对于获得的强调。生产

---

❶ Veblen T., GALBRAITH J K.The theory of the leisure class[J]. Boston：Houghton Mifflin，1973,1(1)：154.

的目的是追求新的有用的物品，而获得则对新的物品提出了限制要求。炫耀性消费是指以表现财富或收入为目的而花费于商品或劳务的消费行为。而"炫耀性商品"，则是用来凸显身份、地位，商品的价格越贵，反而让人越想要购买，例如，珠宝、名牌包等物品，故炫耀性消费者便利用此行为来维护或获取其社会地位。

有闲阶级对于经济流程而言是一种金钱关系，即是一种有关获得的关系，而非生产；是有关剥削而非服务的关系。这也因此导致了经济美学（Economic Beauty）概念的出现，即有闲阶级的炫耀性消费对于商品审美特点的显著影响。制度经济理论把技术和体制组织做了连接，即工艺（Workmanship）的概念。技术知识在其整个历史中都被认可为人类内在的最常见的能力。对于金钱关系和工艺概念的讨论导致了金钱价值（Pecuniary Values）观念的出现。有闲阶级出现后，在一个社群中的认知已经从以前对于物品使用性的工艺关注转为金钱价值的关注。以炫耀性浪费式的应用材料的物品把自己塑造成为更加具有美学、服务性和高贵的商品。

在范伯伦之后，罗纳德·哈里·科斯在1937年出版的《企业的性质》（*The Nature of the Firm*）[1]一书提出了公司活动的主要目的，即降低交易成本。道格拉斯·诺斯进一步阐述了体制和组织两个概念的差别，即体制是游戏的规则，而组织则是按照规则玩游戏的人。因此对于不同的参与方而言，一个交易中的价值即编入某一商品或服务的不同特性的价值，是个体主观选择的结果。

四、新增长理论：创新的价值

新增长理论出现在20世纪30年代，以约瑟夫·熊彼特（Joseph Schumpeter）和保罗·罗默（Paul M. Romer）为代表人物。约瑟夫·熊彼特明确提出了经济成长的源泉是技术发展与竞争，而创新

[1] Coase R H. The nature of the firm[J]. economica, 1937, 4(16) : 386-405.

则是成长的主要刺激力。通过创造性的毁灭，技术革新将替换原有的旧产业。而每一次的技术潮流不但会花费大量的投资，也会带来新的就业机会。实际的资本家竞争关注在新商品、新技术、新的供应源和新的组织形态。就创新而言，内森·罗森伯格（Nathan Rosenberg）以激进型创新（Radical Innovation）和渐进型创新（Incremental Innovation）区分不同程度的创新。

保罗·罗默则解释了知识是如何在经济中被创建和传播的，即新技术可以转化为信息或是经验，而信息和经验则可以转化为知识，最终支持想法的产生（Ideas）。他进一步描述了产品经济和创意经济的差别，前者在制造每一件产品时都会有成本产生，而后者只在制造第一件产品时有巨大的成本投入，此后再产出的每一件产品的成本都是为零，这也就是知识经济的特征。前者也对应资源型产业，即应用自然能源，生产过程就是一个资源消耗的过程。以发展的眼光来看，其利润是一个削减的趋势。后者则对应的是知识型产业，通过信息过程利用创意资源，因此其利润呈增长趋势。

新增长理论首次明确提出了技术和创意与原有的资金和劳动力并列为三个生产基本要素。在知识经济时代，资金和劳动力成为企业和产业创新的资金基础，而技术、创意与智力工人成为创新的劳动力资源。在这里，设计的价值不仅在于对于产品创新、流程创新和交易创新的支持，更表现在与基本生产要素技术和创意的结合。

第二节
创新设计的价值

不同的时代，设计在产业、企业的创新实践中所产生的作用与价值是不同的，其对于经济发展的推进，以及大众消费生活的改变都产生积极影响。按照西方国家的文明进程，从第二次世界大战之后，世界真正进入到基于大规模制造的产业经济时代。至20世纪80年代后，进入基于产品与服务的品牌体验经济时代。如今，开始进入以知识平台建设为主的知识经济时代。对于未来，人们共同展望一个新的转移经济时代的到来，即以创造更有意义的生活为目标的合作价值网络的建设，通过知识的转移、财富的转移，以及社会创新，真正实现社会的和谐与协调（表2-1）。在四个不同的经济时代里，人们的思维模式与追求有着显著的差异化。相应于此，企业的思维模式以及他们的经营内容也有着明显的区别。

价值创造始终是企业设定经营目标和自身战略定位的主要核心内容。然而，在不同的时期，由于时代背景、产业发展状况、社会环境、市场及消费者需求、技术发展状况的不同，企业在定义自身价值创造时所需要考虑的要素内容都是有差异性的。对应不同的经济时代，人们对于自身价值的追求内容是不同的，且其载体也是差异化的。因此，企业所要提供的满足消费者的价值也是不同的，其提供的方式也有区别。就价值创造的模式而言，根据现有研究成果，根据经济时代也同样划分成四个阶段：价值点、价值链、价值网络、价值星群。

表2-1 转变的经济时代及其特征

	经济时代	工业经济	体验经济	知识经济	转移经济
	价值表现	价值点	价值链	价值网络	价值星群
人的思维模式	专注点	拥有产品	体验	自我实现	有意义的生活
	视野	本地	国际	情景	系统
	追求	使自己的生活现代化	寻求生活方式的识别特征	获得个人的力量	解决集成问题
	效果	生产力和家庭生活	努力工作，努力享受	发展个人潜能	有意义的贡献
	技巧	专业化	实验	创造	转移的思维
	途径	跟随文化编码	打破社会禁忌	追求抱负	同理心与合作

	经济时代	工业经济	体验经济	知识经济	转移经济
	价值表现	价值点	价值链	价值网络	价值星群
企业的思维模式	经济驱动	大批量生产	市场与品牌	知识平台	价值网络
	焦点	产品功能	品牌体验	使用户能够创新	增强意义
	特质	产品	产品与服务的综合	使用户能够创新的开发工具	全部包括的价值网络
	价值主张	商品	目标体验	使用户自我发展	伦理的价值交换
	途径	劝说购买	推广品牌生活方式	使用户能够参与	借力合作
	目标	利润	增长	发展	转移

一、工业经济时代：价值点

价值点是属于工业时代价值创造的基本模式。由于工业革命，大批量生产最终改变了大众的消费模式和生活方式。原来属于少数阶层的奢侈产品因为大批量制造所带来的高品质低价格而使普通百姓都可以消费得起。市场真正进入消费时代。在这一时期，消费者的需求主要在于产品基本功能，即通过购买不同的产品实现个人生活的丰富化。

产品是这一时期企业主攻的核心内容。企业重点关注的就是提供消费者所需要的功能，产品功能即是价值的载体。当产品生产出来之后，到市场上销售，消费者购买即实现了产品的价值转换过程，企业创造的产品价值就是在购买的那一个时刻点产生的。因此该阶段的价值模型是价值点的形式存在。

在工业经济时代，人们关注的是通过购买或者占有产品来改善自己的生活，尤其是走向生活现代化。企业的行为着重在通过大批量生产，能够制造出满足消费者需求的产品，并且卖出产品，实现交换价值，获得利润。在这一时代，消费者到企业的购买行为往往是一次性的，即购买了该企业生产的产品后，消费者就拥有了产品，一般不需要再次购买。就市场发展阶段而言，这往往对应市场供不应求的阶段，以及开始向供大于求阶段的转变初期。

这一时代，设计的领域主要包括产品造型设计、平面设计、包装设计和广告设计等。以产品为主要对象，设计面向制造本身，着重完善产品的使用功能，并与制造标准、规范相配合。强调的是设计对于制造质量的考量，以及与精益制造的集合。

二、体验经济时代：价值链

当产品制造开始日益丰富，且供大于求时，消费者已经不再满足对于单一商品的拥有，而是自我生活方式的创造，开始追求能够表达自己的产品或是服务，这促使企业向品牌化的方向发展。和工业经济时代不同，此时的企业通过品牌，强调给予消费者生活方式的塑造。在一个品牌下，企业往往可以拓展多样化的产品和服务。品牌所代表的生活方式大大增强了企业和消费者之间的黏度，使消费者会不断地购买该品牌的产品或服务。而企业的主要职能也不再是产业经济时代的产品制造，而是形成由研发、设计、制造、销售、市场和到品牌的一条完整供应链。供应链上的各个职能可以被分拆给不同的企业完成。在企业面，根据所承担的供应链上的工作，可以分为专门负责制造的 OEM 企业，以及专门负责设计和制造的 ODM 企业，和专门负责两端，即研发和市场的 OBM 企业。在这一经济时代，价值就不是产品在卖给消费者那一瞬间所实现的交换价值，即一个价值点的概念。在体验经济时代，由于供应链上的分工出现，价值的形态也转变成为价值链，即除了产品销售给消费者时实现的交换价值，更包括供应链上的各个企业之间的供求关系。

对于一些领先的企业而言，成功地塑造品牌形象是最为主要的工作内容，而在整个产品研发、制造生产到销售的所有环节中，低价值的部分是可以被外包出去的。品牌企业只需要制定品牌发展战略、研发计划，并且管理好市场与渠道就可以牢牢抓住消费者和市场。对于此，供应链的概念产生了，而处于供应链各个环节的企业之间存在着价值依赖关系，因此这样的供应链同时对应的是一条价值链。

在这一时期，企业价值创造所依据的就是这样的价值链。处于价值链中段的制造企业分享最少的价值增值，而处于价值链两端从事研发和品牌行销的企业则享有最多的价值增值。为了巩固和发展品牌，品牌体验是创造价值的核心活动。

设计此时关注的主体是以产品为载体的服务和体验。所拓展的覆盖领域包括用户研究、体验设计、设计管理、品牌设计、流程设计等。面对品牌的制造，设计需要考虑的是自身的专业化发展、与其他专业的融合，系统整合，消费者需求研究，制造有效性（时间、成本、效率、需求的满足）等。

三、知识经济时代：价值网络

和产业经济、体验经济时代主要基于产品制造技术不同，知识经济时代基于的是 Web 2.0 到 Web 3.0、互联网的普及和快速发展、云计算与云存储。人们的追求在这个时代已经逐步开始摆脱物质的满足，进而发展到个人创意和创造力的展现。对应地，企业的核心活动是如何提供一个能够使用户参与、发展和实现创新的平台，即知识平台的创建。用户参与在这一时期成为主题，典型的市场表现是各类定制化产品和服务平台的出现。当消费者人人都可以参与创新的时候，这一平台的利益相关人（Stakeholder）将包括用户、企业、合作企业，甚至社会各方力量。这样的价值关系形成了基于平台的一个复杂网络，即价值网络。

随着知识经济的到来，互联网、大数据、3D打印等技术的不断发展和成熟，为大众提供了多样化的创新平台。创新和设计不再是属于企业独有的任务，而是消费者人人可参与的活动。消费者个体的创造力和创新力量得到了极大的激发，而各种类型的创新平台也应运而生，这就是这个时代企业所需要承载的价值创造内容，即提供可以实现大众自身价值创造的平台，建立可以激发大众参与和其创新力的平台，小米、淘宝网都是属于这一类型的典型企业。因此，在这一时期的价值创造模型是价值网络的形式。企业提供的是一个能够激发大众参与或是鼓励个人成为企业家的创新平台，在平台上的每一个人都是一个价值创造的激发点，他们之间的关系是互动的，也是互惠互利的。

此时设计的服务对象主要是以实物为基础的平台，设计需要解决的问题是如何能够通过新的商业模式使消费者参与设计与制造。面向开放平台和更加灵活的制造体系，设计关注与个性定制、规模化平台、基于大数据和互联网等之间的结合。

四、转移经济时代：价值星群

根据现在的发展趋势，未来将发展到转移经济时代，人们除了关注自我价值的实现，积极参与创新活动外，更着重在为社会整体创造更有意义的生活。而企业的活动将会把商业模式和社会价值取向相融合，以此凝聚各方面的社会力量，共同创新。此时的消费者与企业的关系不再是传统的商业买卖的关系，而是基于共同社会发展目标的认同关系，将是超越金钱的，以为创造有意义的社会生活为目的的长久关系。

此时的设计关注的主题是面向平等生活和生活意义的制造活动，以及可持续制造。价值流设计和利益共享人分析是其主要的工作内容。我们既可以从本土问题出发，寻求创新设计引领本土问题的解决方法、思维方式和流程，也可以以本土问题的解决途径拓展应用到全球相关领域，形成通用型的解决办法。即局部的小星群（如太阳系）既是大星群（如银河系）的组成部分，也因为其改变，会影响大星群的总体面貌与特性。创新设计将在更加动态和复杂的商业环境与社会系统中持续且多样化地创造价值。

第三节
创新设计打造企业竞争力

企业的目的在于价值创造。企业通过种种生产管理活动，为客户创造价值，企业所创造的最终价值，通常以客户愿意支付其产品或服务的总和来评估，企业能否盈利就必须看它所创造的最终价值能否超过本身业务的总成本。企业在运营核心业务的同时，也面临着竞争对手的超越和其他行业、新的技术、商业模式等对自身业务的颠覆和取代。要在激烈竞争中赢得优势，企业必须为客户提供更具竞争力的价值，例如，比竞争对手更高的效率，或者以独特的方式创造更高的客户价值、更好的产品。当企业寻找新的竞争优势时，最重要的行动是"创新"，这里的创新是从广义的角度来讲的，包括技术突破和生产流程改进，新产品的推出、新的商业模式、营销理念等。

一、创新的种类与视角

在全球化浪潮席卷全球的背景下，各国的企业都被卷入提升研发速度的竞赛中。从新产品的研发到生产、销售等各个环节，在世界范围内掀起了一场空前的缩短产品开发周期的革命。全球化的生产模式使生产效率大幅提高，生产制造变得更加容易，成本更低，产品大量生产，大量销售。一些企业可以利用生产效率的优势获得成本优势从而产生竞争力。在生产力大幅提高的今天，纵观全球范围内成功的企业和产品，无不是凭借其独创的品质和创意成为翘楚。它们因具备"独创的品质"而赢得消费者青睐。其中，很重要的因素在于设计将技术转为产品的创新和统合能力。新产品和新技术的研发至关重要。创造具有"独创的品质"的产品是一个综合的过程，涉及政府政策支持，需要地域产业环境因素、资金、企业等各方面的合力作用。如何设计具有"独创的品质"的产品以及创造"独创的品质"的产品的过程及机制，以及相关要素变得尤为重要。

继熊彼特之后，西方经济学家循着熊彼特的创新思想对创新理论进行了进一步的研究与发展，形成了一系列创新理论的研究成果，其中最具有代表性的是以技术变革、技术推广为研究对象的技术创新研究，以制度变革、制度建设为研究对象的制度创新研究，以企业文化创新与绩效、建立学习型组织等为研究对象的文化创新研究，以企业家创新为研究对象的企业家创新研究以及系统创新理论研究。具体来说，国外的研究主要集中在对以下创新角度的研究上（表2-2）。

表2-2　创新的视角

技术创新角度	主要以曼斯菲尔德（Mansfield）、理查德·列文（Richard Charles Levin）、海莱纳（Herrera）、维尔金斯（Wilkins）等为代表
制度创新角度	主要以英国经济学家道格拉斯·诺思（D.C.North）的制度创新论，拉坦（VW.Latan）的诱致性制度变迁理论为代表
管理创新角度	彼得·德鲁克（Pater F. Drucker）
企业家创新角度	以罗纳德·科斯（Ronald H. Coase）和奥利弗·威廉姆森（Oliver E. Williamson）为代表
企业文化创新角度	以美国麻省理工学院资深讲师彼得圣吉（Peter M. Senge）和著名企业管理学家吉姆柯林斯（Jim Collins）等学者为代表
企业创新系统角度	美国教授迈克尔·图什曼（Michael L. Tushman）和奥莱理（Charles A. O'Reilly）

二、面向企业竞争力的创新政策

创新是企业竞争力和经济增长的核心驱动力，也是应对环境和社会挑战最为有效的解决路径。为了实现持续的成长和繁荣，企业必须在面对全球化，增加竞争力以及多样性的用户需求上采取更为有效的办法。2008年以投机和虚拟经济引发的全球经济危机和近年来的经济低迷突出了创新的重要性，企业要在更少的资源和更激烈的竞争下进行创新活动。创新有多种方法，其中科技创新通常被单列出来作为创新的重要驱动力，并且在各个国家、企业的创新政策中占据十分重要的角色。随着商业机构、高校和政策制定者逐渐认识到创新的复杂性、系统性以及开放性等特点，并且需要面对社会问题和环境问题的挑战时，就要求有新的、整体性的方法实施创新，需要现有创新政策的补充方案。

欧洲委员会在2010年发布了欧洲创新计划，该计划达成了一个一致性的意见：所有形式的创新都应该被支持。这一进步性的转变强调了采用一个更为广阔视角的创新策略，不仅依赖"科技推动力"，一个更加以用户驱动的创新方式应该被发展。科技创新固然十分重要，但同时存在很大范围的非科技创新，如商业模式创新、设计和过程组织创新等。由于科技创新需要耗费更大的资金和时间，且结果难于保证，对于低科技行业的中小企业来说，大笔的研发经费投入有一定的困难。于大企业而言，研发投入的有效运用和商业化则至关重要。研发应该被鼓励，同时接近市场端的设计研究也应该被鼓励。现有的知识必须以一个新的方式实行创新，渐进的或是激进的，并且产品和服务一定要适应用户的需求且持续的需求。强调接近市场的创新驱动将会增加研发和创新花费的有效性。这也是设计创新在整个创新体系研究中日渐重要的原因。

世界经济论坛（WEF）在1985年《关于竞争力的报告》一文中指出，企业竞争力是指："企业在目前和未来，在各自的环境中以比它们国内和国外的竞争者更有价格和质量优势来进行设计、生产并销售货物以及提供服务的能力和机会。"这一定义有三个方面的内涵：企业竞争力受环境影响；价格和质量是企业竞争力的关键；企业竞争力既是一种能力，也是一种机会。1990年以来，世界经济论坛和瑞士洛桑国际管理与发展学院（IMD）携手合作，作为企业国际竞争力问题研究的权威机构，在1990—1995年每年合作出版一本《国际竞争力研究报告》，用300多项定量和定性指标对几十个有代表性的国家和地区的企业国际竞争力进行评估和分析，其评价结果在世界范围内引起了较大反响。按照WEF和IMD的观点，企业竞争力作为一个综合性的概念，它既产生于企业内部效率，又取决于国内产业和部门的环境。具体而言，企业竞争力取决于五种不同因素的组合，即变革因素、变革过程、环境、企业自信心和工业序位结构。变革因素包括人力资源、金融活力及自然资源；环境涉及经济活力、市场导向、政府干预程度及社会与政治的稳定性。1994年，世界经济论坛在其《国际竞争力研究报告》一书中，又把企业竞争力定义为"一个公司在世界市场上均衡地生产出比其他竞争对手更多的财富"。显然，这一概念是通过企业最终经营结果来界定企业竞争力的。

关于企业竞争力，没有一个较为统一的界定，以下是国内外学者对企业竞争力的几种代表性的理解。波特（Porter）在《国家竞争优势》[1]中认为，企业竞争力是指企业在国际市场上以全球战略的姿态进行竞争的能力。Porter特别强调企业要以全球战略参与国际竞争，战略是企业竞争制胜的关键。科特勒（Kotle）认为："企业竞争力是指企业生产高质量、低成本的产品""是比竞争者更有效能和效率地满足顾客的需求。"[2]前世界经济论坛常务理事长葛瑞里教授认为，企业竞争力就是企业和企业家设计、生产和销售产品和劳务的能力，其产品和劳务的价格和非价格的质量等特征比竞争对手具有更大的市场吸引力，也就是企业、企业家在适应、驾驭外部环境的过程中成功地从事经营活动的能力。国内学者金培指出，企业竞争力是指在竞争性市场中，一个企业所具有的能够持续地比其他企业更有效地向市场提供产品或服务，并获得赢利和自身发展的综合素质[3]。

三、竞争力的视角分类

"竞争力"一词成为谈论国家、城市、企业的热门话题。如果问题的目标是找出企业发展的关键因素，那么人们实际关注的问题

❶ 迈克尔·波特. 国家竞争优势 [M]. 李明轩, 邱如美, 译. 北京:中信出版社,2007.
❷ Kotle P. Marketing Management: Millenium Edition[M]. Prentice Hall; 10th edition, 1999.
❸ 金培. 中国企业竞争力报告(2003):竞争力的性质和源泉 [M]. 北京:社会科学文献出版社,2003.

是：什么是企业在国内和国际竞争中胜出的关键要素？为什么有的企业能够持续繁荣，而有的企业注定走向衰退？什么是当今企业发展的核心竞争力？因此，关于企业竞争优势的源泉以及怎样获得可持续竞争优势的问题，是研究企业生存和发展的关键，而竞争力理论的提出，正是试图分析和解决这些问题的。关于企业竞争力，已有很多学者从不同的理论视角研究了关于竞争优势源泉的问题。

（一）市场结构论

市场结构论又称环境论，兴起于20世纪70年代之后，是企业战略管理理论的重要内容。以迈克尔·波特（Michel E. Porter）为代表的市场结构论学者侧重于从企业外部市场结构进行分析，认为市场结构对企业竞争优势的建立起重要作用，而不主要关注企业内部的资源与能力。他们认为一个企业所属产业的内在盈利能力，是决定该企业获利能力的一个要素，因此，产业的选择是竞争优势的一个来源。同时，企业在一个选定的产业内取得竞争优势地位，也是获得竞争优势的关键。波特认为，一个企业的竞争战略目标在于使公司在产业内处于最佳的定位，保卫自己，抗击五种竞争作用力，或根据自己的意愿来影响这五种竞争作用力。这五种竞争作用力是指新竞争者的进入、替代品的威胁、购买者和供应者的讨价还价能力以及现有企业竞争对手的实力（图2-1）。市场结构论者所追求的竞争优势，源自企业外部的产业结构、企业的市场地位。

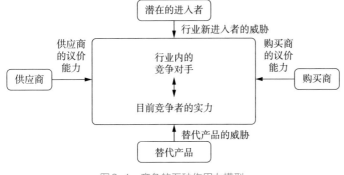

图2-1　竞争的五种作用力模型

波特的市场结构论站在一个宏观的角度，分析外在环境对于企业竞争力的重要性。但是市场结构论并不能解释为什么企业在面临同样的市场结构和市场机会下，其竞争优势却存在很大的差别。除了宏观要素外，企业的内部竞争力要素也开始得到研究者的重视。

（二）资源基础论

20世纪80年代以来，以伯格·沃纳菲尔特（B.Wernerfelt）的论文《企业资源基础论》[1]的发表为标志，资源基础论逐渐成为企业竞争力研究的主流观点。资源基础论学者侧重于从资源的差异性来分析企业的优势，认为企业间存在有形资源、无形资源和积累知识的差异，企业的特殊资源是企业竞争优势的源泉，拥有优势资源的企业能够获取超出平均水平的收益。市场结构与市场机会等外部因素会对企业的竞争优势产生一定影响，但并不是决定因素，而"成功的关键因素应当是这些资源"[2]。早期的资源基础论者在研究企业竞争优势的源泉时，忽视了企业资源配置者的因素，造成了资源与资源配置者之间的分离。在他们的观点中，存在这样隐含的假设，即资源的效用是可以脱离人的活动而客观存在的。实际上，具有相似资源的企业经常在使用资源的效率和有效性方面表现出巨大的差异。因此，一个有持续竞争优势的企业的成功，不仅是因为其有独特的资源，更重要的是因为其隐藏在资源背后的配置、开发、使用和保护资源的能力，这是产生竞争优势更深层次的因素（图2-2）。

图2-2　塑造持续竞争优势的四个要素

❶ Wernerfelt B. A resource-based view of the firm[J]. Strategic management journal, 1984,5(2)：171–180.

❷ Heskett J. Past, present, and future in design for industry[J]. Design issues, 2001, 17(1)：18–26.

（三）企业能力论

早在20世纪70年代之前，有学者从企业能力分工的角度，考察了企业的竞争力问题。他们认为企业的竞争力是一个能力体系，其能力的积累、保持和运用，是企业长期竞争优势的决定性因素。新能力论者提出了广义资源的观点，将资源基础理论进一步完善和发展，他们的观点包括：把协调和有机结合的学识视为主要资源；把人力资本和组织资本视为资源；将社会资本纳入资源体系当中，共同成为决定企业竞争优势的因素。

新能力理论又进一步地探求了企业竞争优势的根源，但他们将竞争优势的根源归因于企业内部化积累形成的企业广义资源（资源和能力）。然而，又是来自哪里的能量使企业完成这种内部化积累呢？可见在此背后还有一个更为核心的能量源，它正是新能源理论所没有回答的企业竞争优势的根源。

（四）核心竞争力理论

1990年，著名管理学家普拉哈拉德（Prahalad）和哈默尔（Hamel）在权威杂志《哈佛商业评论》上发表的《企业的核心竞争力》（*The Core Competence of Corporation*）[1]一文，首次提出了核心竞争力（Core Competence）这一概念。这是对企业竞争优势本源研究的又一个里程碑。核心竞争力理论在试图回答什么是决定企业生存和发展的最根本因素，或者说企业持久竞争优势的源泉是什么的问题时，赋予了这个"最根本因素"或"源泉"一个非常易于流传的专有名词——核心竞争力。国内学者对核心竞争力进行了大量的相关研究，根据对相关文献的总结，企业的核心竞争力主要包括以下特点：

（1）协调不同的生产技能和有机组合多种学科知识的能力。

（2）使公司区别于其他公司，并对公司提供竞争优势的一种知

---

❶ Prahalad C K, Hamel G. The core competence of the corporation[J]. In Knowledge and strategy,2009(17):41-59.

识群，是一种行动能力；是一个组织能够长期形成专有能力，从而为顾客提供价值的关键所在。

（3）产品技术能力；对用户需求的、理解能力；分销渠道能力；制造能力，职能的集合体、产品的基础，通过产品平台与产品族，与企业绩效正相关。

（4）多种知识、有关顾客的知识和直觉创造性的和谐整体。技术、管理过程、市场进入能力、诚实关系能力、功能关系能力。

（5）元件能力（资源、知识技能、技术系统）及构架能力（合成能力、管理系统、价值标准、无形资产）的组合。

（6）企业由于以往的投资和学习行为所累积的技能与知识的结合，它是具有企业特长性的专长，是使一项或者多项关键业务达到世界一流水平的能力。洞察力/预见力；一个组织竞争能力因素的协同体，反映在职能部门的基础能力、SBU的关键能力和公司层次的核心能力。

企业核心竞争力是无形资产，它在本质上是企业通过对各种技术、技能和知识进行整合而获得的能力。企业核心竞争力是由核心产品、核心技术和核心能力构成的，包括硬核心竞争力（核心产品、核心技术等），软核心竞争力（经营管理）。它使企业能在竞争中取得可持续生存与发展的核心能力。

四、创新设计与企业竞争力

综上所述，创新设计作为一种能力，其所包含的思维方式、流程和方法，可以综合贡献企业竞争力，使其获得硬核心竞争力和软核心竞争力，取得可持续生产与发展的能力。具体而言，它对于企业的创新战略和竞争优势塑造在以下三个方面起到主要作用：

（一）挖掘市场机遇

创新的工具、思维方式和方法，可以帮助企业打破现有市场格局、消费市场定义，跳出传统思维模式框架，挖掘新的商业机会、拓展市场、发现潜在用户，从而定义适合企业现状的市场新机遇。和创新战略相结合，这部分的创新设计实践主要促进的是市场创新和用户创新。

（二）打造企业核心能力

创新设计可以在三个方面有效打造和提升企业的核心能力。一是创新设计的应用可以使技术创新有效实现商品化和商业化的过程与转变。通过创新设计的流程，新技术能够有效应用在企业的产品、服务或系统中，实现颠覆性创新成果，从而实现价值创造。二是企业创新设计意识的提升，可以使企业家具备创新设计的思维和基本知识，从而提升企业家的创新意识和能力，反之亦然。三是创新设计的思维方式可以打造企业的创新文化，如开放式创新、合作创新、勇于试错的精神和范围等。

（三）优化资源配置

创新设计方法可以有效地识别内部与外部资源，通过新的思维方式，积极发展新的资源网络体系，以灵活的策略应对市场、生态系统、商业环境的多变性、动态性、复杂性等特征。具体表现在企业的竞争力中，就是应用创新设计实现的管理创新，或是制度创新、流程创新。

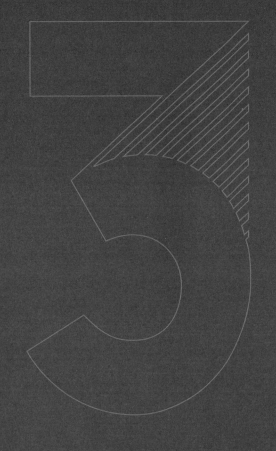

第三章

创新设计的
核心方法

新一轮科技革命正在袭来，人工智能作为当前全球最受关注的科技前沿技术，是研究、开发用于模拟、延伸和扩展人的智能理论、方法、技术及应用系统的一门新的技术科学❶，也是推动创新设计发展的核心方法。根据国务院发布的《新一代人工智能发展规划》通知，人工智能技术呈现出深度学习、跨界融合、人机协同、智能开放、自主操作等新特征，主要围绕大数据驱动知识学习、跨媒体协同处理、人机协同增强智能、群体集成智能、自主智能系统五大重点发展方向建设。在人工智能浪潮的影响下，社会文明、经济发展、公共服务、生态环境、城市建设和国家安全等人类社会的方方面面都在发生着巨变，人工智能也成为21世纪引领世界未来科技领域发展和生活方式转变的风向标。人工智能领域的新特征、新变化将为创新设计的设计对象、流程和方法带来很多改变❷。

本章从基本内涵、理论架构、要素关系、创新应用四个层面阐述人工智能是创新设计的核心方法。首先从人工智能的定义、原理、分类和发展路径等角度对人工智能进行概述；然后通过人工智能时代下设计行业的变化，着重阐释了人工智能与设计相辅相成、互促共进；最后对典型的基于人工智能技术的创新实践应用进行讨论和分析。

通过本章节的学习，可以让学习者理解人工智能的概念，以及它对创新设计的重要意义。深刻认识到随着新一轮科技革命和产业变革不断深入，人工智能已是智能经济

❶ 俞灵琦. 人工智能时代到来，将掀起何样的浪潮 [J]. 华东科技, 2016(11): 56-59.
❷ 吴琼. 人工智能时代的创新设计思维 [J]. 装饰, 2019(11): 18-21.

社会发展的强大引擎，并正在不断发展新技术、催生新业态，成为创新设计的新兴驱动力。

第一节
新一代人工智能技术

　　人工智能成为一个独立的研究领域可以追溯到1956年，来自不同领域的研究者们在达特茅斯会议（Dartmouth Conference）上共同研究和探讨，首次提出了"人工智能"的概念。智能是人类所独有的一种特征，是综合、复杂的精神活动功能，是人类运用习得的知识与经验来学习新知识、新概念并且把知识和概念转化为解决问题的能力[1]。智能将人类与一般生物区分开来，它可以被解释为人类感知、学习、理解和思维的能力，其英文表述为 Intelligence。人工智能（Artificial Intelligence，AI）则是与人类及动物具有的自然智能（Natural Intelligence）相对的一个概念。顾名思义，人工智能是一门研究、理解人类智能，以求发现其规律并利用人工手段模拟人类智能的学科，可以被理解为"系统能够正确阐释并从外部数据中进行学习，以便进一步利用学习的成果来适应性地实现特定目标和任务的能力"[2]。

　　从狭义的角度来看，人工智能属于计算机学科的一大分支，又称为智能模拟。可以理解为利用计算机来模拟或实现人脑的智能活动。人的智能活动往往和记忆力、感知力、思维、判断、联想、意志等抽象能力有关，核心是能够进行归纳总结和逻辑演绎[3]。所以，

---

❶ 王萝然. 论人工智能与人类智能的关系 [J]. 科技创新与应用, 2016(31): 76.
❷ 孙效华, 张义文, 侯璐, 等. 人工智能产品与服务体系研究综述 [J]. 包装工程, 2020, 41 (10): 49-61.
❸ 路甬祥. 创新设计与中国制造 [J]. 全球化, 2015(4): 5-11, 24, 131.

人工智能的研究难点也在于如何使机器具有包括学习、感知、推理、联想、决策等在内的人类智能；而从广义的角度来看，人工智能是多学科、多层次融合的综合性学科。它是由计算机科学、神经生物学、心理学、语言学、数学、哲学等学科融合发展而来，属于自然科学和社会科学的交叉学科。旨在研究并开发用于模拟、衍生和拓展人及其他动物的智能的理论、方法、技术及应用系统❶。

自计算机科学家艾伦·图灵（Alan Turing）的开创性工作以来，人工智能，或者更普遍地说计算机可以像人类一样思考的想法，已经被学者们在文献中讨论了半个多世纪，人工智能相关的概念、理论、技术和应用被不断完善。历经六十余年的发展，人工智能也在工业、医疗、金融、交通、娱乐等多个领域取得了革命性的成果，新时代的创新设计应当是面向复杂智能对象、人机智能深度协同的创新设计。

一、人工智能概述

（一）人工智能三大学派

纵观人工智能的整个发展历程，并非一家之学贯彻始终，不同研究者们对人工智能相关问题的观点存在着多样性，在长期的发展过程中不断分歧或交融逐渐形成了不同的流派。国际人工智能界公认的三大人工智能学派是：符号主义学派、联结主义学派和行为主义学派。这三大学派在人工智能发展史的不同脉络上各自枝繁叶茂，共同书写了人工智能发展史的兴衰变革。

1. 符号主义学派

符号主义（Symbolicism）学派认为人工智能源于数理逻辑❷，所以符号主义也称为逻辑主义。该学派的代表人物有西蒙（Herbert

---

❶ 赵智慧. 计算机人工智能技术研究的进展及应用 [J]. 信息与电脑(理论版),2019,31(24):94-96.

❷ 蔡自兴. 人工智能学派及其在理论、方法上的观点 [J]. 高技术通讯,1995(5):55-57.

Simon）、纽厄尔（Allen Newell）和尼尔逊（Nilsson）等，其中西蒙和纽厄尔正是达特茅斯研讨会中首次提出人工智能的先行者。当时，西蒙和纽厄尔提出，符号是智能行动的根基，智能在构造上的必备条件就是计算机存储和处理符号的能力❶。知识可以被表示为符号，人的认知过程便可以被视为符号运算过程，通过对符号的逻辑演绎与加工推理便能模拟人类的认知智能。因为这种以知识和经验为基础的理论与方法适合模拟人类的理智行为，符号主义为人工智能的早期发展做出了巨大的贡献。早在1956年，便是符号主义学者们率先采用"人工智能"这个术语，并在早期通过代表性成果"启发式程序LT（逻辑理论家）"，证明了38条数学定理，进而证明了计算机可以被应用于研究并模拟人的智能活动。后来又逐步发展出了启发式算法、专家系统和知识工程理论与技术等人工智能历史上的代表性里程碑成果，在人工智能理论实践及工程应用方面具有十分重大的意义❷。符号主义从1956年开始成为人工智能研究的主流学派，直至1986年以后迅速瓦解，在前后长达三十余年的时间里一直占据着人工智能的主导地位。符号主义发展后期较为突出的一个问题是，人类的日常生活往往是基于情境之上，运用的知识多为实践知识而非形式知识，前者的特点就在于随情境变化而不断变化，不是固定不变，很难进行形式化表征❸。在这种困难和阻碍下，符号主义日渐陨落。而随着符号主义的衰落，研究者们迫切需要另寻出路，于是联结主义和行为主义开始逐渐受到关注。

2. 联结主义学派

联结主义学派受神经科学的启发，认为人工智能与仿生学及神经生物学的关系密不可分，所以也被称为仿生学派。联结主义的核心方法是通过模拟人脑神经元构造构建人工神经网络及人工神经网络间连接机制的学习算法，进而实现对人脑功能的模拟。联结主义学派被认为适用于模拟人类的感知，能够处理和利用大数据❹。在

❶ 成素梅. 人工智能研究的范式转换及其发展前景 [J]. 哲学动态,2017(12)：15-21.
❷ AI？人工智能？智能制造的工业 4.0 时代解读 [EB/OL].(2019-10-17)[2022-02-08].
❸ 王颖吉. 作为形而上学遗产的人工智能——休伯特·德雷福斯对人工智能的现象学批判 [J]. 南京社会科学,2018(3)：120-127.
❹ 张钹. 人工智能进入后深度学习时代 [J]. 智能科学与技术学报,2019,1(1)：4-6.

联结主义发展的早期，曾由于当时理论基础、技术条件等限制，在与符号主义的竞争之中败下阵来，沉寂了近二十年时间。转机出现在20世纪80年代，此时恰逢符号主义的衰落期，同时技术发展让许多假设不再是空想，能够落实于实践。约翰·霍普菲尔德（John Hopfield）教授在1982年发明了以自己名字命名的Hopfield网络，解决了一大类模式识别问题，自此联结主义开始逐渐走出低潮，并快速发展。随后联结主义从模型算法、理论研究到工程应用都有良好的发展态势。随着脑神经科学研究的进展，联结主义的研究也逐渐取得新的突破[1]。历史性的突破发生在2006年左右，计算机科学家杰里·辛顿（Geoffrey Hinton）、雅恩·乐昆（Yann Lecun）和约书亚·本吉奥（Yoshua Bengio）突破深度学习的技术瓶颈，进而引领深度学习的浪潮[2]。这三位科学家在2018年获"计算机领域的诺贝尔奖"图灵奖，被誉为深度学习三巨头。

3. 行为主义学派

行为主义范式受生物进化论和群体遗传学原理的启示，把目标转向研发移动机器人，试图通过模拟生物进化机制提升机器的智能[3]，所以行为主义也称进化主义。行为主义学派起源于控制论，控制论思想将神经系统的工作原理与信息理论、控制理论、计算原理及逻辑相联系，早期研究致力于模拟人在控制过程中的智能行为与作用，研究自适应、自组织和自学习等控制论系统并研发"控制论动物"。早期的人工智能工作者们受到20世纪40年代控制论思潮的影响，致力于模拟人在控制过程中的智能行为与作用，但行为主义作为一个新人工智能学派则在20世纪末期才出现。行为主义学者认为，功能、结构和智能行为是密切相关的，不同行为表现源于不同的功能和控制结构，通过对动物的"感知—运动"进行模拟，能够最终实现人类智能。基于早期控制论系统的研究基础，20世纪80年代智能控制和智能机器人系统问世。

[1] 王广赞,易显飞. 人工智能研究的三大流派:比较与启示 [J]. 长沙理工大学学报(社会科学版),2018,33(4):1-6.

[2] 顾险峰. 人工智能的历史回顾和发展现状 [J]. 自然杂志,2016,38(3):157-166.

[3] 邹雅婷. 当"中国制造2025"遇上德国"工业4.0". 滚动新闻 [EB/OL]. 中国政府网(2016-06-15)[2022-02-08].

（二）人工智能发展三大条件

人工智能的发展离不开三大必要条件——算力、算法和数据。三者在人工智能的发展过程中相辅相成，是共同支撑人工智能发展的基石。

1. 算力

算力即计算能力，是人工智能赖以发展的基础设施之一。人脑结构有着十分庞大繁杂的神经网络，上千亿个神经元彼此连接，以分布和并发的方式处理信息。这样超大规模的并行计算结构让人脑成为世界上最强大的信息处理系统[1]，若要使智能系统模拟人脑的智能行为，提升算力至关重要。随着技术和硬件设施的发展，基于GPU（图形处理器）的大规模并行计算发展迅速，计算速度得以大幅度提升。与此同时，随着算力成本降低，以及云计算和超级计算机的出现，为大幅度提升集中化的数据计算处理能力提供保障。

2. 算法

算法是人工智能发展的核心，是指通过一系列解决问题的清晰指令，用系统的方法准确而完整地描述解题方案的策略机制。深度学习是当前人工智能领域最前沿、最广泛应用的核心技术，基于深度神经网络的各类新算法模型被不断提出且快速迭代，例如，卷积神经网络等算法模型已经成为图像识别等研究领域的热点，获得计算机领域学者广泛的关注。

3. 数据

数据被视为是人工智能系统"学习"的资料。人工智能系统必须通过大量的数据"训练"自身，以提高输出结果的质量，优化处理性能。同样，数据的质量越高、规模越大，算法表现的性能就会更高且更有效率。随着物联网的发展，物理—信息融合趋势越发显著，智能手机等智能设备促使传感器领域繁荣发展，每天都有大量的图像、视频、声音等信息被人们周围的各种传感设备采集、存

❶ Android 程序员看世界——人工智能 AI(1)[EB/OL]. (2017-05-22)[2022-02-11].

储、传送。这些随处可见的传感器将感知到的世界数字化，并作为智能系统的数据输入，用以分析利用。大数据时代，互联网海量、稳定的数据流为人工智能的快速发展奠定了良好的基础。

二、人工智能的发展阶段

自1956年人工智能概念正式诞生以来，学者们潜心研究，在人工智能领域取得了里程碑式的突破性成果，为后续研究打下了良好的基础。同时，随着数据、算力、算法条件的不断成熟，人工智能经历了从诞生、兴起到引领科技革命的不同发展阶段。

（一）人工智能发展的第一阶段

20世纪50~70年代，人工智能从诞生开始就遇到了发展的黄金时期。在此阶段，研究者们致力于通过人工智能解决某些特定的问题，如游戏、知识推理。例如，世界上第一个击败世界国际象棋冠军的国际象棋系统深蓝（DeepBlue），它基于启发式算法在游戏过程中不断寻找优化玩法的逻辑，但由于算法复杂度高无法应用于除国际象棋以外的其他场景。在这个阶段，人工智能的相关问题也被拆分为许多新兴的研究领域，如自然语言处理、计算机视觉、机器学习等，这些领域的研究问题在20世纪90年代之后开始逐渐被证明是可行的。但由于当时的相关理论基础薄弱、计算能力匮乏，人们意识到过高期待了科技的发展速度，导致人工智能发展的热潮曾一度冷却。许多科学家认识到当时算法理论的不完善和基础设施的局限性，他们发现计算机十分擅长解决代数几何、数学推理这类问题，但当面临语言处理、图像识别和自由运动这类人类智能可以轻松处理的任务时，计算机却需要进行极大量的运算才有可能完成这类复杂不确定的情景化问题。在这种情况下批判思想开始出现，一方面人们开始质疑早期神经网络算法的实用性和有效性，另一方面也让人工智能技术的发展走向更实用化和功利化的方向，不再像黄金时代那样充满想象，充满对模拟通用人类智能的追求❶。

（二）人工智能发展的第二阶段

在20世纪80年代，专家系统的产生和发展尤为关键，它充分利用现有专家的知识经验，务实地解决人类特定领域的工作任务。特别是1980年卡耐基梅隆大学研发的一款能够辅助顾客自动选配计算机配件的程序系统XCON正式投入工厂使用，并在后续几年里处理了超过8万条订单，准确度超过95%，每年节约超过2500万美元❷，让人们真实地看到了人工智能为人类带来的便利和效用。但在当时数据规模小的情况下，系统难以捕捉专家的隐性知识，加之计算能力仍十分有限，所以人工智能没能得到更广泛的重视。

（三）人工智能发展的第三阶段

随着20世纪90年代的到来，神经网络、深度学习等算法展现出了强大的应用潜力，令人工智能研究领域为之一振。同时，云技术和大规模并行计算等信息通信技术取得了长足进步，无论从数据规模还是计算能力上都突破了旧有的条件限制。早期难以解决的许多视觉感知和图像语音识别方面的问题也得到了更好的解决，自此人工智能进入新的快速增长时期。

从人工智能的进化或者能力角度来看，根据学者安德里亚斯·卡普兰（Andreas Kaplan）的理论❸，人工智能又能被分为狭义人工智能（Artificial Narrow Intelligence）、通用人工智能（Artificial General Intelligence）和超级人工智能（Artificial Super Intelligence）三个阶段（图3-1）。

❶ 人工智能的第一次寒冬 1974—1980 [EB/OL]. 简书，(2018-09-30)[2022-02-11].
❷ 路甬祥. 设计的进化与面向未来的中国创新设计 [J]. 装备制造，2015(1)：46-51.
❸ Kaplan Andreas, Haenlein Michael. Siri, Siri, in my hand：Who's the fairest in the land？On the interpretations, illustrations, and implications of artificial intelligence[J]. Business Horizons, 2019, 62(1)：15-25.

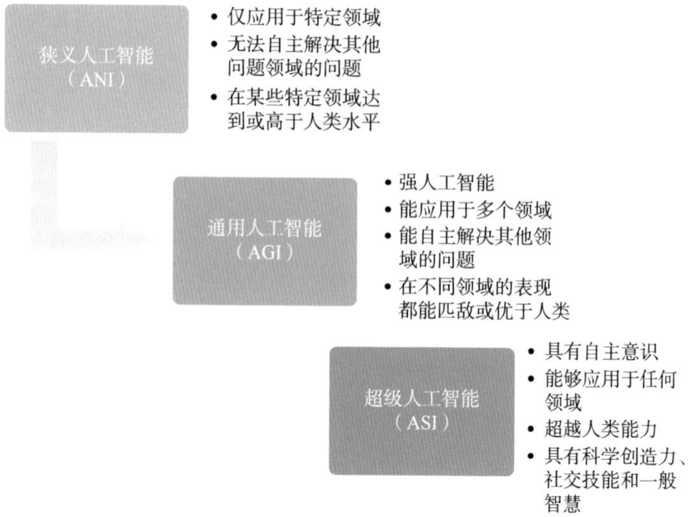

图3-1 人工智能（AI）进化的3个阶段 ❶

　　第一代人工智能，也就是当下人们普遍认知中的人工智能，通常被称为狭义人工智能（ANI）。现在生活中能接触到的大部分人工智能产品和服务都属于狭义人工智能。例如，社交软件能够识别图像中的面孔并标记用户，语音助手Siri能够理解用户所说的话并采取相应的行动，自动驾驶汽车不再是遥不可及的梦想，这些背后都是人工智能技术的运用。狭义人工智能的具体表现为只能用于完成特定任务的应用，而不具有自主解决其他问题的能力，即使狭义人工智能在某些特定领域能够达到或者优于人类水平，但总体智能水平依然明显低于正常人类智能水平。

　　现代科技发展日新月异，未来可能会看到第二代人工智能，即通用人工智能（AGI），可以像人类一样具备自主推理、规划策略并解决问题的能力，并且可被用于完成未预先设计过的任务。第三代超级人工智能（ASI），是真正具有自我意识的智能系统，在某种程度上会做到超越人类的能力。这样的人工智能系统可以被应用于任何领域，并具有科学创造力、社交技能和一般智慧，这就是为什么有人称此阶段的人工智能为真正的人工智能。如今，人工智能技术已经渗透到人们生活中的方方面面。随着人工智能成为社会的

❶ 徐宗本. "数字化、网络化、智能化" 把握新一代信息技术的聚焦点 [J]. 科学中国人，2019(7)：36-37.

核心力量，该领域正在从简单地构建智能系统转变为构建具有人类意识和可信赖的智能系统。

三、新一代人工智能技术发展方向

当前，人工智能技术已经在实体经济和社会治理的各个领域有了较为广泛的应用，形态迥异、功能多变的人工智能产品层出不穷，大众对于人工智能的接受度不断提升。在过去的几十年里人们见证了人工智能在城市治理、智能家居、可穿戴设备、无人驾驶等领域所取得的成就，改变了人类工作学习生活的方方面面。但是人类智能和机器智能之间仍然存在着难以忽视的显著差异。新的时代产生了新的需求，新一代人工智能也必然要实现更高程度的智能。新一代人工智能以深度学习等AI2.0技术为核心，具备极大超过以往智能系统的自主感知、认知和决策能力❶。

在国务院印发的《新一代人工智能发展规划》中指出："人工智能发展已经进入新阶段，经过60多年的演进，特别是在移动互联网、大数据、超级计算、传感网、脑科学等新理论、新技术以及经济社会强烈需求的共同驱动下，人工智能加速发展，呈现出深度学习、跨界融合、人机协同、群智开放、自主操控的新特征。大数据驱动知识学习、跨媒体协同处理、人机协同增强智能、群体集成智能、自主智能系统成为人工智能的发展重点，受脑科学成果启发的类脑智能蓄势待发，芯片化、硬件化、平台化趋势更加明显，人工智能发展进入新阶段。"❷

（一）大数据智能

前文提到，数据是人工智能发展的一大必要条件。在人工智能

❶ 胡鞍钢. 中国不会错过第四次工业革命 [J]. 军工文化,2013(5)：36-37.
❷ 国务院. 国务院关于印发新一代人工智能发展规划的通知 [EB/OL]. (2017-07-08) [2022-07-01].

发展早期，深度学习算法刚刚问世时，由于当时用以训练人工智能的数据量规模小，而深度学习算法的表现又需要大量样本的支撑才能达到较好的泛化，所以在诞生初期深度学习并没有发挥出其应有的优势。随着后续研究者们开始逐渐意识到数据量的重要性，加上数据规模和计算能力的不断提升，信息处理算法性能的飞跃随着传感、感知和物体识别等基本操作的硬件技术的重大进步，激发出了深度学习的潜能。深度学习的实质，是通过构建具有很多隐层的机器学习模型和海量的训练数据来学习更有用的特征，最终提升分类或预测的准确性。利用大数据学习特征，更能够刻画数据的丰富内在信息❶。越来越多的大数据结合深度学习的应用成果，让人们看到了数据规模能给人工智能带来的改变。

潘云鹤院士对人工智能2.0时期大数据智能的建议是，形成从数据到知识、从知识到智能的能力，打破数据孤岛，形成连接多领域的知识中心，支撑新技术和新业态的跨界融合与创新服务。为了实现这一目标，需要研究面向CPH三元空间的知识表达新体系，连接实体、关系和行为。研究数据驱动与其他技术相结合的知识挖掘、自主学习和动态演化等知识计算新方法、新软件，建议应用于智能医疗、智能经济、智能城市等领域❷。

尽管数据规模的提升为深度学习带来了突破性的发展，深度学习的应用仍受到局限。当前，深度学习算法十分依赖于大规模数据的训练，这是一种单纯依赖于数据驱动的模式。一方面，这限制了深度学习在目前只能处理部分情况下的问题和任务，无法和人类一样从物理世界中的具体事例、不同形式的各种知识以及丰富的经验中进行学习。另一方面，人的感知是多模态的，视觉、听觉、触觉等多种感官共同合作构成人们对于外部世界的感觉和认知。如何让机器也能够进行跨媒体的推理是未来人工智能研究的一大挑战。一旦这类问题得到解决，例如，如何应对不同模态数据在编码特定语义过程中不同的判别能力，如何像人一样去分析和利用跨媒体数据

❶ 余凯,贾磊,陈雨强,等. 深度学习的昨天、今天和明天 [J]. 计算机研究与发展,2013,50(9):1799–1804.

❷ 潘云鹤. 人工智能走向 2.0[J]. Engineering,2016,2(4):51–61.

间的内在交互等，能在很大程度上提高人工智能系统的鲁棒性和可靠性。

因此，在新一代人工智能发展时期，人们期待人工智能可以从单纯依赖于数据驱动转向数据驱动和知识引导方法相结合，从领域任务驱动智能逐渐进化为更加通用条件下的人工智能，真正从浅层计算进入到深度的学习推理，让人工智能更"像"人类从经验中学习。下一代人工智能或许将重塑计算本身，将大数据转变为结构化知识，进而支持人类社会做出更好的决策❶。

与此同时，数据也会随着大数据智能的发展，逐渐变得对人工智能更友好。目前，数据在被输入人工智能时需要利用图像分割等技术手段，将收集到的海量的未清理数据转变为结构化数据，利用众包等方法为数据打标签。或许在未来，一张图片诞生时就会有标签、分层等结构化信息，使其可以直接被作为可用数据输入。

鹿班智能设计系统是阿里巴巴"千人千面"的代表，它是由阿里巴巴智能设计实验室研发。在2017年的双十一活动中，有4亿张人工智能海报由机器人鹿班设计，约等于每秒智能生成了8000张海报，同一时间手机淘宝里的出现海报banner都是不一样的，无数个设计的生成最终实现天猫、淘宝的千人千面。能有如此惊人表现，鹿班的设计生成来自海量的用于深度学习的素材。在吸收了海量设计材料后，鹿班就能自动生成无数个设计，而后再经过评估、网络打分，保证输出最好的设计。因为与生俱来的学习能力，意味着随着做的海报越多，获取到的数据就更多，鹿班的设计水平就会越来越高、审美能力也越来越强。鹿班给人工设计师带来了压力，也让人们看到了人工智能在创意领域的巨大潜能。

（二）群体智能

群体智能（Crowd Intelligence）是新一代人工智能领域中的热点研究问题之一。群体智能本身是一个社会心理学科背景下的术

❶ Zhuang Y, Wu F, Chen C,等. 挑战与希望：AI 2.0 时代从大数据到知识(英文)[J]. Frontiers of Information Technology & Electronic Engineering,2017,18(1):3-15.

语，早在20世纪90年代就被认知科学、社会心理学和管理科学的研究人员们广泛采用，也产生了许多从不同角度对群体智能的定义。通俗来讲，群体智能来源于多人协作竞争中能够显示出比独立个体能力更高智能的思想。群体智能是通过将群体的智慧收集起来共同应对挑战，它为解决问题提供了一种创新范式，尤其是当前共享经济快速发展，群智不仅成为解决科学挑战的新途径，而且也融入人们日常生活中的各类应用场景❶。互联网的出现无疑是进一步拓展了群体智慧的形式，网络平台能够催生大量线上组织和社区，增加了将业务外包给大量独立贡献者的可能性，实现个体之间的知识共享和管理，为大规模协作创造良好的条件，进而促进群体智慧的产生。于是有人发现了机遇，利用群体的智慧开辟了一系列新的商机❷，众包概念的兴起让研究者看到了群智模式在应用方面具有巨大潜力。最著名的案例例如维基百科，它是由网络用户维护和更新的知识库，在规模和深度上都远远超过了百科全书和字典等传统编译的信息源。

随着对众包和群体智能的研究应用进一步深化，创新的方法和模式被不断设计出来。群体智能在公众知识平台上被用于激励志愿者们解决科学问题，Amazon Mechanical Turk等付费众包平台可按需提供对人类智能的自动访问。群体智能不仅是解决科学问题的新途径，在生活中也十分常见，市场上的许多互联网应用，如百度百科、知乎、网络问答以及许多开源软件开发，都是利用群体中的人才库，发挥出了超越传统模式的能力。目前，群体智能已广泛应用于海量数据处理、科学研究、开放创新、软件开发、共享经济等领域。通过在短时间内收集大量标记的训练数据或人类交互数据，该领域的工作可以促进人工智能其他子领域的进步，包括计算机视觉和自然语言处理。

每个个体都呈现出高度的自主性和多样性，同时人群具有复杂

❶ Wei Li, Wen-jun Wu, Huai-min Wang, et al. Crowd intelligence in AI 2.0 era [J]. Frontiers of Information Technology & Electronic Engineering, 2017, 18(1): 15–43.

❷ Karl Tauscher. Leveraging collective intelligence: How to design and manage Crowd-Based business models[J]. Business Horizons, 2017, 60(2): 237–245.

的行为模式，群体智能的时间、能力和成本存在高度不确定性。如何有效组织来自不同背景、具有不同领域和不同专业技能水平及知识的个体，以产生可量化且持续的群体智能；如何把握不同场景下群体智能模式的内在机制，通过合适的引导激励机制和运维方式实现可预测的群体智能；如何把控、评估及进一步处理群体产生的智慧产物，对群体智能系统的质量和效率有着十分重要的影响。

Waze 位智导航系统是一款基于社群服务的导航应用。区别于市面上其他的导航应用，它主打社交性，创新推出"众包+UGC（用户生产内容）"的模式，让使用者贡献内容。用户可以参与到地图的更新和交通信息维护的过程中，帮助升级 Waze 的地图，为更多的用户带来安全和便利的使用体验。在 Waze 社区里，用户除了能够完成普通导航软件所提供的路线规划、交通指示提醒等功能，还可以实时上传遇到的道路拥堵、事故抢险等路况信息，让其他用户提前获得提醒，避免造成不必要的麻烦。同时，系统也会根据用户的实时反馈收集信息，及时为用户重新规划路线。除此之外，Waze 的用户还可以在社区中上传各个加油站的油价信息，这些时效性强的信息同样会被同步到系统中，作为推荐给其他用户所行道路上最低油价加油站的参考。作为一款主打社交性的应用，用户可以将导航关联到自己的社交账户，在行驶过程中同步个人所在位置，可以看到与自己目的地相同的社交好友。当用户与朋友约定好见面，协商好时间和地点后，在路上就可以毫不费力地同步彼此的信息。

（三）跨媒体智能

人们每天都在接收来自物理世界各种媒介以及网络空间中各种平台的不同媒体类型的信息，文字、音频、图像、视频混合在一起彼此融合，共同反映个人和群体的行为并作为信息传播，构成了如今的新信息形式——跨媒体信息。过往的研究主要致力于单一媒体形态出现的场景，如图像或文字。但认知科学的研究表明，人脑对于环境的认知是通过多种感觉器官的融合实现的❶。不同的媒体类型是异构的，彼此之间可能共享相同的语义，并且存在丰富的潜在相关性。以"飞机"为例，所有与飞机相关的文本、图像、音频、视频片段都相互补充，共同描述了"飞机"这一语义概念。但由于信息的多样性与异构性，传统的单媒体分析方法难以实现跨媒体数据的分析。因此，如何模拟人脑通过视觉、听觉等多种感知能力将环境信息转化为分析模型的过程，实现对跨媒体信息的分析和处理一直是人工智能领域近年来研究的热点，它决定了机器能在多大程度上感知并识别外部环境。

上海地铁语音购票系统是上海地铁推出的AI智能语音购票系统，通过"语音+视觉"的多模态融合技术识别用户行为并主动发起购票交互流程，同时依据用户目的地自动规划路线，让购票流程变得简单高效。乘客面对语音售票机说出自己的目的地，系统通过智能分析推荐乘客距目的地最近的地铁站，然后乘客扫码付款即可完成地铁票的购买。该购票系统首次实现了在地铁这类存在大量噪声干扰的公共环境下的高精确度、远距离智能语音交互，同时运用人工智能技术快速推荐给用户最佳站点，用户只需提供目的地即可。

这一语音购票系统的一大技术亮点是深度融合了计算机视觉技术和语音信号处理技术，解决了在地铁站这样的强噪声公共环境中的抗干扰问题。与此同时，市面上主流的语音交互智能产品大多采用了"唤醒词+语音指令"的交互方式，但这款语音购票机能够在用户靠近时自动监测用户走近的行为，主动发起交互过程，无须用户进行唤醒，无疑简化了交互流程，让购票过程更流畅便捷。值得一提的是，当乘客面对机器，在表述问题时不可避免会存在犹豫停顿、重复、语气词等口语化的情况，主流的人机语音交互通常会产生多轮询问、确认式的对话流程以保证对用户语义理解的准确性。但这种方式十分烦琐不便，用户体验较差。该购票机的对话系统支持复杂口语理解及具备自我进化机制，能够理解用户在真实对话环

---

❶ 朱珂,王玮,李倩楠. 跨媒体智能的发展现状及教育应用研究 [J]. 远程教育杂志, 2018,36(5):60-68.

境中的口语化表达，并在每次对话过程后能进行自我进化，从而变得更加智能和人性化❶。系统主要使用了阿里巴巴 iDST 的最新研究成果——多模态智能语音交互解决方案，如图 3-2 所示这套方案由多个子系统构成。

大麦克风阵列子系统
• 硬件方面主要由多个麦克风形成的阵列构成，同时配合语音信号处理技术实现高精度的声源定位和语音增强

计算机视觉子系统
• 运用光学摄像头进行人脸识别，实时监测跟踪、动态分析人脸

多模态融合子系统
• 通过对语音和视觉多模态融合分析，精确定位目标用户，识别用户行为主动发起交互并提取语音

智能语音子系统
• 远场语音识别、语义理解、对话及语音合成子系统；对提取到的目标用户语音进行增强处理后，识别并理解语义，针对用户语义生成对话结果，通过语音合成最终输出反馈

图 3-2　多模态智能语音交互解决方案

（四）混合增强智能

"人的智能是自然生物的智能，它和人工智能各有不同的优劣。用计算机来模拟人的智能固然重要，而让计算机与人协同，取长补短成为一种"1+1>2"的增强型智能系统则更为重要。当前，各种穿戴设备、智能驾驶、外骨骼设备、人机协同手术纷纷出现，预示着人机协同增强智能系统将有一个广阔的发展前景。"❷

❶ 新智元. AI 大战地铁：马云语音＋刷脸购票，马化腾微信扫乘车码，谁占先机？[EB/OL]. (2017-12-06)[2022-02-12].
❷ 中国信息通信研究院. 中国数字经济发展与就业白皮书（2019 年）[EB/OL]. (2019-04-18)[2022-02-09].

　　智能机器已成为人类的伴侣，人工智能正在深刻改变人们的生活，塑造未来无处不在的计算和智能机器正在推动人们寻求新的人工智能计算模型和实现形式。混合增强智能是人工智能发展的重要方向之一。2016年9月，斯坦福大学发布的《2030年人工智能生活报告》(*ARTIFICIAL INTELLIGENCE AND LIFE IN* 2030)，回顾人类社会前十五年人工智能取得的进展，设想了未来十五年的发展趋势，并描述了这些进展带来的技术和社会挑战机遇。报告中提到，随着人工智能成为社会的核心力量，人工智能领域正在转向构建可以与人有效协作的智能系统，这些系统将更普遍地具有人类意识。报告认为协作系统（Collaborative systems）是未来AI的重要发展趋势，前者主要研究如何利用模型和算法帮助开发出与人类或其他AI协作的自治系统。一方面，利用人类和机器互补优势，通过人类智能解决仅靠计算机无法解决的问题，帮助人工智能系统克服其局限性。另一方面，人工智能则可以增强人类能力，探索人与机器之间理想的任务划分。同年美国发布的《国家人工智能研究和发展战略计划》全面搭建了美国推动人工智能研发的实施框架，提出了七大研发战略 [1]，其中一项战略就是探索开发增强人机协作能力的智能系统。

　　混合增强智能有两种定义 [2]。定义一：混合增强智能是一种巧妙结合人类的认知能力与计算机快速计算和海量存储方面能力的智能形态，被定义为需要人机交互的智能模型。在混合增强智能系统中，人类始终作为系统的一部分存在，对计算机给出的低可信度结果做出进一步的判断，混合增强智能还可以轻松解决机器学习不容易训练或分类的问题和要求。通过将人类的感知和认知能力与计算机计算和存储数据的能力相结合，构建基于人机交互的HITL混合增强智能，可以极大地提升人工智能系统的决策能力，处理复杂任务所需的认知复杂程度，以及对复杂情况的适应能力（图3-3）。

[1] 尹昊智,刘铁志. 人工智能各国战略解读:美国人工智能报告解析 [J]. 电信网技术,2017(2):52-57.

[2] ZHENG N, LIU Z, REN P, et al. Hybird-augmented intelligence: Collaboration and cognition [J]. Frontiers of Information Technology & Electronic Engineering,2017,18(2):153-180.

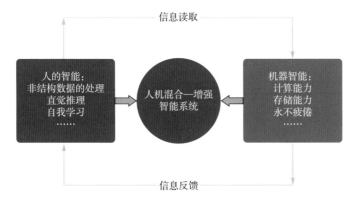

图3-3 人机混合增强智能系统模型

定义二：基于认知计算的混合增强智能。认知计算（Cognitive Computing）是指模仿人脑功能并提高计算机感知、推理和决策能力。从这个意义上说，基于认知计算的混合增强智能是一种新的计算框架，其目标是建立更准确的人类大脑，即思维如何感知、推理和对刺激做出反应的模型[1]，尤其是如何建立智能系统中的因果模型，直觉推理模型和联想记忆。机器学习不能理解现实世界的环境，也不能比人脑更好地处理不完整的信息和复杂的时空关联任务。一个正式的机器学习系统不可能描述人类大脑在非认知因素和认知功能范围内的相互作用，或者模拟大脑神经系统的高度可塑性。大脑对非认知因素的理解源自直觉，并受经验和长期知识积累的影响。[2]大脑的这些生物学特性有助于增强机器在复杂动态环境中或现场的适应性，提升机器对非完整性和非结构化信息的处理、自学习能力。

混合增强智能的种种优势决定了它在工业复杂性和风险管理、企业协同决策、在线智能学习、医疗保健、公共安全与安保、人机协同驾驶、云机器人等领域都已经有相当多的研究应用进展，改变着人们工作学习生活的方式。人与智能系统之间的互动与合作已经成为人们社会构造中不可或缺的组成部分。但由于人所面临的许多问题往往具有高度复杂性、不确定性与开放性，无论是再高智能水

---

❶ 邹均. 迎接"无机物智能"时代的到来 [J]. 软件和集成电路,2016(5) :60.
❷ CCAI2019. 郑南宁："直觉性 AI 技术"可助力无人驾驶 [EB/OL].(2019-07-29)[2022-02-13].

平的人工智能，对于人类语言的细微差别和模糊性依然可能存在理解误差。为了规避人工智能局限性可能带来的风险甚至危害，尤其是当涉及医疗诊断、刑事司法系统等重大应用领域，必须引入人工监督、交互及人为干预。一方面能够提高智能系统的置信度，另一方面人类知识也将得到最佳应用。

在医学领域，需要记忆大量的知识和规则，其中大部分是经验性的、复杂的、非结构化的，并且是一直变化着的。医学知识和规则之间存在复杂的因果关系，图3-4显示了患者、精准医疗、医疗保健、诊断和临床实践之间各种医疗关系的示意图[1]。此外，"人类疾病空间"无法穷尽搜索。因此，有必要建立面向医疗的混合增强智能系统。医学领域与人的生命息息相关，错误的决定会带来严重的后果。用人工智能完全取代医生是不可取的，也是不可接受的。目前，在医疗领域最成功的应用之一是IBM的Watson健康系统，该系统仍在快速发展和完善中。对于医生来说，成为专家的必要前提需要经过正规培训、阅读大量医学文献、严谨的临床实践、通过案例积累知识。即使如此，医生一生积累的知识和经验仍然非常有限。每个学术领域的知识都在迅速增加，任何专家都不可能了解和掌握所有最新的信息和知识。与人类不同的是，Watson系统可以通过记忆文献、案例和规则以及将大量医生对疾病的诊断转化为系统能力的提高做到轻松积累知识。虽然已有案例证明人工智能系统可以进行单独诊断，但是人类的疾病知识是无比庞杂、具备高度不确定性的，同时医疗诊断对于准确性、安全性的要求是极高的，在诊断治疗过程中医生的参与尤为重要。如果能通过混合智能技术，将医生的经验智慧与人工智能系统强大的数据整合、检索、分析能力相结合，势必能为医疗领域提供更智能、更完善、更全面的医学解决方案。认知医学混合增强智能系统与人机交互、医学成像、生物传感器和纳米手术的应用，将给医学领域带来革命性的变化。

[1] ZHENG N, LIU Z, REN P et al. Hybird-augmented intelligence: Collaboration and cognition[J]. Frontiers of Information Technology & Electronic Engineering, 2017, 18(2): 153-180.

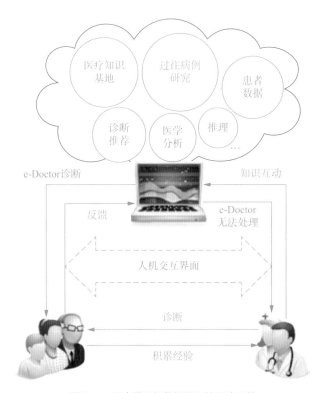

图3-4 混合增强智能场景下的医疗系统

（五）智能无人系统

智能无人系统又称智能无人自主系统。智能无人自主系统是由机械、控制、计算机、通信、材料等多领域技术共同实现的复杂系统，能够通过先进的技术进行操作或管理而不需要人工干预。人工智能技术的发展促使无人自主系统研究水平达到了新的高度，利用人工智能领域的深度学习、图像识别、智能决策等技术，能够不断提高智能无人系统的自主性和智能性。目前人工智能技术已被应用到了智能无人自主系统，如无人驾驶车辆、无人机、服务型机器人、空间机器人、海洋机器人、智能工厂等领域[1]。

无人驾驶车辆的研究在过去10年中一直是学术界和产业界的热点研究内容，同时该领域的研究进展也一直受到大众的广泛关

[1] 张涛,李清,张长水,等.智能无人自主系统的发展趋势 [J].无人系统技术,2018,1(1): 11–22.

注。作为一种融合认知科学、人工智能、机器人和车辆工程等跨学科、跨领域理论技术的典型复杂系统，无人驾驶技术的发展不仅可以有效提高驾驶的安全性，提升交通运输系统的效率。同时，它的研究对于军事无人作战场景、高危作业场景以及核泄漏等极端恶劣环境下的探险救援场景都具有十分深远的影响。

Waymo 是谷歌公司自动驾驶汽车项目中独立出来的子公司，其研发的自动驾驶汽车包含一系列先进人工智能技术，如机器学习和计算机视觉。谷歌公司花费了约 9 年的时间研发并改进他们的自动驾驶系统（ADS）[1]，尖端技术上的突破极大地帮助 Waymo 无人驾驶车辆更好地理解世界，使汽车能够感知车辆周围环境，感知和了解车辆附近发生的情况，并确定车辆应采取的安全有效的行动。

尽管在无人车方面已取得部分进展，但该领域仍存在一些需要解决的问题，包括实时环境中的态势感知、智能决策、高速运动控制、精准行车图，无人系统的评价指标和评价方法，以及系统的可靠性。

人工智能时代，设计有其独有的价值。创新设计体现了知识、技术、人文艺术和经营管理的融合，是促进产业创新发展的重要因素，落实创新驱动发展战略，引领和促进科技与产业创新，创新设计要先行。设计不是科技的附属，而是引领科技进步的动力。设计实质上是需求驱动的创造未来的过程，是系统工程，也是顶层设计。从广义上讲，设计从顶层整合了技术去设计未来；从狭义上讲，设计与科技融合，相辅相成，去实现产品创新[2]。技术需要通过创新设计驱动集成与融合，才能真正为人类所用，满足用户需求。

[1] Waymo Safety Report. Waymo safety report: On the road to fully self-driving [EB/OL].(2017-10-13)[2022-2-13].

[2] 胡洁. 人工智能驱动的创新设计是未来的趋势——胡洁谈设计与科技 [J]. 设计，2020,33(8)：31-35.

第二节
人工智能驱动创新设计

一、人工智能与设计互促发展

我国正在加快建设创新型国家，以科技强国支撑现代化强国。人工智能是我国加快建设创新型国家和世界科技强国的重要战略发展领域。近年来，人工智能技术进入快速发展阶段，开始与不同行业深度融合，引发了设计主体、对象，以及设计流程和方法的全方位变革。回顾创新设计的发展历史，人们可以清楚地看到技术在推动设计历史发展中起到的重要作用，许多设计创新成就的诞生，正是由于在技术产生到应用之间，创新设计很好地起到了桥梁的作用。早期的工业设计时代，人类面临的最大设计问题是如何将科技创新应用到实际生产创造之中。而人工智能时代的设计问题随着生产力发展和社会主要问题的转移发生了改变，科技更新换代速度飞跃提升，社会需求的日益增长，给创新设计带来了巨大的发展空间和机遇。因此，设计师在掌握设计知识和能力的基础上，有必要了解和熟悉人工智能这一有效的工具，通过科学与艺术的融合，人工智能与设计师的融合，去驱动设计领域的不断创新。

在跨学科语境下的时代，科学技术研究成果和设计转化是不可分离的。针对各应用领域现存的痛点问题，倡导从设计学科的视角，整合前瞻的科学技术，在人性关怀的基础上，提出技术与设计相互结合、相互包容的设计方法和设计流程，对设计与技术间的跨学科合作方式的推动有着较大的现实意义。与此同时，设计学科的介入可以更为广泛地延展人工智能平台，通过设计整合创新的方式将具有极大潜力的技术原型进一步开发并以产品的形式落地，更为广泛地关注用户的需求，使技术能够真正造福于人。对于未来的各种产业，技术驱动、设计创新的方式将起到极大的推动作用，整合创新的方法可以更好地发掘需求，将技术优势最大化。

设计本身就是一种智能行为——一种大量使用显性知识的行为❶。面向复杂智能体的设计问题和设计过程中的人机智能深度协同的问题,这些变化和问题产生了智能化的新需求,也催生了很多新理论、新模式、新产品、新方法、新业态,引发了设计思维和方法体系的变革❷。

从人工智能的智能程度上看,人工智能在创新设计领域的应用主要可分为两个层次,第一个层次是"学习",第二个层次是"创新"。

处于第一个层次,人工智能通过学习来解构这个世界并认知事物,实现从浅层到深层不断提炼语义的目标。在此阶段,人工智能设计系统能够帮助解决设计过程中的重复性和公式化问题,扮演执行者的角色,替代初级阶段的设计师所做的重复设计工作。而设计过程中的创造性思维部分,则仍然要由专业人员承担。

到达第二个层次,人工智能可以通过无监督学习实现创新设计。这种层次的智能创新面临着诸多挑战,因为创新设计的过程是一个涉及联想、直觉等思维的过程,研究人员往往需要花费很长时间去发现和定义具体的问题,并且不断发散和收敛以固化问题,设计问题的定义通常是非常模糊的,在设计过程中往往不具有特定的规则。而计算机面临的问题通常需要十分明确的输入和输出,直觉这种在创新设计过程中重要的抽象思维是很难通过计算机模拟的。

从产品设计的不同阶段看,人工智能与创新设计的融合表现在:设计早期阶段,人工智能可以被用于创意启发,通过文字、图片等形式提供设计需求相关的设计信息,辅助设计者快速识别问题定位需求;设计中期阶段,人工智能可以通过无监督学习的方式,智能计算生成一系列设计方案,包括设计草图及设计模型等;设计后期的评价阶段,人工智能可以通过神经网络等方式进行自动评价,从而帮助设计者在大量设计方案中找出最优的设计。

❶ Smithers T, Conkie A, Doheny J, et al. Design as intelligent behaviour: An AI in design research programme[J]. Artificial Intelligence in Engineering,1990,5(2):78-109.
❷ 路甬祥. 设计的进化与面向未来的中国创新设计 [J]. 装备制造,2015(1):46-51.

二、人工智能时代设计领域的变化

（一）面临的需求提升，传统创新设计方法难以解决

"集体最优"的工业时代以"供给"为中心，强调生产的效率，机械化、自动化、标准化是工业时代发展的重要标准；而随着智能、数据、网络、运算等方面的发展，"个体最优"的数字时代逐渐转变为以"需求"为中心，强调消费的精准，与用户个人相关的创新需求需要被满足。从集体到个体，从供给到需求，从效率到精准的过程，根本上解放了需求端的消费者：一方面，商品数量、选择和速度都发生了指数级的提升；另一方面，触达商品的渠道、方式和效率也都发生了指数级的提升。在这个时代，千人千面和大规模个性化、人性化成为新一轮经济增长的财富密码。在这种日益增长的需求下，人工智能技术就成为解决许多创新设计问题的方法，能够让大量工作人员从烦琐重复的工作中解放出来，从而提高工作效率，加快设计进度。

（二）通过算法优化更好辅助设计师揣摩用户需求、提升用户体验

经典设计只关心"端"的设计，是为单个个体或群体而设计的单个物品，即为1的设计。而数字设计还要关心"云"，是为千千万万个体而做的个性化设计，即为一千万的设计。阿里巴巴集团曾鸣在《智能商业》❶一书中写道，"端"就是产品，是与用户完成个性化、实时、海量、低成本互动的端口，不仅直接完成用户体验，同时实现数据记录和用户反馈，形成闭环。"云"指的是数据聚合、算法计算的平台，通过算法优化、更好地揣摩用户需求、提升用户体验❷。

❶ 曾鸣. 智能商业 [M]. 北京：中信出版社，2018.
❷ 曾鸣. 智能商业：数据时代的新商业范式 [EB/OL]. (2016-03-16)[2022-02-13].

（三）个性化内容推荐

无论从广告、商品、资讯、服务、体验还是空间，消费者都面对着指数级增长的丰富内容，越个性化的内容，越容易获得关注。

"猜你喜欢"这类智能推荐功能早已在各类软件中得到了广泛应用，人工智能系统收集用户喜好数据进行分析，为每个用户推荐个性化的内容，用数据智能改变了内容触达用户的效率。例如，网易云音乐就是个性化内容推荐技术的先行者，云音乐推荐系统致力于通过个性化的智能推荐算法，实现千人千面的音乐、歌单、音乐人精准推荐，并依托于此逐渐发展为月活跃量过亿的音乐爱好者聚集地。

支付就用支付宝　　支付宝 ALIPAY

图3-5　支付宝创意海报小程序[1]

（四）个性化内容创造

企业的另一大挑战就是如何大规模地产生个性化内容。将人工智能技术运用到创作者或非创作者的创意设计辅助工具中，对于启发创作思路、丰富作品内容具有非常显著的效果，如支付宝用海量海报赋能百万小商家（图3-5）。

（五）人机智能深度协同的设计

人工智能的进步往往会被认为是对创意过程的威胁，每当创新设计领域有新的智能设计方法出现，总会有担忧或批判的声音出现，担心机器会抢走他们的工作。重新思考这种思维方式，并拥抱人工智能，不是为了复制或取代设计师，而是为了增强人们的知识、直觉和敏感性，将人们从常规任务中解放出来，并优化和推动

[1] 黄豆豆 Douer. 2018 支付宝小商家系列海报插画设计 [EB/OL]. (2018-03-01)[2022-02-14].

设计的边界。

NVIDIA深度学习研究所的讲师兼课程设计师迈克·门德尔森（Mike Mendelson）曾说道："尽管计算机并不能像人类一样擅长提出开放式的创造性解决方案。但通过自动化，我们能够节省执行重复性任务的时间，以便将时间重新投入设计中。"❶

人与人工智能协同合作，共同参与到设计中，从而得到更好的设计作品，这是人工智能和创新设计融合发展的趋势之一。

由于计算的参与，"物"本身的高度智能化使得人与"物"的关系发生了嬗变，形成了一个复杂的"人—智能—产品（环境）"的关系。这个变化不单纯是产品对象智能化的升级，大数据支撑下的机器学习为机器注入的智能成为设计的主体，能够"自主独立"地完成部分任务，并最终与设计师深度互动、协同完成设计的工作。

从20世纪80年代末期开始到现在，计算机辅助设计已经成为设计领域的主要工作模式。当然，几十年来计算机所带来的不仅是设计流程和方法的改变，也促成了很多新的设计形态，比如分形图案设计、参数化设计、数字媒体设计等。人工智能时代，计算无处不在，并且已经成为一个兼具主体性、工具性和客体性的存在。如前所述，人机智能的深度协同是人工智能时代设计的主要方式，这个协同的深入程度和成效，既取决于计算技术、脑科学技术的进一步提升，使得机器能更好地理解设计师的目标，也取决于设计师能否深度理解数据和计算，以更好地利用人工智能的计算能力做出创新性的设计。❷

三、人工智能与设计师的关系

随着人工智能的完善和应用边界的扩大，人们对人工智能的担忧不断涌现。一些工作已经或即将被人工智能取代，包括一些设计

❶ Deep learning Institute. NVIDIA Deep Learning Institute and Training Solutions [EB/OL]. [2022-02-14].
❷ 路甬祥. 设计的进化与面向未来的中国创新设计 [J]. 装备制造,2015(1) :46-51.

工作。前田约翰（John Maeda）在《科技中的设计2019》❶（*Design in Tech Report* 2019）一文中指出，大多数设计师认为视觉设计师的开始被人工智能取代。许多设计师也开始担心并重新定义他们的价值。

（一）人工智能从多维度协助设计师进行设计研究创意和实践

目前，人工智能主要处于依赖大数据、算力和算法运算的阶段，属于弱人工智能范畴。人工智能可以帮助设计师快速准确地识别给定方向的设计任务，解决数据采集、高效反馈、科学决策和效率提升等问题，并在此基础上预测可能性。但它没有创新性，无法独立思考。设计师的劳动可分为创意劳动和程序劳动两大类。基于大数据，人工智能可以从多个维度协助设计师进行设计研究、创意和实践。智能化设计会减少设计师的程序劳动，使设计师有更多的时间去思考和创新❷。因此，设计师应该充分理解人工智能带来的可能性，学会利用好人工智能这一技术手段去实现更高层次的创新设计。智能化设计的出现，催生了一种新的设计范式，即由设计智能完成一系列初步设计方案的生成，设计师的工作则转变为从这一系列可选择的方案中寻找并挑选出最佳的解决方案，而不是从零开始创造全新的方案。设计师们开始更多地进行设计评估方面的工作。

（二）人工智能改变了设计行业的格局

人工智能的出现确实改变了设计行业的整体格局，未来随着人工智能具备了体验计算、感知增强和设计智能的能力，整个设计和创作过程将发生翻天覆地的变化。试想，如果人们应用人工智能来培养医学院、商学院等非设计机构和专业团体的创造性思维，那么未来每个人都将成为设计师。有鉴于此，专业设计师需要成为跨学科的复合型人才以保持竞争力，从而完成从创造者到领导者和管理者的角色转变。

---

❶ Maeda J. Design in Tech Report 2019[EB/OL]. (2019-03-09)[2022-02-13].
❷ 李岩, 郭玉良. 人工智能时代的设计思考 [J]. 工业工程设计, 2020,2(1):38-42.

未来，设计师不再是通过用户抽样找到需求并给出解决方案，而是参与到产品的整个生产生命周期中，并在用户的实际体验中不断重新设计和重新优化。因此，智能化设计为创意数字内容的制作提供了新的视野。面对这样一种全新的创意内容开发模式，设计师不再是生产链上的一个节点，而是贯穿产品生命周期，成为以用户为中心、AI赋能的设计周期中的重要一环。这些变化对设计教育、设计研究和设计实践提出了新的挑战。创意数字内容的制作正在实践这种新的设计范式。设计师要不断提升专业技能，掌握智能的设计思维和设计方法，寻找创造创意内容的新可能性。这种新的设计范式也将逐渐影响实体产品设计领域，甚至延伸到更广阔的创意设计领域。

新时代的设计师应该深度理解数据与计算，并且善于构建对于交叉领域关键技术问题的认知。人工智能本身的快速发展得益于移动互联网、大数据、脑科学等技术的成熟，多种技术交叉式的发展是整个人工智能时代的技术特征，这也对设计师理解和把握技术的能力提出了更高的要求❶。对于新时代的设计师来说，需要拥抱新的设计范式，深入学习挖掘，将创新设计的跨学科交叉性视为创造力的源泉与变革的驱动力。

人工智能的出现似乎让设计的准入门槛降低了，但设计的边界和可能性却被拓宽了，这意味着创新设计领域出现了更多新的机遇与挑战。

第三节
基于人工智能技术的创新实践

近年来，人工智能被广泛用于平面设计、视频制作、绘画、编

❶ 路甬祥. 设计的进化与面向未来的中国创新设计 [J]. 装备制造,2015(1):46–51.

曲等创造性活动，人们目睹了广告海报、短视频、流行音乐、彩绘照片等 AI 艺术的爆炸式增长。下一代人工智能在特定艺术创作领域的创新应用，仍然是很有前景的研究课题。

一、数字图像内容智能设计平台

随着计算机图形学、CAD（计算机辅助设计）等技术的应用逐渐深入，现代内容创作的理论和方法有了质的飞跃。数字内容是现代信息技术与文化创意内容逐渐融合所产生的一种新内容表达形式，例如，常见的数字广告、产品可视化内容以及虚拟现实内容等。计算机软硬件技术的发展促进了数据处理和计算能力的显著提高，为人工智能设计创意领域的应用提供了坚实的基础。设计者可以通过更加现代化的手段和方法，让创意数字内容的制作走向智能化。将人工智能技术应用于内容创意领域已成为创意数字化发展的必然趋势。

目前，很多设计场景都面临着为数亿用户设计的问题，多数创意机构都在开发智能设计平台或工具，希望利用人工智能技术协助或替代设计师完成超大规模的任务。

鹿班 Luban——AI 平面设计系统：阿里巴巴作为中国最大的电商平台，每天有百万级的广告投放和投放需求，在天猫、淘宝、百度、谷歌等不同位置，以及网站首页、手机应用首页、侧边栏等投放不同内容和大小的广告。阿里巴巴希望该系统能够在每个用户打开应用程序时，根据用户的偏好和历史记录推送不同的产品并投放不同的数字广告。因此，数字创意广告设计规模量巨大，不仅设计需要适用于不同的产品、尺寸和场景，同样，产品的广告也应该提供不同的设计方案，以满足不同客户的需求。如果遵循传统模式，则需要组建庞大的视觉设计团队。但由于一般的海报广告设计，设计师无须具备大师级或艺术家级的设计能力。同时，此类平面广告的生命周期很短，往往只有几天甚至几个小时，属于低价值、高消耗的设计场景。随着人工智能的不断进步，通过智能设计方法实现此类数字广告创意内容的自动生成已经成为可能。

2016年双十一期间，阿里巴巴人工智能设计系统鹿班制作了1.7亿条广告条幅，点击率同比上一年提升100%。2017年双十一，鹿班设计了海报4亿张，即每秒可以完成8000张海报，一天可以制作4000万张海报[1]。鹿班系统的出现，解决了阿里巴巴双十一购物狂欢时期海报供需严重失衡的问题。

鹿班系统是一套可以通过自主学习实现设计认知的人工智能系统。它模拟人类学习设计的过程，是一个可以快速学习设计风格并不断成长的闭环系统。系统从大量设计文件中学习设计风格后，可以根据设计要求生成设计结果。生成的设计结果由反馈网络评价[2]。研究人员先是通过对人类过往大量设计素材的研究和学习，将这些设计信息转化为更多维度、机器可学习理解的设计知识框架，把以往从设计思维角度看到的配色、构图、风格、元素等多层次的信息进行数据化。随后，基于得到的设计数据化框架收集一定规模和质量的数据，完成数据清理并进行标注使其成为机器可理解的可用数据。最后，通过神经网络不断进行学习，最终完成设计输出。

鹿班系统遵循一套智能化设计技术框架和生产流程。首先，系统需要对视觉内容有结构化的理解，如分类、量化和表征；其次，通过一系列的学习和决策，构建满足用户需求的结构化信息，即数据；最后，数据被转换为创意数字内容，如视觉图像或视频。这一框架依赖于大量的现有数据，其核心是一个设计内核。同时，引入效用循环，利用使用后的反馈来不断迭代和改进系统[3]。

阿里智能设计实验室负责人在2017年的UCAN大会上介绍了鹿班诞生的实践过程以及背后核心的技术路线。鹿班背后的学习逻辑主要由三个核心模块构成：风格学习（设计框架+元素中心）、执行器、评估网络（图3-6）。

❶ 搜狐. 阿里开放设计平台"鹿班"人工智能加速商用 [EB/OL]. (2018-04-25)[2022-02-13].

❷ 陈洪. 人工智能设计师——从"鹿班"引起的思考 [J]. 科技风,2020(34) :102-103.

❸ 阿里技术. AI 设计师"鹿班"核心技术公开:如何 1 秒设计 8000 张海报？ [EB/OL]. (2018-05-09)[2022-02-13].

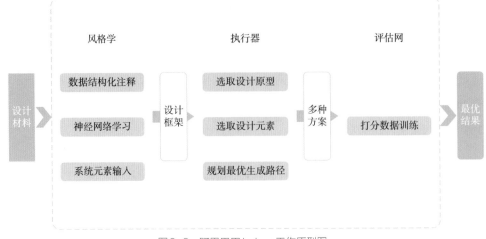

图3-6　阿里巴巴Luban工作原型图

在框架设计中，首先要让机器通过人工标注的方式，让机器了解横幅广告（Banner）是由哪些设计元素组成的，如背景、主体、蒙版等。而在更高的知识层面上，设计专家从积累的设计知识和设计经验中去定义一些设计的手法和风格；其次，需要提供设计的原始文件，如一系列某种风格的图片和设计方法，并将它们输入深度学习网络中。网络具有记忆功能，可以记住设计的复杂过程。而神经网络学习的结果是获得一个设计框架。从技术上讲，它是一些空间和视觉特征的模型。从设计师的角度来看，相当于设计师在做一套设计之前的印象。在设计框架时，元素是在元素中心输入的，如背景、产品机身图、装饰元素等。

最后，元素分类器运行基于视觉特征和类型的学习和分类过程。执行器的主要功能是根据需求从样式学习模块中选择设计原型，并从元素中心选择有助于规划多条最优生成路径的元素，完成画面设计。这与设计师的实际工作过程非常相似。如果设计师要设计产品海报，他会不断调整软件中的每个位置，选择不同的颜色。同时，整个过程也是一个强化学习的过程，执行器在不断试错的过程中会越来越智能。这个过程完成后，会输出多个创意场景，最终分配给评估网络，对输出的产品进行评分。

评价网络的原理是在输入大量的设计图片和打分数据后进行数据训练，最后让机器学习对设计方案进行研判。鹿班的基础是设计师的模板和元素材料。因此，每天都有两个角色的设计师来训练鹿班。一个角色负责帮助鹿班完成最新风格的学习，使之不断优化。另一个角色则负责评估其设计结果，告诉它哪种设计是最好的。

自投入实际使用后，鹿班已经学习了百万数量级的设计稿，并具备了开发百万数量级海报设计的能力。2018年5月，鹿班向公众开放其核心功能，包括一键式海报、智能排版、设计开发、智能创作等。

基于图像智能生成技术，鹿班系统可以改变传统的设计模式，使其在短时间内完成大量Banner图、海报图和会场图的设计，提高工作效率。用户只需任意输入想达成的风格、尺寸，鹿班系统就能代替人工完成素材分析、抠图、配色等耗时耗力的设计项目，实时生成多套符合要求的设计解决方案。

二、视频内容智能设计平台

视频设计是在平面设计中加入时间维度。由于信息传达效率高，视频大量取代文字和图片，成为信息发布和实时社交分享的重要形式。视频，尤其是短视频，极大地吸引了年轻用户的兴趣。近年来，抖音、快手等短视频分享平台在中国市场的火爆也印证了这一观点。

视频智能生产相关技术的核心是计算机视觉特征的计算，学术界的研究主要集中在视频生成（Video Generation）、视频提取（Video Summarization）、视频计算剪辑（Computational Video Editing）三个方面，其智能化程度呈递进趋势，且出现了更多的著名学府与企业界联合发布的成果。

1. 视频生成

根据图片生成十几秒的短视频。图利亚科夫·S（Tulyakov S）等人使用GAN等算法学习了特定类别的视频片段数据库，生成了低分辨率的连续动作，如太极动作、人行走动作等。

2. 视频提取

生成已有视频的缩略预告片。池·M（Chi M）等人的研究从视频视觉特征与用户体验及影视剪辑的相关关系角度出发，基于视频视觉特征和人工标注在视频中提取合适的镜头；陈·B（Chen B）等人的研究则利用了视频概念实体的故事结构，基于视频中的概念实体及其语义关系，提取合适的镜头，这种方法强调叙事性。

3. 视频计算剪辑

多个视频片段的自动剪辑和整合。在斯坦福和Adobe公司的联合研究中，利克·M（Leake M）等人首先采用了视频数据结构化方法，通过面部识别和情绪识别分析素材镜头，并按照任务对话脚本进行组织；该团队还研究运用了影视剪辑手法及其计算方法，实现了基于剪辑习语（Idioms）来智能调整剪辑片段的节奏。在卡内基梅隆大学（Camegie Mellon University，CMU）与迪士尼的联合研究中，杰恩·E（Jain E）等人基于眼动数据与注意力的相关关系以及景别的计算方法，实现了基于重要视觉焦点的自动景别裁剪。IBM也有视频计算剪辑的相关研究，孙·W（Sun W）等人研究了视频设计要素和用户属性、情感的相关关系，使用动态贝叶斯方法，建立品牌、用户属性和用户情感的相关关系，以提升视觉创意视频广告的有效性。

Alibaba Wood——短视频广告生成：有研究显示，移动终端的视频广告，能通过提升注意力将广告的播放完成率提升9倍、互动率提升41%。在产品介绍中广泛采用视频的方式，已经成为中国电子商务的一种强有力的营销方式。阿里巴巴的数据显示，视频广告的转化率远高于平面广告。但目前各平台产品视频广告占比还较低，商家视频广告制作成本较高。把商品详情变成高质量的短视频是当前需要解决的问题。阿里巴巴开发了一个短视频智能设计系统，名为Alibaba Wood。根据阿里收集到的数据反馈，Alibaba Wood可以快速有效地增加门店收入，门店总营业额增长了22%。

Alibaba Wood使用AI设计电商视频，能够自动获取和分析现有淘宝和天猫的产品细节，并结合基于产品风格和卖点的短视频叙事镜头，梳理出主要故事情节，工作流程如图3-7所示。

图3-7　阿里巴巴Wood工作原型图

此外，它还可以用可视化的方式分析复杂的产品信息、评价等数据。能够根据音乐情感和节奏分析音乐风格，推荐或生成符合产品风格和版权的背景音乐。通过对背景音乐的分析和理解，使音乐的节奏与转场相匹配。这样，短视频的声音和画面的联觉就呈现在视觉和音频的统一体验中。

三、人工智能作曲

在当前庞大的跨媒体市场中，音乐由于其特有的听觉刺激优势，具备能够充分调动听众情绪、渲染情境氛围的强参与性，同时具备能够有效融合图像、文本等多种不同载体的强延展性，逐渐成为商业广告、营销推广等方面的重要因素。人工智能音乐未来的发展潜能巨大。计算机音乐作曲领域已经得到了广泛的研究和关注，现有的研究内容主要可以分为三大类：先验规则学习式作曲（被动式）、经验数据驱动式作曲（主动式）以及情感作曲。

1. 先验规则学习式作曲（被动式）

追溯到19世纪以前，1787年莫扎特设计了一个音乐骰子游戏，通过玩家多次掷骰子来得到一首由片段随机组合而成的完整乐曲，这种随机组合模块作曲被视作先验规则作曲的开端，由此人类开始探索音乐创作方面的多样性。1988年，埃布乔格鲁（Ebcioglu）利用回溯说明语言构建了一个基于规则的专家系统CHORAL[1]，该系统

❶ Kemal Ebcioglu. An Expert System for Harmonizing Four-Part Chorales[J]. Computer Music Journal, 1988, 12(3): 43-51.

可以生成具有巴赫风格的四声部合唱曲，具有一定的实用价值❶；大卫·库伯（David Cope）把编曲视为一个不断拼凑的过程，通过构建一个风格定义和知识推理系统，能够生成已故作曲家作曲风格的作品❷；Yoo对此进一步细化，提出利用音高、节奏以及和弦等来构建切割准则，并将音乐片段进行有序切割，然后利用镜像、重定向和置换等音乐纹理合成技术创作音乐；2015年，Lin等人开发了一个基于用户偏好感知的积极音乐生成系统，分析用户的收藏歌曲，构建用户偏好的"音乐骰子图"，系统根据该图自动生成音乐组合序列，该系统命名为"音乐骰子游戏"。以上基于先验规则学习的音乐作曲方式，能很好地生成符合要求的曲式，但对原有作品的依赖性过强，存在版权纠纷问题，不适合原创性要求严格的作曲。

2. 经验数据驱动式作曲（主动式）

近年来，一些研究者采用基于经验数据驱动的机器学习方法来尝试音乐创作，以增加曲式生成的多样性。基于大量的MIDI音乐文件，Oore提出MIDI-like格式的音乐事件表征方式和LSTM作曲模型，优化音乐时序信息的表示，丰富了复调钢琴创作过程中的演奏力度和时机，但这种方式很大程度依赖于生成重复和连贯的曲式结构，无法实现长时段的音乐作曲。为了解决这一难题，Google Brain在Magenta中使用了Music Transformer基于自我关注的序列模型，降低了长序列对中间相对信息的记忆复杂度；在此基础上，Yu-Siang等人提出REMI音乐表征方法代替MIDI-like，该表征方式新增音乐的节拍变化与和弦信息，生成的音乐更加富有变化；此外，一部分研究学者开始探索神经网络和概率模型的结合方法，如韦尔博格特（Verbeurgt）提出一种结合神经网络和Markov的混合模型，使用Markov链生成新的作曲，同时训练神经网络来设定音高；Yang等构建了一个基于CNN-GAN的新型MIDI生成模型MidNet，可以根据现有的音乐先验知识及输入来生成不同类型的

❶ 周莉,邓阳. 人工智能作曲发展的现状和趋势探究 [J]. 艺术探索,2018,32(5):107-111.

❷ David Cope. Computer Modeling of Musical Intelligence in EMI[J]. Computer Music Journal,1992,16(2):69-83.

音乐。

3. 情感作曲

情感作曲目前还处于初步研究阶段。2008年，Zhu利用交互式遗传算法和KTH规则系统，自动生成快乐和悲伤的情感音乐片段；马德霍克（Madhok）等人构建了一个小型带7种离散情感标签的MIDI音乐库，尝试将人脸情感识别作为场景，关联相同情感的MIDI文件作为LSTM作曲模型的输入，预测输出的音符序列；Zhao等人将高兴，紧张、伤心和平静四种离散情感，通过One-hot表示方法转化为情感向量，与音符向量合并后共同输入BALSTM网络模型中预测音符序列，Wan通过条件对抗生成神经网络将音乐转化为六种不同自然场景图片，模拟出人类的音画联觉反应。近年来，研究学者开始关注视听结合的音乐作曲研究，如Muller-Eberstein等在缺乏成对视听数据集的情况下，引入联觉变分自编码器，实现了将艺术图像转化为钢琴曲片段，并获得73%的人工匹配正确率；申请者通过分析生活中的跨媒体元素（如表情符号、图像和哼唱等）的A-V情感，基于VAE和GAN实现智能作曲，并研发"轻空"App，用于轻音乐生成，有效帮助用户保持专注、冥想和轻松入睡。然而上述研究还很初步，很难实现长时段、多音轨作曲。此外，随着人工智能及音乐技术的发展，智能作曲算法效率逐步提高，作曲质量评估成为急需解决的问题。

当下，人工智能作曲在许多领域得到了应用，例如，利用AI来续写未完成的谱曲，或者利用AI来进行电商广告等的歌曲或是配合视频等其他数字内容进行视频效果音效等音乐创作。

余音——短视频AI作曲配乐：随着当下移动互联网及多媒体数字内容技术发展，各类视频软件平台逐渐成为大众日常生活中必不可少的信息获取渠道。视频配乐成为智能音乐市场热点。配乐能够起到控制视频节奏，适应人正常视听融合条件，弥补视觉、听觉信息量差异，从而起到调动情绪、渲染氛围、配合情节起承转合等作用。在这个全民创作的时代，大众可以通过抖音等UGC平台来制作自己的视听内容，但若要创作真正优质的内容，仍需要视听相关专业知识的支撑。例如，在配乐的挑选上，非专业用户难以找到合适的配乐并且涉及音乐素材原创版权问题，视频配乐的人工踩点难度高且操作枯燥烦琐。

而智能视频音乐匹配系统可以通过对于视频照片组合的选取，去判断出情绪色彩，从而匹配创作出相应的独特性音乐，达到"千人千面"的效果。随着视听智能推荐技术、视听节奏点识别技术、智能作曲技术的发展，以及视听数据库的建设，人工智能能实现场景化、跨文化和交互式的智能配乐。

特别是在市场方面，短视频电商作为最具潜力的商业模式之一，其变现潜力巨大。然而目前的短视频电商广告配乐因其所需的素材体量大、技术门槛高等问题，占用了大量人力、时间和金钱成本。尤其是对于普通中小型电商卖家，获取可用的且适用的短视频配乐以及让音乐节奏匹配视频节奏是比较大的挑战。这些问题也使得当前的短视频电商广告配乐大规模出现版权不独立、风格不匹配、视听不对应等不足，极大地限制了短视频电商广告的流量变现效果，不能发挥出短视频营销的最大优势。电商卖家急需一种新型的短视频广告配乐方案，去实现短时间内较高质量、无版权纠纷的音乐匹配。

"余音"旨在以打造短视频广告自动配乐全链路为核心，从素材生产、素材处理、素材适配、用户需求四个方面出发，实现短视频广告音乐的自动生成、自动分段踩点、自动推荐，并得到电商场景下的音乐购物导向实验结果。因此，"余音"项目内容主要包括算法作曲、结构分段、自动推荐、音乐导向四个部分，并构建了民族音乐音频数据集和音乐MV数据集，用于支撑研究。

算法作曲：探究从0~1的短音频领域人工智能作曲方案可行性，构建时长可控、节奏可控的短音频算法作曲框架，为大体量配乐需求提供版权独立的音乐资源。

结构分段：探究底层特征下的音乐属性，实现基于重复旋律的音乐结构分段算法，切割特定时长的音频有效片段，用于实现配乐作品预处理。

自动推荐：基于视听融合理念，实现面向短视频的音乐智能推荐算法，为短视频推荐情感、节奏、视觉内容层面更匹配的音乐作品，细化推荐力度。

音乐导向：落地商用场景，从用户行为分析层面，探究不同节日下，音乐对用户购物行为的影响，以考量用户的实际心理因素影响，把握未来配乐方案的具体发展方向。

"余音"主要有AI作曲和卡点剪辑两大功能。余音的智能作曲系统由AI赋能，能够根据视频内容和选定的风格进行音乐生成和推荐，不断扩充音乐数据库。同时可以通过匹配音乐、视频的节奏点，实现视频卡点剪辑。

"余音"系统使用流程为：第一步，用户自主上传视频素材，素材可以为一段到多段，推荐总时长为30秒；第二步，在提供的中国风、流行、乡村、爵士四种音乐风格中选择一种作为配乐风格，选好后开始进行智能推荐；系统会推荐生成三首乐曲，用户需要三选一，选择完成进入卡点剪辑，最终得到视频结果（图3-8）。

"余音"的应用价值主要体现在能够实现原创性音乐资源的高效获取。

音乐资源获取方案目前在商业领域和学术领域都有了初步可行的解决措施，其中基于人工智能的机器作曲算法是热点关注对象。然而，现有的算法系统虽然已经形成了一定的研究成果，但是却不能良好适应当前的商用需求，并缺乏成体系的、高质量的生成链路。"余音"凭借创新的AI作曲算法，为使用者带来高质量音乐资源，用于视频配乐等多种场景。

当前的音乐侵权评判多依赖人工，尚未找到一种可量化、系统化的客观评估方案，进行音乐独创性评估研究有利于更好地协助当前的侵权评判。目前的音乐独创性评估算法仅取得了一些初步的研究成果，还需要在此基础上面向商用场景进行更精准、更完备的深入研究。"余音"提供的海量音乐资源，均来自AI智能作曲，因此具备较强的独创性，可以适用于任何对版权有要求的场景。

"余音"采用独创的AI作曲技术，能够实现不同风格的AI音乐生成，并且可以根据视觉、听觉、节奏和情感等需求智能推荐乐曲，完成智能卡点剪辑。"余音"创作生成的无限版权的音乐资源，能够推进音乐及相关产业的创新设计；"余音"也为影视、短视频相关产业的创新设计提供了一种全新的视听情感融合的人工智能生

图3-8 余音使用流程图

成方案；这种音乐、视觉结合的模式，对体育运动、舞蹈等传统体育项目的创新设计也有着启发作用。

四、工业设计中的智能设计

汽车造型智能设计是工业设计中的代表性领域。汽车造型设计一直是汽车制造流程中的重要环节，特别是在逐渐趋于饱和的汽车市场，汽车造型的好坏在很大程度上会影响消费者的选择，能否设计出引领潮流趋势和符合消费者审美的汽车造型直接决定产品在市场上的竞争力。汽车根据用途、排量、动力装置等因素的不同分化出不同类别，而同一类目下又将继续细分不同车型，这也使得汽车造型向多元化发展。同时随着新材料、新能源、智能技术的不断推出，让本就高度细分的汽车造型设计的边界不断拓宽。汽车消费市场的趋势瞬息万变，如何快速把握时下消费者的审美偏好，提高设计研发效率，让新产品更快投入市场，抢占市场先机显得尤为关键。传统汽车造型的设计研发时间长，投入人力多，在前期的市场调研分析中需要耗费大量人力、物力、时间成本。如果能够利用好大数据和人工智能技术，对汽车造型设计环节进行数字化、智能化升级，就能在激烈的市场竞争中开拓出一条新的高速通道。值得一提的是，在汽车设计过程的早期阶段，造型设计与工程设计之间的结合十分关键。汽车工程设计的要点通常以量化为特征，而造型设计的测量标准往往是定性而非定量，所以融合这两种需求是汽车造型智能设计的一大挑战❶。

目前汽车造型智能设计可以分为以下几类：基于经验的造型分析、汽车造型家族化分析、基于机器学习的造型分析、利用大数据分析改进设计❷。

❶ Feldinger Ulrich Ernst, Kleemann Sebastian, Vietor Thomas. Automotive styling: Supporting engineering-styling convergence through surface-centric knowledge based engineering[J]. DS 87-4 Proceedings of the 21st International Conference on Engineering Design(ICED 17) Vol 4: Design Methods and Tools, Vancouver, Canada, 2017: 139-148.
❷ 董颖. 基于深度学习的汽车造型分析与建模 [D]. 大连: 大连理工大学, 2019: 3-4.

小鹏汽车造型设计中心前瞻设计总监赵谦认为，随着互联化的发展，用户使用习惯变得越来越快，这就要求设计师更加深入了解用户需求和行业动态，加速设计创新及设计迭代。"设计师是用户本身，或者说人人都是设计师。"赵谦表示，海量数据的汇集越来越有价值，小鹏汽车设计团队将利用大数据分析用户需求，从而不断改进产品设计，引导新的用户，找到自身准确定位❶。

五、服装设计中的智能设计

时尚和科技的跨界合作已成为近年来潮流的风向标，满足了人们对于新鲜设计的追求。

IBM Watson的时尚应用案例：IBM推出的人工智能系统Waston是一个可以理解、推理和学习的认知系统。研究者利用Waston系统在时尚设计方面进行了一系列深入研究，他们尝试构建一个能够分析时尚趋势的认知系统，将来自杂志、广告、宣传资料、文章、博客、社交媒体的相关资料进行分析运算，最终得出一份综合时尚趋势的分析报告。这一系统在2017年的纽约时装周期间得到了测试，测试中挑选了12个知名或新锐时尚品牌，对这些品牌发布会上的467张照片进行分析，最终得到了一份汇总报告。

IBM在研究中采用了两套方法。

研究实验服务（Research Experimental Service）："认知时尚"功能，用于描述图像中出现的事物。在开始总体趋势分析前，IBM Watson系统对每张图片进行注解，注解的内容主要是与时尚相关的细节，如人脸、服装、姿势等，便于系统进行下一步的识别运算。然后系统利用视觉识别技术为图片出现的造型进行打标，识别人脸以及整个系列中的类似造型等。在此过程中，系统识别并提取了人体和服装的细节（图3-9）。

认知时尚App（Research Cognitive Fashion）：用于判断每张秀

❶ 张宇喆. 跨行"产品经理"？小鹏汽车设计师想让科技变"感性" [EB/OL]. 亿欧，(2018-07-25) [2022-02-13].

场图像的主色调，并总结图像之间的相似性。系统通过视觉浏览App寻找各位设计师作品之间的相似性以及出现的重复元素趋势，从中人们可以了解设计师之间是如何在色彩、廓形、剪裁、图案等方面互相影响的。

图3-9　Watson系统提取人体和服装细节

在分析结果中，IBM Watson系统对每场发布会的主要用色进行分析，分析得到的颜色将成为当年秋季流行色的重要依据。系统还分析出各品牌之间在印花设计和图案设计方面存在相似之处，而且有一些相似之处是出人意料的。例如，经过系统的分析比对，发现布兰登·麦克斯韦（Brandon Maxwell）和亚历山大·王（Alexander Wang）两位青年设计师的设计相似度得分最高，但两位设计师的设计风格在大众认知中大相径庭：前者擅长设计红毯优雅晚装，后者偏向街头时尚风。然而通过Watson的分析得到两位设计师在用色、剪裁和及膝裙三方面相似度很高。

IBM Watson系统将分析比较的结果绘制成可视化的图表，它将12个设计师品牌用线段连接，线段之间的距离就代表了设计作品之间的相似度，距离越短则代表两者相似度越高（图3-10）[1]。

图3-10　Watson系统提取人体和服装细节

❶ 搜狐．人工智能正式入侵时尚界！看看IBM的Watson系统是如何解读纽约时装周的[EB/OL].(2017-03-16)[2022-02-13].

　　IBM Watson系统的分析功能对于快消、时尚零售以及相关设计行业具有突破性意义，因为以往时尚设计行业通常需要专业的趋势分析公司来得到相关的趋势报告，而智能分析的出现则有望代替人工进行这项工作。

　　IBM Watson系统也尝试和时尚设计师合作完成真正的智能服装设计。2016年的Met Gala上，捷克女星卡罗莱娜·科库娃（Karolina Kurkova）身着一款人工智能礼服惊艳全场。这件礼服是由英国设计师品牌Marchesa和IBM Watson合作设计完成。礼服上有150朵绣花，花朵内置了LED灯，社交媒体上的网友评价被直接反应在了裙子的灯光效果上（图3-11）[1]。

图3-11　Watson系统提取人体和服装细节

　　在这件礼服的设计中，Watson系统首先分析了海量的科学报告数据，尤其是在不同材质的成分、电流强度、重量以及质量的甄选方面进行了大量的分析研究，快速找到了符合设计师和品牌定位的材质，为服装的设计奠定了基础。

　　其次Watson系统通过对instagram等社交网络上获取的海量图

❶ 邓翔鹏.5G 时代乘势而尚 [J]. 服装设计师,2019(8) :14-23

片数据进行高效的数据分析，借助辨色工具（Color Theory Tool）成功找到了匹配品牌受众群体需求偏好和审美品位的色彩，为设计师智能推荐了最受粉丝喜爱的五种颜色。最后，Watson提供的Tone Analyser API能够实时监测Twitter这一社交网络中"Met Gale"和"Cognitive Dress"这两个话题下的留言，识别粉丝留言文本中的语义情绪，并且将得到的结果发送回裙子腰部内的一台小型计算机，通过控制礼服灯光变化的五种颜色去匹配欢乐、鼓励、激动、好奇、兴奋这五种情绪。例如，当留言语义显示"欢乐"的数值较高，系统能很快辨析出来，然后让礼服上的LED灯亮起明亮的玫瑰色灯光❶。

这种被研究者们称为认知礼服（Cognitive Dress）的服装将社交媒体中人们的声音展现在了时尚晚宴上，也展示了一种人与机器全新的合作可能。

同年十一月，中国歌手李宇春也在出席活动时穿着了一件由中国设计师张卉山设计的人工智能礼服。在这件礼服的设计中，IBM Watson系统从上百万条社交媒体的图文内容里准确把握李宇春的时尚特质，同时根据设计师的构思和选择从50万张时尚图片中识别礼服的时尚元素，推荐出2500张图片供设计师参考，李宇春本人也进行了全程参与。

六、AI艺术创作

2018年10月，佳士得纽约拍卖会上，由人工智能创作出的画作《埃德蒙德·贝拉米》拍出了43.25万美元（约合人民币300.98万元）的惊人价格，而其右下角的一串神秘公式正是其作者的签名——生成这幅画作的GAN所使用的损失函数（图3-12）❷。

❶ Cognitive dress by Marchesa and IBM lights up the night at the Met Gala[EB/OL]. IBM Business Operations Blog, (2016-10-27)[2022-02-13].

❷ 王伶羽, 胡洁. 人工智能驱动的艺术形态的认知与创新 [J]. 湖南包装, 2020, 35(6)：7-11.

图3-12 《埃德蒙德·贝拉米》

这一事件成为AI艺术史上一个至关重要的里程碑，引发了巨大的关注和思考，也让AI艺术创作这个概念正式走进人们的视野。关于这幅作品和背后的种种争议性问题的讨论不休，但毋庸置疑的是，AI技术的发展已经让AI艺术创作成为可能。

谷歌作为全球前沿的科技公司，在前沿的技术领域有许多前瞻性探索和研究。"AI Experiments"计划是谷歌针对AI技术做的一系列简单实验展示，旨在探索AI与写作、绘画、音乐等领域结合能够碰撞出多少有趣创新的应用，从而让任何人都可以更轻松地通过图片、绘图、语言、音乐等开始探索机器学习（图3-13）。

图3-13 谷歌AI+DRAWING项目官网❶

❶ AutoDraw by Google Creative Lab-Experiments with Google[EB/OL]. [2022-02-13].

Quick Draw 是"AI Experiments"计划中 AI 和绘画结合的一个创新应用，它是谷歌开发的一款线上游戏，简单来说就是一款用神经网络猜用户画什么的小游戏。操作方法是用户按照给定的题目进行涂鸦，然后神经网络会尝试猜测用户画的是什么，猜中即为成功。猜测的结果未必总是准确的，但是用户玩得越多，系统也会学习到更多，AI 会从每张图中学习，使得未来的猜图准确率越来越高。2018年，谷歌中国基于此款游戏开发了微信小程序猜画小歌，掀起了使用热潮，正如开发者们所说，Quick Draw 是一个向大众展示如何以有趣的方式使用积极学习的小例子（图3-14）。

图3-14　Quick Draw 线上应用程序

并且基于 Quick Draw 所用到的相同的手绘识别技术，谷歌还开发了一款快速绘图工具 Auto Draw（图3-15）。开发者希望 Auto Draw 有助于让每个人都可以更轻松地进行绘画和创作，所以 Auto Draw 将机器学习的方法与一些艺术家们的绘画相结合，在用户绘图时也能够和 Quick Draw 一样去猜测用户想要绘制的目标图形，然后通过内置的图纸库为用户推荐已有的近似用户所绘制的图形的图纸，从而帮助每个用户快速利用图纸库创建出一个想要的视觉效果。

谷歌团队还训练了一个叫作 Sketch-RNN 的循环神经网络模型，研究者利用了从 Quick Draw 游戏中收集到的数百万个涂鸦来训练这个神经网络模型绘画❶。

在 Sketch-RNN 的其中一个原型应用中，用户可以和神经网络一起绘画，一旦用户开始绘制一个对象，Sketch-RNN 就会运算出

❶ Draw Together with a Neural Network[EB/OL]. Magenta,(2017-06-26) [2022-02-13].

图3-15　快速绘图工具AutoDraw

许多可能的方法根据用户停笔处继续绘制这幅画（图3-16）。Demo
使用了TensorFlow训练的Sketch-RNN模型，以及原始JavaScript构
建的浏览器模型和使用p5.js构建的界面。

　　在Sketch-RNN的另一个原型应用中则展示了Sketch-RNN对用
户绘图的预测功能。用户在左侧区域绘制草图的开头部分，用户可
以在过程中随时中断或继续绘制，模型就会在用户停止绘制后将预
测的9种补全了剩余部分的完整图画方案显示在右侧的区域，以便用
户可以看到模型预测出的图画的不同结果。有时，模型预测出的结
果会让人感觉在意料之中，但有时也会出人意料甚至是完全错误的，
同时用户也可以选择不同的类别，给模型的绘制设定一些初始条件。

　　由于模型是基于许多人如何涂鸦的数据集进行训练的，这也意
味着模型预测的结果代表了大多数人对某个概念或事物的绘制思

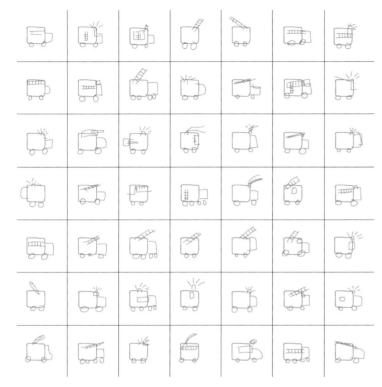

图 3-16 Sketch-RNN涂鸦生成结果

路，所以某种程度上模型的结果可以作为一种大众化的参考，帮助人们寻找更多新奇的方向而不是顺应大众。

除了预测不完整涂鸦的剩余部分外，Sketch-RNN还能够生成两张绘图之间的插值图形，类似于绘制从一张图到另一张图的变化过程。在Interpolation Demo中，可以使用屏幕两侧的两个随机化按钮让模型随机生成两个图像，然后按下中间的按钮，模型将生成一系列新的涂鸦，这些涂鸦被认为是两个原始图纸之间的插值。图3-17中，模型在自行车和瑜伽姿势之间进行插值。

图 3-17 Sketch-RNN插值生成结果

该模型还可以模仿用户的绘图风格生成类似风格的涂鸦。在Variational Autoencoder Demo中，用户首先绘制出指定对象的完整图形，在左侧区域内绘制完整草图后，点击自动编码按钮，模型将开始在右侧区域的框内绘制类似的草图。模型将尝试模仿用户涂鸦的风格，而不是绘制出原图的完美副本。用户可以尝试画出不属于指定绘制类别的绘图对象，并查看模型如何在这种情况下去模拟绘图。例如，试着画一只猫，让一个训练画蟹的模型生成像猫一样的螃蟹（图3-18）。

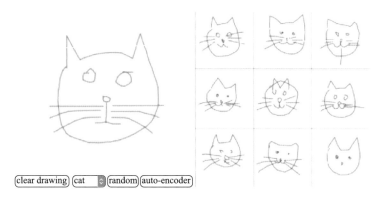

图3-18　Sketch-RNN风格模仿生成结果

（七）AI在建筑设计领域的应用

目前人工智能用于建筑设计领域，主要是以下几个方向❶。

1. 数据智能辅助设计师进行概念设计

对于建筑设计师而言，在设计项目的早期阶段，需要花费数小时去研究项目的设计意图和过往项目资料等。人工智能能够帮助设计师利用这些数据快速获得设计建议并作出决策。通过人工智能强大的数据收集、搜索和分析的能力，建筑师可以轻松完成多个设计想法的测试，无须和笔就能完成概念设计，甚至可以通过智能系统初步生成无数个遵循设计标准、满足设计要求的设计草案为设计师提供设计灵感，加快设计决策过程。相关研究显示，超过半数的

❶ 5 Ways Artificial Intelligence Is Changing the World of Architecture[EB/OL].(2020-06-23)[2022-02-13].

建筑设计智能系统被用于辅助设计师进行概念设计❶，但设计师也应当警惕自动化带来的便利，谨记自己的责任感，让人工智能作为神兵利器而不是最终被替代。2018年，一项关于深度神经网络（DNN）的研究，开发出了一款基于图形的机器学习系统❷，训练并使用深度神经网络来评估现有的设计图，提取关键元素并合成为全新组合，生成建筑概念设计（图3-19）。

图3-19　计算机生成的设计草案❸

2. 轻松实现参数化架构设计

参数化设计是一种设计方法，类似于建筑师独有的编程语言，允许设计师通过CAD软件工具使用参数和约束条件来创造独特的建筑结构，甚至创造出某些超现实的形式和结构。而人工智能则能让这些设计软件拥有更强大的功能，让建筑师能够放开双手自由发挥创造。

例如，建筑界近年来引人注目的生成式设计，就是参数化设计的一种。生成设计是一个设计探索过程，设计师或工程师将设计目标以及诸如性能或空间要求、材料、制造方法和成本限制等参数输入生成式设计软件，智能探索解决方案的所有可能的排列组合，快速生成设计方案（图3-20）。软件会测试并从每一次迭代中学习哪些是可行的，哪些是不可行的❹。像Under Armour、Airbus、Black &

❶ Harapan A, Indriani D, Rizkiya N F, et al. Artificial Intelligence in Architectural Design[J]. International Journal of Design(INJUDES),2021,1:1-6.

❷ As I, Pal S, Basu P. Artificial intelligence in architecture: Generating conceptual design via deep learning[J]. International Journal of Architectural Computing, 2018,16(4):306-327.

❸ What is Generative Design | Tools Software | Autodesk[EB/OL]. [2022-02-14].

❹ 同❸.

Decker等其他大型企业都在拥抱生成设计，将其作为建筑工程行业未来的发展趋势❶。

图3-20　生成式设计❷

3. 简化规划流程提升施工效率

人工智能可以让建筑师的方案落地过程大大简化，传统建筑施工前需要做十分充足的准备，有时甚至需要多年的规划来将蓝图变为现实。而通过人工智能手段，能够快速分析大量数据，创建建筑模型，解析建筑环境，并完成成本估算等烦琐的事前工作，设计师能够轻松管理这些信息，有效缩短设计到建设之间的耗时。2011年的一项研究❸研发了一款能够刚好辅助建筑设计的人工智能工具软件BIM（建筑信息模型），可以协助建筑师通过软件进行建模和测试设计，而不需要实地到项目现场。

❶ Generative Design Proves that "The Future is Now" for Engineers[EB/OL].(2020–02–17)[2022–02–14].

❷ 同❶.

❸ Shourangiz E, Mohamad M, Hassanabadi M, et al. Flexibility of BIM towards Design Change[C] Construction and Project Management, ICCPM 2011,15:79–83.

创新设计的关键载体

第四章

全球知识网络时代，世界连接成为一体，信息、知识大数据成为最重要的创新资源，全球宽带网络、云计算、大数据平台等成为设计最重要的创新基础设施。著名未来学家阿尔文·托夫勒（Alvin Toffler）在《第三次浪潮》（*The Third Wave*）一书中，将大数据赞颂为"第三次浪潮的华彩乐章"。当前，数据已成为重要的生产要素，大数据平台作为以数据生成、采集、存储、加工、分析、服务为主的创新设计关键载体，在激活数据要素潜能、聚力数据要素多重价值挖掘，抢占大数据产业发展制高点等方面有着重要作用。

上一章从人工智能角度，对大数据的应用形成了模糊的认识。本章从基础概念、支撑体系、关键技术、创新应用四个层面阐述大数据平台是创新设计的关键载体。首先通过大数据和大数据平台基本概念、相关技术、发展趋势的介绍，进一步构建系统化的大数据平台知识体系；其次从设计、创新设计构成要素、产业变革等角度阐释大数据平台如何支撑创新设计；最后以笔者主持的两个国家级科研项目为案例，解释说明基于大数据平台的创新实践探索。

通过本章节的学习，可以让学习者理解大数据平台是创新设计发展的关键载体，深刻认识到大数据作为战略性新兴产业，其战略资源的地位日益凸显，是加快创新设计发展质量变革、效率变革、动力变革的重要支撑。

第一节
大数据平台技术

一、大数据基本概念

1989年，Gartner Group的霍华德·德雷斯纳（Howard Dresner）首次提出"商业智能"（Business Intelligence）这一术语，商业智能通常被理解为企业利用现有的数据，通过数据处理、数据挖掘等手段将这些数据转换为知识，帮助企业做出更明智的决策，主要目标是提升企业的竞争优势。随着互联网技术的发展，企业收集到的数据越来越多，数据结构也更加复杂，一般的数据处理技术已经无法满足需要，人们便开始寻求新的解决方法。以1998年成立的谷歌公司为例，作为主流搜索引擎，随着网站数量的爆炸式增长和用户量的激增，数据量越来越大的问题是亟待解决的技术问题。相对于对单台服务器进行优化和提升性能，采取超大规模的服务器集群来存储爬取来的大量网站数据无疑是更好的方法。为了支持所有网页数据分块从而分布式地存储在集群中的机器中，谷歌研发了分布式存储文件系统（GFS），继而解决了大量数据分布式存储的问题。但随之而来的是如何利用这些数据，为了解决这个问题，研发了基于分布式存储的分布式计算技术（MapReduce）。至此大数据的概念还并未明晰，但这两个技术以及背后的思想为大数据的发展奠定了基础。谷歌分别在2003年和2004年将这两个技术以论文的方式发布了出来，启发了Apache Nutch的研究。由于其中NDFS和MapReduce在Nutch引擎中有着良好的应用，所以将它们分离出来成为一套独立的软件，并命名为Hadoop。这时雅虎公司采取Hadoop技术来实现他们的数据存储和处理，进一步推动了Hadoop技术的发展。

2008年末，业界权威组织计算社区联盟（Computing Community Consortium）发表了一份有影响力的白皮书《大数据计算：在商务、科学和社会领域创建革命性突破》❶并提出："大数据真正重要的是新用途和新见解，而非数据本身"。此组织可以说是最早提出大数据概念的机构，标志着"大数据"得到美国知名计算机科学研究人员的关注和认可。关于大数据的概念，有多家企业、数据机构和数据科学家都提出了自己的阐述，虽然没有明确的定义，但都有着基本相通的共识。研究机构Gartner给出了这样的定义：大数据是指需要新处理模式才能具有更强的决策力、洞察发现力和流程优化能力的海量、高增长率和多样化的信息资产❷。全球知名咨询公司麦肯锡于2011年5月在第11届EMC World大会上提出："大数据是一种规模大到在获取、存储、管理、分析方面大大超出了传统数据库软件工具能力范围的数据集合。❸" 同时指出："数据已经渗透到每一个行业和业务职能领域，逐渐成为重要的生产因素，而人们对于海量数据的运用将预示着新一波生产率增长和消费者盈余浪潮的到来。"

　　研究人员在不同时期对大数据的特点进行了总结：2001年，META集团分析师道格·兰尼（Doug Laney）给出大数据的3V特征，分别为规模性（Volume）多样性（Variety）和高速性（Velocity）❹。10年后，IDC在此基础上又提出第四个特征，即数据的价值（Value）❺；2012年IBM则认为大数据的第四个特征是指真实性（Veracity）❻，有人将这五个特性称为大数据的5V特性，但更普遍认可的还是海量的数据规模、快速的数据流转、多样的数据类型和价值密度低这四大特征（图4-1）。

❶ Bryant R E，Mellon C，Katz R H，et al. Big-Data Computing：Creating Revolutionary Breakthroughs in Commerce，Science，and Society[J]. South China Normal University，2008.

❷ Gartner. Definition of Big Data – Gartner Information Technology Glossary[EB/OL]. [2022-02-08].

❸ Mckinsey. Big data：The next frontier for innovation，competition，and productivity [EB/OL]. [2022-02-08].

❹ D Laney. 3-D Data Management：Controlling Data Volume，Velocity，and Variety[J/OL]. 2001. [2022-02-08].

❺ IDC. IIIS：The'four Vs' of Big Data[EB/OL]. (2011-08-05)[2022-02-08].

❻ IBM. The 5 V's of big data[EB/OL]. (2016-09-17)[2022-02-08].

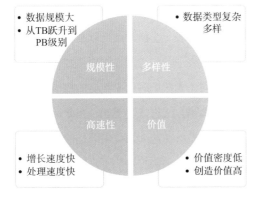

图4-1 大数据的四个特征

1. 规模性（Volume）

大数据的首要特征就是数据规模很大。随着互联网、物联网、移动互联技术的快速发展，其中的用户、事物的所有轨迹、状态都可以被记录下来，这些数据每分每秒都在爆发性增长。据IBM统计，2020年每人每秒产生了1.7兆字节；福布斯统计报告中，在2010—2020年这十年中，全球数据的创建、捕获、复制和消费量增长了5000%。独角兽观察则提出了一个更直观的数据：如果今天一个人从网络上下载所有的数据，将会需要1.81亿年[1]。

2. 多样性（Variety）

由于大量的数据可能来源于不同的用户、不同国家、不同载体等，数据来源的广泛性就决定了数据形式的多样性。这些数据常被分为三类：一是结构化数据，如财务系统数据、信息管理系统数据、医疗系统数据等，其特点是数据间存在着强因果关系；二是非结构化的数据，如视频、图片、音频等，其特点是数据间没有因果关系，以独立的形式存在；三是半结构化数据，如HTML文档、邮件、网页等，其特点是数据间存在着弱因果关系。统计显示，虽然目前结构化数据占据整个互联网数据量的75%以上，但人们每天生成的数据中80%~90%的数据都是非结构化的，而能够产生价值、提高洞察力的大数据往往是这些非结构化数据，所以对非结构化数据的挖掘和分析处理是非常有研究价值的。

[1] Alex. What Is Big Data Used For?[EB/OL](2019-12-11)[2022-02-09].

3. 高速性（Velocity）

大数据数据量的增长（交换）速度以及其所需要的处理速度是大数据高速性的重要表现。与点对点的传统数据载体，如书信、报纸等的传播方式不同，大数据时代中数据的传播与交换是通过互联网、物联网和云计算等方式进行实现的。在此过程中各种设备连接成一个系统，用户或设备在这个系统中既是信息的收集者也是信息的传播者，既是生产者也是接收者，所以在这其中数据的生产和传播速度是非常迅速的。此外，大数据还要求处理数据的响应速度要快，数据的输入、处理与丢弃必须立刻见效，几乎无延迟，才能够更高效地利用大数据的优势来达到优化系统的目的。

4. 价值（Value）

价值是大数据的核心特征，对于大数据而言，价值密度与数据总量的大小成反比，数据价值密度越高，数据总量越小；数据价值密度越低，数据总量越大。任何有价值的信息的提取依托的就是海量的基础数据。现在使大数据价值最大化的主要任务就是利用云计算、智能化开源实现平台等技术，提取出有价值的信息，然后将这些信息转化为知识，并从中发现和学习规律，最终用知识促成正确的决策和行动。

"数据"和"大数据"之间，从上文的介绍能够看出它们不仅是数据量上的差别，更核心的是数据质量上的提升。传统意义上数据的处理方式有数据挖掘、数据仓库、联机分析处理等，但在"大数据时代"数据不仅是需要分析处理得出简单的结论，更是需要借助专业的手段从大量看似繁复、杂乱的数据中得出清晰的社会生活预测、更合理的规划以及更好地支持企业的决策等。中国人民大学信息学院院长杜小勇教授提出，大数据的出现为数据科学带来了两大根本改变：

一是在大数据出现之前，对数据的处理非常依赖于模型和算法，由于数据量较小，如果要得出精准的结论就需要理顺逻辑理解因果，才能建立合理的模型和巧妙的算法。而当数据量不断增大后，数据其自身就能够保证数据分析结果的有效性，大数据因此被誉为新的生产力。以深度学习算法为例，2006年深度学习教父杰佛瑞·辛顿（Geoffrey Hinton）的团队取得突破性进展，辛顿的深度学习算法摧枯拉朽般地推进了机器学习的各个子领域。但是大众普遍意识到这个算法的威力是在2012年：2012年 ImageNet 大规模视觉识别挑战赛（ILSVRC），是将深度神经网络用于图像识别的一个决定性时刻。辛顿和他的学生亚历克斯·克里泽夫斯基（Alex Krizhevsky）、伊尔亚·苏茨克维（Ilya Sutskever）共同发表了一个被称为"AlexNet"的卷积神经网络（CNN），将 ImageNet 视觉识别上现有的错误率降低了一半，达到15.3%，比第二名低了10.8个百分点。但为什么之前看不出来这个算法的威力呢？原因很简单，因为之前研究者们并没有大规模训练人工智能的数据。在小规模数据上，深度学习的算法并没有很强的优势。也是这时人们意识到数据的规模有时比模型的效率更重要，在此之前研究者们总是纠结在小规模数据上一点一点地推进算法的准确性（图4-2）。

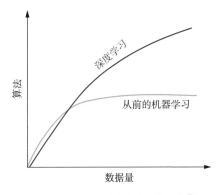

图4-2　数据量对算法表现的影响 ❶

二是大数据的出现还弱化了因果关系。舍恩伯格在《大数据时代》一书中这样写道："我们没有必要非得知道现象背后的原因，而是要让数据自己发声。"以谷歌翻译为例，Google 在帮助用户翻译时，并不是设定各种语法和翻译规则，而是利用 Google 数据库中收集的大量用户的用词习惯进行比较推荐。在这一过程中计算机可以不理解问题的逻辑，依靠用户行为的记录数据就能够提供可靠的结果。

此外，与之前数据库的相关技术相比，大数据技术能够处理多

❶ Thomas Gabor, Leo Sünkel, Fabian Ritz, et al. The Holy Grail of Quantum Artificial Intelligence：Major Challenges in Accelerating the Machine Learning Pipeline[J]. ICSE,2020.

种数据结构，扩大了计算机能够分析的数据范围。上文提到，目前产生的大部分数据都是非结构化数据，更准确地来说结构化和非结构化数据又都是指什么样的数据呢（图4-3）？结构化数据是指高度组织和整齐格式化的数据，是能够用数据或统一的结构加以表示的信息，如数字、字符串、日期等。结构化数据的最佳示例是关系数据库：数据已格式化为精确定义的字段，如信用卡号、地址、日期、电话等，能够使用结构化的查询语句很容易地进行搜索。结构化数据具有的明确的关系使这些数据运用起来十分方便，不过在商业上的可挖掘价值方面就比较差。非结构化数据是以其原生格式存储的数据，可能是文本的或非文本的，也可能是人为的或机器生成的。所以对于非结构化数据的收集，处理和分析非结构化数据也是一项重大挑战。典型的人为生成的非结构化数据包括社交媒体、电子邮件、多媒体内容、地理位置等，典型的机器生成的非结构化数据包括卫星图像、大气数据、地震图像这些科学数据以及一些传感器数据。这些数据是各种各样的，并且呈现出富媒体化的趋势，80%～90%的数据都是文本、语音、图像、视频。还有一类数据是半结构化数据，半结构化数据是结构化数据的一种形式，它并不符合关系型数据库或其他数据表的形式关联起来的数据模型结构，但包含相关标记，用来分隔语义元素以及对记录和字段进行分层。因此，它也被称为自描述的结构，常见的有 XML 和 JSON 类型。正因为大数据有这种广泛的数据处理能力，所以能够通过它对互联网上人们留下的社交信息、地理位置信息、行为习惯信息、偏好信息

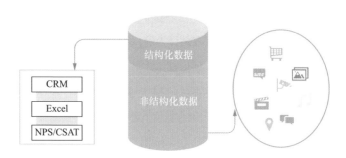

图4-3　结构化和非结构化数据❶

---

❶ What's Hiding in Your Unstructured Data?[EB/OL]. (2018-11-14)[2022-02-11].

等各种维度的信息进行实时处理，立体完整地勾勒出每一个个体的各类特征。

三是在社会层面，大数据目前在航空航天、国家安全、医疗、急救、制造、工业、物流等领域都有着极其重要的应用，小到我们的日常生活，大到国家发展，都有大数据忙碌的身影。

最直观的就是新型冠状病毒感染疫情期间，全球背景下大数据技术对我国精准防控的巨大贡献，即实现对病毒传染源的准确追踪。大数据在未来医疗领域的市场价值还会继续上升，大数据能够实现降低个人医疗保健成本、提高医疗保健专业人员的治疗能力、有效避免可预防的疾病、流行病暴发预测、整体生活质量的提高等。

在经济金融领域，股价的预测一直是个难题。传统的股价预测，主要通过估计风险、收益、评价企业等一系列专门的理论和方法，形成专业的模型来估计股价。但是影响股价的因素除了这些之外，更关键的是股民的"期望值"，但由于"期望值"与外部因素、心理预期等要素挂钩，因此非常难估计。现在有一个与过去专业角度不同的新视角，它从非专业人士的行为来预测和估计，认为公众关注和搜索可以反映"期望值"，与股价的走势有相当强的关联度。通过搜索的方式可以体现大众对具体企业的股票价格和价值走向的关心，若对某些企业比较关心，可能会搜索其企业状况、新闻事件等。但是仅用这一个因素来估计股价是不够的，还需要大量的因素建立专业模型。因此，大数据的股价预测应该是包括内部与外部、专业与非专业因素的模型构建，能够扩展或者冲击传统的定式和视角，也应该把其他视角引入进来。

大数据也为会计学带来变革。传统的会计学往往通过3张报表衡量企业的状况，资产负债表用于反映一个企业的运营能力，现金流量表用于反映一个企业的偿债能力，利润表用于反映一个企业的盈利能力。虽然这3张报表非常基础和重要，但随着一些IT企业、创业企业、新行业企业的涌现，人们发现用这3张报表衡量似乎不能完全体现它的价值，因为这类企业通常是高风险且长期负债，但同时又有着非常高的市值和民众较高的忠诚度。因此，传统会计学的3张报表已无法满足要求，业界和学界通过在这方面的研究，提出了"第4张报表"。其中，这些长周期、高负债、高可变性企业的价值可能受到的是口碑、忠诚度、品牌、公允价值，包括无形资产的影响，人们将其称为数据资产。

大数据也开始改变体育界。科技体育这几年增长空间巨大，"传帮带"式的师傅带徒弟的模式，配合更细粒度、多角度、全景式的大数据技术，将会大幅提升体育界整体的竞技水平。在篮球运动中，美国职业篮球联赛（NBA）就率先运用大数据技术，通过收集肌肉、血液、心脏、动作、战术、团队等影响整个比赛结果的关键因素，为训练和比赛提供全景式的数据。

大数据对艺术界也有深远影响，是推动艺术领域创新发展的重要力量。传统绘画无论是古典绘画还是现代绘画，都有自己的素材和表现形式。大数据时代，出现了数据素材，以及数据可视化这种新的表现形式，例如，可以通过飞机航班、旅游、慢跑等移动数据轨迹构成新颖的轨迹图。

大数据已经渗透到了社会生产和民众生活的各个领域，它所带来的信息风暴正在变革人们的生活、工作和思维。大数据将开启一次重大的时代转型，未来可能由大数据构筑出一个新的本体类型、概念、内涵、技术，并演变成一个新时代的符号。

二、大数据相关技术

（一）大数据处理流程

从上面的介绍可以看出大数据的来源广泛、数据形式多样，多样的数据为数据处理带来了挑战。虽然大数据的应用处理方法千差万别，但是总的来说，大数据的处理流程大都一致（图4-4），可以分为五个阶段：数据来源、数据采集、数据处理与集成、数据分

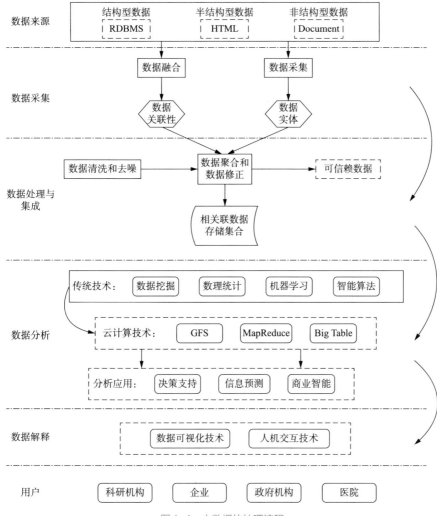

图4-4 大数据的处理流程

析和数据解释[1]。

1. 数据来源

数据来源是大数据处理流程的第一步[2]。数据来源包括浏览器用户操作、传感器、射频识别、移动设备、社交网络等。大数据策略的成功在于识别不同类型的数据源，使用适当的挖掘技术在每种类型中找到宝藏，然后适当地整合和呈现，为企业、政府、个人做

---

❶ 孟小峰,慈祥. 大数据管理:概念、技术与挑战 [J]. 计算机研究与发展,2013,50(1): 146-169.

❷ 刘智慧,张泉灵. 大数据技术研究综述 [J]. 浙江大学学报:工学版,2014,48(6):957-972.

出更有效的决策提供支持。

2. 数据采集

数据采集是指从现实世界的对象中检索原始数据的过程。数据采集的流程需要精心设计，否则会导致准确性较低、数据不够完整、记录不够及时等问题，进而影响后续的数据分析流程，最终导致结果无效。同时，数据采集方法不仅取决于数据源的物理特性，还取决于数据分析的目标。因此，有多种数据收集方法。目前常用的手段包括传感器获取、射频识别、网络检索、条形码技术，以及手机和计算机承载的各种社交网络、电商平台等。

3. 数据处理与集成

由于采集到的数据的结构和种类通常都比较复杂，会给之后的数据分析带去极大的困难，所以这一步主要是对采集到的数据进行适当的处理以保证数据的质量及可靠性，常用的方法是通过聚类或关联分析等规则方法将无用或错误的离群数据过滤掉，然后还需要将这些整理过的数据进行集成和存储，方便后续的处理。

4. 数据分析

经过之前的步骤处理后便得到了原始数据，需要再根据所需数据的使用需求对原始数据进行进一步的处理和分析，这也是大数据处理流程中最关键的一步。传统的数据分析方法有数据挖掘、机器学习、统计分析等，但这些方法已不能很好地满足大数据时代数据分析的需求。谷歌公司于2006年率先提出了"云计算的概念，其内部各种数据的应用都是依托于Google自己内部研发的一系列云计算技术[1]，例如，分布式文件系统GFS、分布式数据库BigTable、批量处理技术MapReduce，以及开源实现平台Hadoop等。这些技术的出现和发展提供了分析和处理大数据的途径。

5. 数据解释

传统的数据解释通常通过文本、点、线或是简单图像的方式表现数据，随着数据应用领域的拓宽和表现强度需求的加深，需要更合适的数据解释手段以提升人们对数据内涵的掌控能力。数据可视

---

[1] Chang F, Dean J, Ghemawat S, et al. Bigtable: A Distributed Storage System for Structured Data[J]. ACM Transactions on Computer Systems, 2008, 26(2): 1-26.

化❶目前主要是借助于图形学理论，以及计算机视觉等手段将分析得到的特征属性结合相关领域背景的建模方法，使数据具备可视化解释。

（二）大数据处理形式

在对大数据的处理流程有了基本的认识后，另一个有助于理解大数据的概念是大数据的处理形式，主要有对静态数据的批量处理，对在线数据的实时处理以及对图数据的综合处理。其中，对在线数据的实时处理又可以划分为流式数据的处理和交互数据的处理❷，接下来将对每一种处理模式进行简要介绍。

1. 批量数据处理系统

大数据的批量处理适合于对实时性要求不高，能够满足先存储后计算的数据，同时又对数据的准确性和全面性有较高要求的场景。批量数据通常具有三个特征：数据体量巨大，以静态形式存储在硬盘中并很少进行更新；数据精确度高，往往是从应用中沉淀下来的数据；数据的价值密度比较低❸。因此，这一类的数据比较依赖合理的算法，而且处理往往比较耗时，所以通常不提供用户与系统的交互手段，比较适合大型、成熟的作业场景。典型的应用场景包括社交网络应用，如Facebook、新浪微博、微信等以人为核心的社交网络。它们可以产生大量文本、图片、音视频等不同形式的数据，对这些数据的批量处理并对社交网络进行分析，发现人与人之间的社交网络或者他们中存在的社区，通过推荐朋友或者相关的主题提升用户体验。电子商务中用户产生的大量购买历史记录、商品评论、商品网页的访问次数和驻留时间等数据，也可以通过批量分析让商家精准地选择其热卖商品，从而提升商品销量。这些数据还能够分析出用户的消费行为，为客户推荐相关商品。除此之外，

❶ 贺全兵. 可视化技术的发展及应用 [J]. 中国西部科技,2008(4):4-7.

❷ 程学旗,靳小龙,王元卓,等. 大数据系统和分析技术综述 [J]. 软件学报,2014,25(9):1889-1908.

❸ 同❷.

还有人们常用的搜索引擎，通过对广告相关数据的批量处理来改善广告的投放效果以提高用户的点击量。解决针对大规模数据的批量处理需求，由谷歌公司开发的MapReduce[1]是最具有代表性和影响力的大数据批量处理框架，用于大规模数据集的并行运算。

2. 在线实时处理——流式数据处理系统

实时数据处理是针对批量数据处理的性能问题提出的，可分为流式数据处理和交互式数据处理两种模式。其中，流处理模式秉承一个基本理念，数据的价值会随着时间的流逝而降低，因此，尽可能快地对最新的数据做出分析并给出结果是所有流处理模式的主要目标。总的来说流式数据的特点是：数据连续不断、来源众多、格式复杂、物理顺序不一，并且数据的价值密度低。所以对应的处理工具则需要具备高性能、实时、可扩展等特性。典型的流式数据计算的应用场景有两类：第一类是数据采集应用，如日志采集、传感器采集、Web数据采集等，传感器采集目前多用于智能交通、灾难预警等。Web数据采集是利用网络爬虫抓取数据再通过清洗、归类、分析，从而挖掘其数据价值。第二类是金融行业应用，如股票期货市场，数据挖掘技术不能及时地响应需求，就需要借助流式数据处理。

3. 在线实时处理——交互式数据处理

与非交互式数据处理相比，交互式数据处理灵活、直观，便于控制。存储在系统中的数据文件能够被及时处理修改，同时处理结果可以立刻被使用。在信息处理系统领域的典型应用中，主要体现于人机间的交互。传统的交互式数据处理系统以关系型数据库管理系统（DBMS）为主，主要面向两类应用：联机事务处理（OLTP）和联机分析处理（OLAP）。OLTP基于关系型数据库管理系统，广泛用于政府、医疗以及对操作序列有严格要求的工业控制领域；OLAP基于数据仓库系统（Data Warehouse），广泛用于数据分析、商业智能（BI）等互联网领域中，用户之间频繁互动的场景如电子邮件、社交网络、博客等交互式的问答平台。代表性的处理系统有Berkeley的Spark系统和Google的Dremel系统。

---

[1] Dean J, Ghemawat S. MapReduce: Simplified Data Processing on Large Clusters[J]. Communications of the ACM, 2008, 51(1): 107-113.

4. 图数据处理系统

图数据结构可以很好地表示事物之间的联系和关系，近几年也成为各学科研究的热点。图数据的处理难点：一是在于图数据的种类繁多、来源广泛，如情报分析、生物、化学、信息检索、网络交通等，而且不同领域对于图数据的处理需求也不尽相同，因此没有一个通用的处理系统能够满足所有领域的需求；二是在于图数据的计算有着强耦合性，需要选取合适的图分割及图计算模型来解决问题。典型的应用包括，交通领域中用来查找动态网络交通中的最短路径，还能够通过图数据来表现学术领域中文献的引用关系。

（一）云计算

了解了大数据的处理流程和处理模式后，这里继续介绍目前与大数据密切相关的几项热门技术，包括云计算、边缘计算、知识计算、数据可视化等。在大数据处理流程中，最核心的部分就是对数据信息的分析处理，其中所运用到的处理技术非常关键。而"云计算"可以说是大数据处理技术的支撑技术，了解"云计算"的概念和应用对大数据的实践至关重要。

谷歌作为大数据应用最为广泛的公司，2006 年率先提出"云计算"的概念，提出云计算是一种大规模的分布式模型，通过网络将抽象的、可伸缩的，便于管理的数据能源、服务、存储方式等传递给终端用户[1]。狭义云计算是指 IT 基础设施的交付和使用模式，指通过网络以按照需求量的方式和易扩展的方式获得所需资源；广义云计算指服务的交付和使用模式，指通过网络以按照需求量和易扩展的方式获得所需服务[2]。云计算借鉴了传统分布式计算的思想，通常情况下，云计算采用计算机集群构成数据中心，并以服务的形式交付给用户，使得用户可以像使用水、电一样按需购买云计算资

❶ Foster I, Zhao Y, Raicu I, et al. Cloud Computing and Grid Computing 360-Degree Compared[J]. 2008 Grid Computing Environments Workshop, 2008.

❷ 佚名. 云端运算 [Z/OL]. (2022-02-08)[2022-02-09].

源❶。目前，云计算通常被认为包含 3 个层次的内容：基础设施即服务（IaaS）、平台即服务（PaaS）和软件即服务（SaaS）❷。

1. 基础设施即服务（IaaS）

基础设施即服务是主要的服务类别之一，提供消费者处理、储存、网络以及各种基础运算资源，以部署与执行操作系统或应用程序等各种软件。IaaS是云服务的最底层，主要提供一些基础资源。著名的IaaS公司包括Amazon，Microsoft，VMWare，Rackspace和Red Hat。

2. 平台即服务（PaaS）

平台即服务为开发人员提供通过全球互联网构建应用程序和服务的平台，PaaS为开发、测试和管理软件应用程序提供按需开发环境。用户不需要管理与控制云端基础设施（包含网络、服务器、操作系统或存储），但需要控制上层的应用程序部署与应用托管的环境。

3. 软件即服务（SaaS）

软件即服务通过互联网提供按需软件付费应用程序，云计算提供商托管和管理软件应用程序，并允许其用户连接到应用程序通过全球互联网访问应用程序。

国内的"阿里云""华为云"，以及国外已经非常成熟的Intel和IBM都是"云计算"的忠实开发者和使用者。云计算通过提供横向扩展和优化的基础设施，支持大数据的实际实施，在大数据领域发挥着重要作用，而大数据也能够为云平台的建设出力，两者之间相辅相成。

（1）云计算统一企业IT架构、业务架构和数据架构，以集约化的方式承载业务，收集和管理业务数据。

（2）云计算为大数据存储、快速处理和分析挖掘提供基础支撑能力。

（3）大数据处理能力可以为云计算提供服务，丰富云计算平台

❶ 罗军舟,金嘉晖,宋爱波,等. 云计算:体系架构与关键技术 [J]. 通信学报,2011,32(7):3–21.

❷ 同 ❶.

的能力。

（4）大数据分析可以产生预测能力、商业洞察，可以指导云平台建设。

云计算目前已经普遍用于各行各业的服务中，人们日常生活中比较熟悉的云盘就是在云计算技术上发展起来的一个新的存储技术——云储存。用户可以将本地的资源上传至云端上，可以在任何地方连入互联网来获取云上的资源。用户还可以对存储内容进行备份、归档，做到随时随地安全地对个人文件进行访问。另一个典型应用是医疗领域的医疗云，指在云计算、大数据、移动技术、通信，以及物联网的技术基础之上结合医疗技术，使用云计算创建医疗健康服务平台，实现医疗资源共享和医疗范围扩大。医疗云提高了医疗机构的效率，为居民就医提供了快捷的方式。如医院的互联网问诊、电子病历、患者档案等都是云计算与医疗领域结合的产物，医疗云还具有信息共享、数据存储、数据安全、全国布局、动态扩展等优势。此外，金融云也是一个关键的应用，中国银行保险监督管理委员会明确提出面向互联网场景的重要信息系统全部迁移至云计算架构平台，中国人民银行也提出金融领域云计算平台的技术架构规范和安全技术要求。云计算和分布式架构已经成为金融机构管理优化的不二选择。因为金融与云计算的结合，现在只要在手机上进行简单操作，就可以完成银行存款、转账及用户设置了。现在，阿里巴巴、苏宁金融、腾讯等企业都相继推出了自己的金融云服务。目前各地政府也开始推进国企上云工作，全国各个城市都开展了云计算服务创新发展试点示范工作，浙江省于2021年3月启动"国资云"项目（图4-5）[1]。

云计算是信息技术和服务模式创新的集中体现，是信息产业的一大创新，也是信息化发展的必然趋势。未来云计算领域的市场规模也将会继续呈迅速上升趋势（图4-6）。

[1] 梅雅鑫. 云计算的2021年倍道兼进的"新征程""新探索""新思考"[J]. 通信世界，2021(24)：34-35.

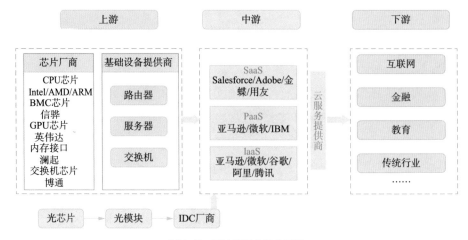

图4-5　云计算产业链全景图

2020~2025年中国云计算市场规模预测(单位：亿元)

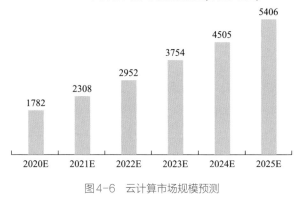

图4-6　云计算市场规模预测

（二）边缘计算

云计算实现了虚拟化与分布式计算融合的强大的计算能力、服务能力、存储容量，但从终端设备到云计算中心需要花费双倍的长途传输时间，这对于实时性要求高的紧急应用产生了极大的制约。特别是对于高清图片和音频、视频流的传输，时延更加明显。随着万物互联以及5G时代的到来，物联网和云计算技术已无法满足，如车联网、虚拟现实/增强现实（VR/AR）等，因数据爆炸式增长对计算设施的高实时和安全性要求的业务。边缘计算或者说雾计算介于云计算与终端设备算力之间，虽然算力上比不上云计算，但在时延上却小得多，且它的出现，降低了云计算中心的负载，也降低了计算集中式的风险。边缘计算是云计算的下沉，系统从扁平到边缘，通过在数据源的网络边缘侧融合计算、存储和应用核心能力，提供一种新生态系统和价值链系统，就近为用户提供边缘智能服务。

以自动驾驶为例，当需要查询前后车及当前路口交通灯的状态时，如果通过云平台进行查询和反馈，那从自动驾驶汽车发送查询信号到云服务器的时间 T_1，再到云服务器查询返还结果的等待时间 T_2，到把查询结果传输到终端设备的时间 T_3，总时间 $T=T_1+T_2+T_3$，这可能会使自动驾驶汽车因为时延太长而错过了一些动作处理。而如果人们在交通灯塔或是附近设置的5G基站上设置雾计算节点，那么相应的过程为：从自动驾驶汽车发送查询信号到雾计算服务器的时间 t_1，再等雾计算服务器查询返还结果的等待时间 t_2，再到把查询结果传输到终端设备的时间 t_3，总时间 $t=t_1+t_2+t_3$。从终端设备到基站，就一段链路时间，此时的 t 要比 T_1 小得多。再到基站的雾算服务器等待查询结果的时间，这个时间为 t_2，它也比 T_2 小得多。查询结果从雾计算服务器到终端设备的传输时间是 t_3，这个和 t_1 差不多，但相对 T_3 来说要小得多[1]。

如果说"云计算"所能实现的是大而全的话，那么"边缘计算"更多则是"小而美"，从数据源头入手，以"实时""快捷"的方式完成与"云计算"的应用互补[2]。云计算模型为核心的大数据处理阶段可以称为集中式大数据处理时代，但随着万物互联（Internet of Everything，IoE）时代的到来，网络边缘设备产生的数据越来越多，如果从边缘设备传输到云数据中心进行计算无法支撑实时性较高、电能有限的设备需求，因此大数据处理正在跨入以万物互联为核心的边缘计算时代（称为边缘式大数据处理时代）。比

[1] 姚驰甫,沈富可,何印蕾. 基于5G与边缘计算的发热病人智能排查系统 [J]. 电子技术与软件工程,2021(15):150–153.
[2] 深入探索边缘计算:物联网和5G时代的技术趋势 [EB/OL]. (2019-10-12)[2022-02-09].

较两者，云计算聚焦非实时、长周期数据的大数据分析，能够为业务决策支撑提供依据；边缘计算则聚焦实时、短周期数据的分析，能更好地支撑本地业务的实时智能化处理与执行。边缘计算能够充分利用物联网终端的嵌入式计算能力，并与云计算结合，通过云端的交互协作，实现系统整体的智能化。数据产生后由终端节点，即各类传感器和边缘设备收集并上传至边缘节点，边缘节点负责边缘设备的接入管理，同时对收到的原始数据进行实时分析、处理和决策，然后将少量的数据如计算结果等重要信息上传至云计算处理中心（图4-7）。云计算处理中心对来自边缘节点的数据进行集成，进一步实施大规模的整体性数据分析，在此过程中适当地对计算任务进行调度和分配，与边缘计算节点进行协作。

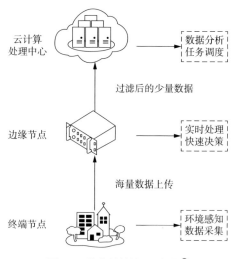

图4-7　边缘计算的3层架构❶

对于边缘计算的应用领域，中国移动边缘计算开放实验室发表的《中国移动边缘计算技术白皮书》❶分析，目前智能制造、智慧城市、直播游戏和车联网四个垂直领域对边缘计算的需求最为明确（图4-8），接下来分别对他们的应用场景进行简要介绍。

❶ 中国移动发布边缘计算技术白皮书 [EB/OL]. (2019-06-05) [2022-02-09].

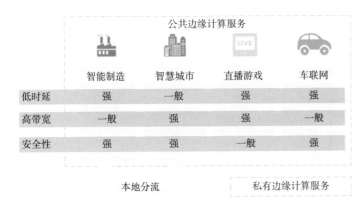

公共边缘计算服务			
智能制造	智慧城市	直播游戏	车联网
低时延	强	一般	强	强
高带宽	一般	强	强	一般
安全性	强	强	一般	强

本地分流　　　　　私有边缘计算服务

图4-8　边缘计算业务场景和需求

1. 智能制造

"工业4.0"的核心是CPS（信息物理系统），而融合了网络、计算、存储、应用核心能力的边缘计算，显然又是CPS的核心。在智能制造领域，工厂利用边缘计算智能网关进行本地数据采集，并进行数据过滤、清洗等实时处理。如工业现场的PID控制器、显示程序、传感器采集程序，它们都是在数据产生的边缘侧进行计算，最终的结果也都可以上传到云端。同时边缘计算还可以提供跨层协议转换的能力，实现碎片化工业网络的统一接入。一些工厂还在尝试利用虚拟化技术软件实现工业控制器，对产线机械臂进行集中协同控制，这是一种类似于通信领域软件定义网络中实现转控分离的机制，通过软件定义机械的方式实现了机控分离。

现在主要的工业应用场景为面向工业产线的视觉缺陷检测，用边缘智能的方式取代产线人工的质检，从而提高检测效率的结构（图4-9），边缘节点部署在工业产线，采集工业现场的图片信息，利用部署在边缘节点的视觉AI模型进行识别，同时在边缘节点生成相关的数据库。IEF与华为云相结合，在云端完成模型的训练并下放的边缘节点进行部署，并可以进行增量的训练优化。华为的边缘节点硬件为满足一定配置的PC，华为IEF主要提供边缘计算软件与云端的服务，边缘节点的软件采用Docker容器的方式进行部署[1]。

❶ 华为智能边缘平台 - 华为云 [EB/OL]. [2022-02-10].

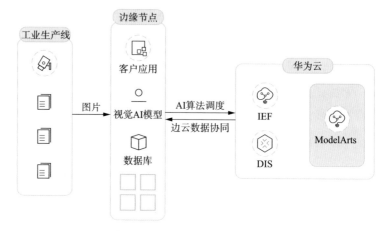

图4-9　华为智能边缘平台IEF在工业视觉场景的应用

2. 智慧城市

智慧城市主要包括智慧楼宇、物流和视频监控等多个方面。边缘计算可以实现对城市中运行参数进行采集分析。例如，在城市路面检测中，在道路两侧路灯上安装传感器收集城市路面信息，检测空气质量、光照强度、噪声水平等环境数据，当路灯发生故障时能够及时反馈至维护人员。边缘计算还可以利用本地部署的GPU服务器，实现毫秒级的人脸识别、物体识别等智能图像分析。

3. 直播游戏

在直播游戏领域，边缘计算可以为CDN提供丰富的存储资源，并在更加靠近用户的位置提供音视频的渲染能力，让云桌面、云游戏等新型业务模式成为可能。尤其是在AR/VR场景中，边缘计算的引入可以大幅降低AR/VR终端设备的复杂度，从而降低成本，促进整体产业的高速发展。

云游戏是电子游戏发展的重要方向，云游戏是将传统游戏的存储、计算和渲染都转移到云端，实时的游戏画面串流到终端进行显示，最终呈现给用户。云游戏又被称为GaaS（Game as a Service），它将游戏体验变成了一种服务，提供给广大用户，解决用户不断购买或升级终端的困扰，也避免了频繁下载和更新游戏内容，在成本、时间、内容、维护等方面提升了游戏体验❶。过去几年里，已经

---

❶ C114 通信网. 边缘计算助力云游戏成为 5G 时代的杀手级应用 [EB/OL]. (2021-08-03) [2022-02-11].

有AT&T、Verizon等电信巨头，以及微软、亚马逊等IT巨头先后公布了云游戏相关的测试或者布局。在2019年的MWC上，云游戏依然是最受关注的应用方向之一，例如，国内手机厂商OPPO和一加（OnePlus）分别展示了其云游戏服务。在一加的展示中，游戏玩家使用一加的5G手机同时再配置一个游戏手柄就可以体验以往只能在PC端运行的大型游戏，同时还可以实现无损画质和流畅感。根据第三方机构的预测，全球云游戏市场将从2018年的0.66亿美元增加到2023年的4.5亿美元（图4-10）。

4. 车联网

交通领域是5G和边缘计算技术的一个重要应用场景，由于车联网业务对时延的需求非常苛刻，边缘计算可以为防碰撞、编队等自动/辅助驾驶业务提供毫秒级的时延保证，同时可以在基站本地提供算力，支撑高精度地图的相关数据处理和分析，更好地支持视线盲区的预警业务。2017年4月《汽车产业中长期发展规划》提出智能网联汽车推进工程，计划提出到2020年，汽车驾驶（DA）、部分自动驾驶（PA）、有条件自动驾驶（CA）系统的新车装配率超过50%。到2025年，汽车DA、PA、CA新车装配率达到80%，未来边缘计算将持续助力车联网发展。

除了上述垂直行业的应用场景之外，边缘计算还存在一种较为特殊的需求——本地专网。很多企业用户都希望运营商在园区本地可以提供分流能力，将企业自营业务的流量直接分流至企业本地的数据中心进行相应的业务处理。例如，在校园实现内网本地通信和课件共享，在企业园区分流至私有云实现本地ERP业务，在公共服务、政务

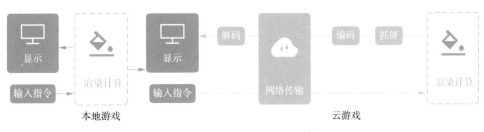

本地游戏　　　　　　　　　　　　　　　云游戏

图4-10　云游戏原理示意图 ❶

---

❶ C114通信网. 边缘计算助力云游戏成为5G时代的杀手级应用 [EB/OL].(2021-08-03)[2022-02-11].

园区提供医疗、图书馆等数据业务。在这一类应用场景中，运营商为客户的本地边缘计算业务提供了专线服务。2021年8月19日，浙江大学与浙江移动联合打造的5G校园安全专网试运行上线。这是目前全国首个，也是浙江省唯一的基于"5G+边缘计算"的专属校园安全网络。该项目基于5G SA架构物理网络，结合了边缘计算（MEC）、网络功能虚拟化（NFV）、网络能力开放等新技术。注册该服务的师生，无论身处校园内外，使用具备5G功能的设备终端，都可以不再通过VPN拨号等复杂流程，更快捷、更安全地访问校园内网的资源。

（三）知识计算

知识计算是研究知识的表达、管理、获取和使用的计算问题[1]，知识计算也是国内外工业界开发和学术界研究的一个热点。无论什么行业、领域的大数据，数据的价值都体现在数据所蕴含的信息和知识中，所以要对数据进行高端分析，就需要从大数据中先抽取出有价值的知识，并把它构建成可支持查询、分析和计算的知识库。知识计算核心包括自然语言处理、知识挖掘、机器学习和人机交互等技术。利用知识计算开展应用时，首先对获得的数据进行自然语言处理，经过语义表达后的知识，需要进行挖掘处理和集成融合，所得结果存储到知识库中，随后结合不同的应用场景，按照一定的规则和模型构建算法解决方案，对于类似的应用场景，则可以利用机器学习进行泛化处理[2]。世界各国各个组织建立的知识库多达50余种，相关的应用系统更是达到了上百种。其中，代表性的知识库或应用系统有KnowItAll[3]，TextRunner[4]，SOFIE[5]以

❶ 孙晓平. 大数据知识计算的挑战 [J]. 情报工程, 2015, 1(6) : 43-50.

❷ 王晓云, 杨子煜. 基于知识计算的精准服务研究 [J]. 情报理论与实践, 2019, 42(6) : 62-64, 41.

❸ Etzioni O, Cafarella M, Downey D, et al. Unsupervised Named-Entity Extraction from the Web : An Experimental Study[J]. Artificial Intelligence, 2005, 165(1) : 91-134.

❹ Etzioni O, Banko M, Soderland S, et al. Open Information Extraction from the Web[J]. Communications of the ACM, 2008, 51(12) : 68-74.

❺ Suchanek F M, Sozio M, Weikum G. SOFIE : A Self-Organizing Framework for Information Extraction[C/OL]//Proceedings of the 18th International Conference on World Wide Web - WWW ' 09. Madrid, Spain : ACM Press, 2009 : 631[2022-02-10].

及一些基于维基百科等在线百科知识构建的知识库，如DBpedia❶和WikiTaxonomy56。除此之外，一些著名的商业网站、公司和政府也发布了类似的知识搜索和计算平台，如美国政府数据网站Datausa、Google的知识图谱（Knowledge Graph）、Facebook推出的类似的实体搜索服务Graph Search等。在国内，中文知识图谱的构建与知识计算也有大量的研究和开发工作，如上海交通大学最早构建的中文知识图谱平台Zhishi.me，复旦大学GDM实验室推出的中文知识图谱展示平台等。2019年，清华大学人工智能研究院发布人工智能知识计算开放平台，涵盖语言知识、常识知识、世界知识和科技知识库，包括开放语言知识库OpenHowNet、中英文跨语言百科知识图谱XLORE和科技知识挖掘平台Aminer，以及人工智能技术系列报告THUAITR❷。

支持知识计算的基础是构建知识库，知识库的构建由几个基本的构成要素组成，包括抽取概念、实例、属性和关系。从构建方式上，可以分为手工构建和自动构建。手工构建是依靠专家知识编写一定的规则，从不同的来源收集相关的知识信息，构建知识的体系结构。比较典型的例子是知网（Hownet）、概念层次网络（HNC）和中文概念词典（CCD），OpenCyc等。自动构建是基于知识工程、机器学习，人工智能等理论自动从互联网上采集并抽取概念、实例、属性和关系，比较著名的例子是Probase、YAGO等。手工构建知识库，需要构建者对知识的领域有一定的了解，才能编写出合适的规则，开发过程中也需要投入大量的人力物力。相反，自动构建的方法是依靠系统自动地学习经过标注的语料来获取规则的，如属性抽取规则、关系抽取规则等，在一定程度上可以减少人工构建的工作量。随着大数据时代的到来，面对大规模网页信息中蕴含的知识，自动构建知识库的方法越来越受到人们的重视和青睐。自动构建知识库的方法主要分为两种：有监督的构建方法和半监督的构建方法。有监督的构建方法指系统通过学习训练数据，获取抽取规

❶ Auer S, Bizer C, Kobilarov G, et al. DBpedia：A Nucleus for a Web of Open Data[M/OL]. ABERER K, CHOI K-S, NOY N, et al.//The Semantic Web. Berlin, Heidelberg：Springer Berlin Heidelberg,2007：722-735[2022-02-10].

❷ THU AI TR[EB/OL]. [2022-02-10].

则，然后根据这些规则，提取同一类型的网页中的概念、实例、属性和关系。这类方法的缺点是规则缺乏普适性，由于规则是针对特定网页的，当训练网页发生变化，需要重新进行训练来获取规则。半监督的构建方法是系统预先定义一些规则作为种子，然后通过机器学习算法，从标注语料中抽取相应的概念、实例、属性和关系。进一步地，系统根据抽取的结果发现新的规则，再用来指导抽取相应的概念、实例、属性和关系，从而使抽取过程能够迭代地进行。

（四）可视化

可视化技术作为解释大数据最有效的手段之一，最初是被科学与计算领域运用，它对分析结果的形象化处理和显示，在很多领域得到了迅速而广泛的应用。数据可视化技术是指运用计算机图形学和图像处理技术，将数据转换为图形或图像在屏幕上显示出来，并进行交互处理的理论、方法和技术。由于图形化的方式比文字更容易被用户理解和接受，数据可视化就是借助人脑的视觉思维能力，将抽象的数据表现为可见的图形或图像，帮助人们发现数据中隐藏的内在规律。可视分析起源于2005年，可视分析（Visual Analytics）是信息可视化、人机交互、认知科学、数据挖掘、信息论、决策理论等研究领域的交叉融合所产生的新的研究方向[1]，它通过交互可视界面来辅助分析、推理和决策，将可视化和数据处理分析方法相结合，提高可视化质量的同时也为用户提供更完整的大规模数据解决方案[2]。如今，针对可视分析的研究和应用逐步发展，已经覆盖科学数据、社交网络数据、电力等多个行业。面对海量数据的涌现，如何将其恰当、清楚地展现给用户

---

[1] Keim D, Andrienko G, Fekete J-D, et al. Visual Analytics: Definition, Process, and Challenges[M/OL]. KERREN A, STASKO J T, FEKETE J-D, et al.//Information Visualization: Human-Centered Issues and Perspectives. Berlin, Heidelberg: Springer, 2008: 154-175[2022-02-10].

[2] 吴加敏, 孙连英, 张德政. 空间数据可视化的研究与发展 [J]. 计算机工程与应用, 2002 (10): 85-88.

是大数据时代的一个重要挑战，特别是对于动态多维度大数据流的可视化技术还十分匮乏，非常需要扩展现有的可视化算法，研究新的数据转换方法以便能够应对复杂的信息流数据。也需要设计创新的交互方式来对大数据进行可视化交互和辅助决策。与此同时，学术科研界以及工业界都在致力于大数据可视化的研究，已经有了很多经典的应用案例。

2018年，新华网数据新闻部与浙江大学CAD&CG实验室合作，通过大数据解读"宋诗全集"中的词汇，描绘了中国宋词诗人的多彩世界。项目分析了超过21000件作品，涉及约1330首诗人和曲调。

数据可视化提供了一种古典文学和现代科技交汇的可能性，通过语义分析、时间和空间的数据可视化等技术使我们能够从理性、宏观的角度跨越时空欣赏优秀的文学作品。"宋代词人，大多走仕途。"他们为官游历、体察民情的出访经历很是频繁。在苏轼的行迹图上人们就能直观地了解其颠沛流离的一生，地图同步出现大小不同的褐点，每个点的大小由苏轼踏足的次数决定。其中，最大的点所在位置是杭州城，这说明杭州是他最经常造访的地方。数据可视化可以让读者清晰地了解到词人的生平、到访足迹和人物关系。

（五）未来大数据的发展趋势

1. 与云计算的深度结合

大数据的发展离不开云计算，云计算为大数据提供强大的基础设备。自2013年开始，大数据技术已开始和云计算技术紧密结合，预计未来两者关系将会更加密切。除此之外，物联网、移动互联网等新兴计算形态，也将成为大数据革命不可或缺的技术支持。

2. 科学理论的突破

就像计算机和互联网的快速发展一样，大数据很有可能成为新一轮的技术革命。随之兴起的机器学习、数据挖掘技术和人工智能等相关技术，可能会改变数据世界里的基础理论和很多算法，在科学技术上实现新的突破。

3. 数据科学和数据联盟的成立

未来，数据科学将成为一门专门的学科。各大高校也会设立专门的数据科学类专业，催生一批与之相关的新兴产业。与此同时，基于数据这个基础平台，也将建立起跨领域的数据共享平台。

三、大数据平台概述

科学界在很早就认识到了大数据的价值，2008年著名数据库专家、图灵奖的获得者吉姆·格雷（Jim Gray）提出第四次科学革命可能产生数据科学，即科学研究的第四范式[1]。Jim Gray博士总结出人类科学研究先后经历了实验、理论和计算三种范式，而在数据量不断现象级增加的今天，这三种范式已无法很好地在研究中运用，进而提出了科学的第四种范式：数据探索。四种范式的对比如表4-1所示。同时Jim Gray强调，更多来自计算和数据管理领域的技术和方法将为传统科学研究方法提供新的思路和平台，他同时建议将所有的科研数据公开到互联网上，从原始数据到科学文献，形成一个系统的数据平台。

表4-1　四种科学范式[2]

科学范式	时间	思想方法
实验	数千年前	描述自然现象
理论	几百年前	运用模型、总结一般规律
计算	几十年前	模拟复杂现象
科学探索	现在	通过设备采集数据或是模拟器仿真产生数据，通过软件实现过程仿真，将重要信息存储在电脑中，科学家通过数据库分析相关数据

随着各行各业生产的数据量越来越大，对于数据的管理也显得异常重要，此时就需要制定适当的策略来管理大量结构化和非结构

---

[1] Tony Hey, Stewart Tansley, Kristin Tolle, et al. The Fourth Paradigm: Data-Intensive Scientific Discovery[J/OL]. 2009. [2022-02-11].

[2] 同[1].

化数据，才能够更有效的实现数据信息的汇聚、分析、服务，大数据平台为此提供了很好的解决方案。

　　大数据平台是一种 IT 解决方案，它结合了单个解决方案中多个大数据应用程序和公用设施的功能。它是一个产业级 IT 平台，使组织能够开发、部署、运营和管理大型数据基础设施和环境。大数据平台一般由大数据存储、服务器、数据库、大数据管理、商业智能等大数据管理公用设施组成。它还支持自定义开发、查询和与其他系统的集成。大数据平台背后的主要好处是将多个供应商/解决方案的复杂性降低为一个具有凝聚力的解决方案。大数据平台也能够通过云计算，构建高效的信息处理服务平台，为企业提供全包的大数据解决方案和服务。总而言之，大数据平台是一个集数据接入、数据处理、数据存储、查询检索、分析挖掘、应用接口等为一体的平台。

　　除了上文所提到的知识计算平台，目前各行各业都广泛在发展和应用大数据平台。在医学领域，临床科研是提升医院核心竞争力的重要环节，而信息化、精细化的全程管理具有举足轻重的地位。近年来，各医院建立了医院信息系统（如 HIS，LIS，PACS，EMR等），这些数据为大数据平台的建设提供了可能。张亚娜等基于加速康复外科构建科研大数据平台，平台对现有 EMR 模板进行改造实现数据标准化录入，同时通过医院医疗业务数据总线，收集医院 HIS，EMR，PACS，LIS、手术麻醉、重症监护、移动护理的数据和患者自己填写的在院及离院后数据，再通过大数据应用将以上数据进行抽取、清洗和整理，进行数据分析和数据挖掘形成定向分析报告，方便医生根据患者实际情况制定恢复策略，能够提升患者康复效率（图 4-11）。

　　在"新基建"的重要一环智能电网的建设中，目前电网建设和维护流程中大数据已成为不可或缺的支撑技术，电力大数据既是"AI+电力"的重要基础，也是衔接智能电网与人工智能应用的桥梁。电力系统拥有来自能量管理系统（EMS）、调度管理系统（OMS）、生产管理系统（PMS）、广域监测系统（WAMS）、配电管理系统（DMS）、电能量计量系统（TMR）、地理信息系统

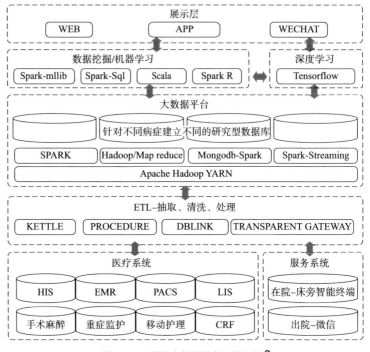

图4-11　医院大数据平台系统架构 ❶

（GIS）等多个业务系统的结构化、半结构化和非结构化数据，具备大数据的规模大、数据多样、价值密度低和高速性等特性，智能电网大数据技术研究已广泛开展，其中针对电网调控领域这一特定场景的大数据平台及应用研究较为丰富，实践成果展现了大数据在存储、计算、分析挖掘等方面的技术优势。

在教育治理化领域，大数据技术已经成为教育信息化转型研究与实践的热点。2018年，中华人民共和国教育部在发布的《教育信息化2.0行动计划》一文中提出："要提高教育信息化水平，充分利用云计算、大数据等新技术，助力教育教学、管理和服务的改革发展。"积极推进大数据技术与教育教学的深度融合，是实现新时代教育治理现代化发展的必经之路。当前，区域教育治理现代化的研究正朝着"数据平台支撑，应用场景驱动"的方向前进。大数据作为研究区域教育治理问题的"原料"，对于提升教育治理水平有着不可估量的作用。区域教育大数据平台是推进区域教育治理的有

❶ 杨林朋. 医院科研大数据统计分析平台构建研究 [J]. 统计与管理,2020,35(4)：28–31.

力抓手，在近些年得到了国内学者的重点关注。华中科技大学人工智能教育学部和清华大学信息国家研究中心提出了面向区域治理现代化的大数据平台架构❶，以推进区域教育治理的现代化发展。基于此大数据平台架构，研究人员在此基础上提出了一个区域基础教育发展评估模型（图4-12），利用大数据平台通过可视化的形式揭示当前基础教育发展过程中存在的优势与需求，帮助各地教育部门和教育机构精确了解基础教育发展情况和区域差异，具有积极的现实意义。

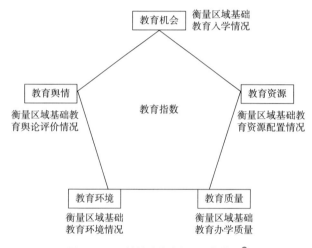

图4-12　区域基础教育发展评估模型 ❷

在政策方面，从发展大数据到建设大数据平台，我国都提出了针对性、适应性的措施。继2011年麦肯锡公司在EMC World大会上明确了大数据的概念后，世界经济论坛（World Economic Forum）于2012年发布"Big data，big impact：New possibilities for international development"报告，指出了大数据发展为世界带来的新机遇。2013年5月，IDC发布了《中国互联网市场洞见：互联网大数据技术创新研究》报告，报告中指出大数据将引领中国互联网行业新一轮技术浪潮。

彼时，我国处于发展中国家前列，大数据的应用仍处于起步阶

❶ 范炀,茆瀚月,李超,等. 面向区域教育治理的智能化大数据平台研究 [J]. 现代教育技术,2021,31(9):63-70.

❷ 同 ❶.

段，在工业与信息化部发布的物联网"十二五"规划中，把信息处理技术作为 4 项关键技术创新工程之一提出，其中包括了海量数据存储、数据挖掘、图像视频智能分析，这都是大数据的重要组成部分，而另外 3 项：信息感知技术、信息传输技术、信息安全技术，也与"大数据"密切相关。2012 年中国计算机学会成立了大数据专家委员会（CCF Big Data Task Force，CCF BDTF）。2013 年，科技部正式启动国家高技术研究发展计划（863 计划）"面向大数据的先进存储结构及关键技术"，启动五个大数据课题。

2015 年，国务院发布《促进大数据发展行动纲要》提出，要加强顶层设计和统筹协调，大力推动政府信息系统和公共数据互联开放共享，加快政府信息平台整合，消除信息孤岛，推进数据资源向社会开放，增强政府公信力，引导社会发展，服务公众企业；以企业为主体，营造宽松公平环境，加大大数据关键技术研发、产业发展和人才培养力度，着力推进数据汇集和发掘，深化大数据在各行业创新应用，促进大数据产业健康发展；完善法规制度和标准体系，科学规范利用大数据，切实保障数据安全。此外，《纲要》还明确，推动大数据发展和应用，在未来五至十年打造精准治理、多方协作的社会治理新模式，建立运行平稳、安全高效的经济运行新机制，构建以人为本、惠及全民的民生服务新体系，开启大众创业、万众创新的创新驱动新格局，培育高端智能、新兴繁荣的产业发展新生态。

可持续发展大数据国际研究中心[1]是全球首个以大数据服务联合国《变革我们的世界：2030 年可持续发展议程》的国际科研机构。该中心依托中国科学院建设，面向地球系统科学、社会经济和可持续发展的交叉前沿领域，开展大数据驱动的环境公域、城乡发展、粮食安全和能源脱碳等领域可持续发展目标监测、评估与预测的系统研究，发展大数据服务联合国可持续发展目标实现的理论和方法，服务可持续发展目标的大数据平台和决策支持系统，为解决全球重大可持续发展问题提供基础理论、先进技术、决策支持和智

---

[1] CBAS. 可持续发展大数据国际研究中心 [EB/OL]. [2022-02-10].

库服务支撑。其中包括五项行动：研发和建设可持续发展大数据平台、研制和运行可持续发展科学卫星、开展可持续发展指标监测与评估科学研究、建设科技创新促进可持续发展智库、提供面向发展中国家的教育和培训。

大数据平台的建设与研究作为第一项行动有着指导性的意义。同年12月28日，为进一步促进新型基础设施高质量发展，深化大数据协同创新，经国务院同意，国家发展和改革委员会、网信办、工业和信息化部、国家能源局联合提出《关于加快构建全国一体化大数据中心协同创新体系的指导意见》。指导意见中强调发展大数据需要深化大数据应用创新。

大数据作为一种重要的战略资产，已经渗透到许多行业领域和部门，大数据平台也逐渐成为社会、行业、科研等资源共享的基础设施，其深度应用不仅有助于企业经营活动，更有利于推动整个国民经济的发展。

第二节
大数据平台支撑创新设计

一、大数据平台为设计带来的改变

设计历经以农耕时代自然经济为主导的设计1.0时代与以工业时代市场经济为主导的设计2.0时代，如今正步入以知识网络时代数字经济为主导的设计3.0时代。大数据平台作为数字经济高质量发展引擎❶，通过加强基于大数据和云计算的服务平台建设，可以形成面向创新设计大数据的信息、服务、分析平台，实现知识分

❶ 宋颖昌,张朝. 数据＋平台:数字经济高质量发展引擎 [J]. 软件和集成电路,2020(5)：62-63.

亨、创意供给和设计交易服务。

大数据平台为设计带来了四大变化：

1. 设计过程协同化、个性化、全生命周期化❶

设计过程协同化：实现人—信息—机器的高效协同与智能交互；设计个性化：因为网络的高度连通性与低成本性，小众群体的"长尾市场"总需求甚至会超过"社会大众"需求；设计系统全生命周期化：随着用户偏好不断变化、技术的发展，以及产品竞争等因素的影响，产品生命周期趋短，短生命周期产品已经成为一种趋势。

2. 设计方法智能化，大数据、云计算为创新设计提供新动能

大数据的产生对很多行业都有巨大的推进作用，对创新设计也是如此。在需求挖掘上，通过提取分析海量用户的数据，能够准确把握产品的目标用户特性，并针对性地进行产品设计工作。

3. 设计组织形态扁平化、平台化、分散化

设计组织扁平化❷：扁平化组织形态有利于减少管理组织层级，让组织沟通与决策速度更快；设计组织平台化：互联网时代，一批实力雄厚的大企业品牌纷纷转向平台经营并取得迅速发展；设计组织分散化：随着智能制造和工业互联网融合发展，企业分散化渐成趋势，将呈现以用户为核心分布的散点形式。

4. 商业模式不断创新，呈现创新模式社会化、制造业服务化

创新模式社会化：在传统商业模式中，生产者利用自己的生产资料进行劳动并制造产品，消费者单纯执行购买和消费行为。在新模式中，消费者成为产品创新的重要来源，消费者变成产消者。制造业服务化：随着先进信息技术的发展，让制造企业可实现低成本的信息深度挖掘，它们以产品为中心，不断向服务端延伸、整合，从而向用户提供基于产品的全流程解决方案，呈现服务业与制造业日益融合的趋势。

❶ 王盛勇,李晓华. 新工业革命与中国产业全球价值链升级 [J]. 改革与战略,2018,34(2):131-135.
❷ 潘媛."互联网＋"背景下组织扁平化管理实证研究 [J]. 科技经济导刊,2020.

二、大数据平台在创新设计构成要素中的作用

2020年12月28日,《关于加快构建全国一体化大数据中心协同创新体系的指导意见》指出,数据是国家基础战略性资源和重要生产要素。加快构建全国一体化大数据中心协同创新体系,是贯彻落实党中央、国务院决策部署的具体举措。以深化数据要素市场化配置改革为核心,优化数据中心建设布局,推动算力、算法、数据、应用资源集约化和服务化创新,对于深化政企协同、行业协同、区域协同,全面支撑各行业数字化升级和产业数字化转型具有重要意义。

在商业发展方面,互联网企业新的需求、业务的提出和迭代很快,而公司不可能对于每一个数据应用都单独进行数据的采集、传输或者存储,所以有一个专业的数据平台帮助公司进行深入的数据采集、分析就至关重要。虽然产品功能是易变且难以预测的,但是所有这些基于数据的功能依然会有很多的共同点,尤其是它们对于底层基础数据的处理和访问的需求,基本上是稳定不变的。针对这部分的需求,运用自身成熟的大数据管理平台帮助企业实现市场调研、新品研发、营销活动、售后服务等全渠道数据聚拢,并基于大数据的商业信息洞察,从多渠道数据中将数据信息转化为产品能力,可减少不同数据应用中的重复数据处理过程,让不同的数据应用更专注于业务相关需求的实现,不用纠结于数据从哪来、数据如何访问等重复枯燥的问题,帮助构建企业数据价值,提高应用创新能力,助力企业实现数字化转型升级。在传统的制造业中,排单、成本管控、绩效考核等重复性很高的工作,也能够通过运用大数据平台智能排单、工艺优化、成本管控、绩效考核,从而优化制造流程、提高企业的产量,为企业创收。

在文化方面,2020—2021年国家文化大数据战略被提出,《国家文化大数据体系标准》被确立和发布,这标志着我国文化数字化建设正迈上新的台阶。这一体系不仅囊括了文化遗产的保护,更将其扩充和上升为文化数字化、文化数据化的国家战略。战略将围绕

文化数据，开展数据聚合、数据加工和数据开放，用数字化的手段重构中国文化的基因和源流，服务于文化产业的迫切需要和民族文化的未来传承。文化大数据平台的建设，对于文化的保护推广、开发利用具有重要的价值和意义。欧盟支持搭建的Europeana❶，整合了欧洲27个成员国约4000个机构的国家图书馆和文化机构等的图书、期刊、地图、图片、绘画、档案和音频资料等数字资源，提供了5800万种数字对象（书籍、音乐和艺术品等）的访问权限，成为全世界公众了解欧洲文化遗产的新渠道。Europeana的建设采用了基于公有云和私有云混合基础架构，计算云为前端和后端服务提供计算能力，存储云（NoSQL数据库和分布式文件系统）为计算云中部署的服务提供存储能力。国内具有代表性的文化数字化平台主要有以下3个：中国非物质文化遗产网是由中华人民共和国文化和旅游部主管，中国艺术研究院（中国非物质文化遗产保护中心）主办的公益性非物质文化遗产保护专业网站（图4-13）；数字敦煌项目以文物保护理念为指导，对敦煌石窟及相关文物进行收集、加工，并将数字化的照片、视频、3D数据和其他文化数据存储到数据库中；国家数字图书馆提供大量我国古籍在线资源、子数据库、可以在线阅读海量电子书（古籍、方志、拓片、民国图书）（图4-14）。

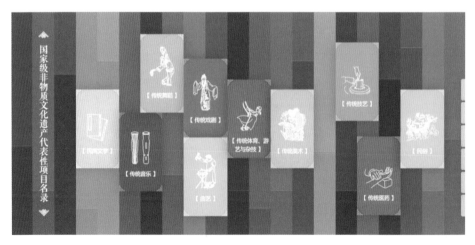

图4-13　国家级非物质文化遗产代表性项目名录

---

❶ Discover inspiring European cultural heritage | Europeana[EB/OL]. [2022-02-10].

图4-14 国家数字图书馆—中华古籍资源库

在人本方面，关于大数据的研究主要体现在从人本角度感知和记录城市的发展，从而指导城市的治理与发展。方立波等人[1]运用机器学习、GIS空间分析、空间句法等技术，结合街景图像、POI兴趣点、OSM路网等多源大数据对北京老城进行多维度测度，为城市微更新提供高效和精细化技术支持。研究对采集的数据进行分析和处理得到安全感、活力感、美丽感、压抑感四种人体的视觉感知评价，对安全感、活力感、美丽感、压抑感影响较大的地物类别为天空、建筑物、杆、路标、马路等。有趣的是，天空对四种情感感知的影响程度都是排第一，除活力感外，天空对其他三种情感感知得分的影响程度都在45%以上（图4-15）。

图4-15 低水平感知得分区域场景[2]

---

[1] 方立波,黄强. 基于多源大数据的城市街道空间品质评价研究——以北京老城为例[C]//. 中国城市规划协会. 面向高质量发展的空间治理——2021中国城市规划年会论文集. 北京:中国建筑工业出版社,2021:399-409.

[2] 同[1].

技术为设计实现提供了基础，而设计是技术商业化、广泛应用的重要手段。大数据作为新的产业战略资产，将其转换为设计生产力也是重要的研究方向，其中最直接、有效的方式就是通过构建大数据平台，建设大数据中心，来管理、整合、应用这些资产，为设计产业提供源源不断的动力。同时，数字化也和创新设计发展的重要趋势不谋而合，再一次说明推进大数据和创新设计产业的深度融合是发展的必经之路。建立创新设计大数据中心，构建大数据平台能够整合各地的设计资源、行业数据，对于提升创新设计全面性发展有着极为重要的作用。

目前，创新设计作为一个新兴产业，由于其自身的复杂性、多样性和强烈的时代性，从设计从业者到设计研究者再到产业界，彼此之间的发展水平与发展特点存在较大差异，彼此之间存在割裂的情况（图4-16）。如何将设计研究、设计从业和设计产业各自的发展优势提炼出来，如何对其发展水平进行监测、评价，如何将三者有效耦合等都是值得研究的问题。

- **数据**：缺少专业知识服务支撑
- **服务**：无法提供创新设计服务
- **空间**：缺少相应的创客空间

问题　建议

- **数据**：提供专业知识数据
- **服务**：提供专业知识服务
- **空间**：建设创新设计双创空间

图4-16　创新设计面临的问题

一方面，大数据平台以其强大的整合和分析能力逐渐成为社会、行业、科研等资源共享的基础设施，和创新设计这一以整合、创新为特色的产业有着极为契合的发展特点，因此推进创新设计大数据平台的建设与进步对产业发展有着不可小觑的力量。另一方面，对于设计研究和从业者而言，创新设计大数据平台提供了一种有针对性的信息渠道，同时通过权威机构的共享和共建也能够保证数据的专业性和有效性（图4-17）。

设计师社交图谱
个人设计师的自我经历
和其他设计师社交图谱

产业界社交图谱

企业界社交图谱
各大设计企业历年发展
于业内合作

设计师

设计产业

产学研
社交图谱

学术界

科研专家图谱
科研专家信息展示，包
括论文著述、专利等

科研机构图谱
各大科研机构信息与合
作情况

专家学术圈

跨学科合作图谱
其他学科与设计学科
合作情况

图4-17　创新设计利益相关图

三、大数据平台赋能产业数字化改革发展

数字化不仅是一个个数据的呈现，更是产业实时的、动态化的运行呈现，是实体产业运行和虚拟数字技术的"孪生同现"。随着产业数字化不断深入，企业数据共享驱动力不足、工业技术知识化有待突破、公共属性与市场化平衡难、一体化融合安全风险增加等挑战相继出现❶。如今，数字化进程的工作重点在于建立对各类数据的管理模式、共享机制、价值评价标准、整合碎片化工业知识，发展具有自主知识产权的工业软件、协调运营更大范围内利益的利益相关方、加强保障信息安全，降低风险隐患。这些复杂、灵活、精准的功能要求的集合，加之《工业互联网产业大脑平台1.0及工业互联网大数据应用白皮书》❷等相关政策的提出，催生了产业大脑这一概念的提出。

❶ 兰建平.以产业大脑建设助推高质量发展[J].社会治理，2021(4):48-51.
❷ 张立.《工业互联网产业大脑平台1.0及工业互联网大数据应用白皮书》发布[J].软件和集成电路，2021(5):55-56.

产业大脑是一种应用新一代信息技术，以经济调节智能化为理念，有效融通政府、产业，联系制造、市场，协调供给侧、需求侧等各方数据，遵循系统集成，建设数字化服务功能平台，最终达成经济领域良好数字化生态的目标。在技术层面上，互联网结构向类脑结构进化，云计算、大数据、人工智能等前沿技术为产业大脑的实现提供了强有力的支持。由王坚院士在杭州牵头发起的聚焦城市运行效率的"城市大脑"项目，正是实现"大脑"概念的一种探索。

产业大脑主要通过聚集产业大数据并进行融合分析，输出产业地图、数据中心等可视化结果，助力产业指挥精准决策，助推产业高质量发展。主要有以下四个特点：一是实现"产业链现代化，产业基础高级化"的落地路径。可以实现区域内各个产业要素的数字孪生、数据贯通；二是以产业大数据为基础的产业治理和创新服务基础设施。面向企业需求建设运营产业互联网，实现产业资源、创新要素和企业服务需求的精准匹配，提高企业创新发展能效；三是以产业图谱为核心，构建 PaaS 平台、提供 SaaS 应用。从宏观、中观、微观三个层面实现产业链图谱的洞察与检测；四是集聚产业大数据，实现产业空间和数字空间的动态映射。全方位、多角度、实时动态展示和分析产业数据。

建设重点按照使用对象来划分❶，可分为政府侧和市场侧。政府侧以优化决策过程为重点，打造智能管理型工具，提供运行监测接入入口，产生运行评价指数，展示产业链全景图、企业360°数字画像、解决方案资源池等服务❷，支撑政府进行顶层设计，为经济决策提供数字化手段。市场侧以数字信息流通为重点、数据资源为核心，构建功能平台，推动产业链各环节大中小企业生产方式、产业形式、商业模式、企业形态的升级和重构，动态响应产业环境和行业需求变化，以信息协同推动数字赋能产业生态环境。

---

❶ 杭州市经信局.建设产业大脑赋能经济发展——杭州吹响数字化改革"集结号"[J].信息化建设,2021(4):34.

❷ 张立.《工业互联网产业大脑平台1.0及工业互联网大数据应用白皮书》发布[J].软件和集成电路,2021(5):55-56.

可以通过以下五个方面加快建设产业大脑。一是加强智能化设计软件自主研发。引导面向重点行业开展设计软件服务和自主研发，建立健全科技成果转化和知识产权共享机制，加强面向制造业全生命周期的优化配置；二是引导产品和业态的创新设计发展。引导企业重视产品创新设计，重视商业模式的创新，跳出"舒适圈"，提升产品的竞争力。形成可持续发展、具有高度竞争力的、面向具体产业和业态的创新设计"企业圈"和"生态圈"；三是推动平台服务网络化，提升赋能效用。推动设计研发与科研成果转化的服务模式创新，探索未来线上服务的平台设计，丰富服务类型。联动相关部门进行功能开放，强化平台输出，分行业纵向推进；四是以应用场景建设激发市场主体能动性。以企业为主体，政府为导向，在实际市场运作过程中进行试点运行，形成标杆应用企业，带动激发其他主体活力；五是以渐进迭代方式推动"大脑"功能升级。在做好当前工作的同时，处理好长远场景下的系统化规划，明确时间节点，持续更新指标体系，实现产业大脑从 0 到 n 的不断丰富和升级过程。

第三节
基于大数据平台的创新实践

一、创新设计知识服务系统

创新设计知识服务系统是浙江大学工业设计所和中国工程院合作的项目，创新设计知识服务系统属于中国工程科技知识中心的重要组成。中国工程科技知识中心是经国家批准建设的国家工程科技领域公益性、开放式的知识资源集成和服务平台建设项目，通过汇聚和整合我国工程科技相关领域的数据资源，建立集中管理、分布运维的知识中心、服务平台。工程科技中心平台上有大量满足不同学科需求的知识服务，不同学科领域的知识需求皆不相同，对于设计学科来说，主要关注的是构思过程，是对一个尚未成型的事物进行探索，相比于其他关注于事实的科学活动具有一定的独特性[1]。所以设计知识的需求不单单是某一种数据或某一种媒体资源，而是多种形式的，设计人员需要从若干知识条中重组、启发，进而解决设计问题。

创新设计知识服务系统是为创新设计从业者、学习者提供知识服务的网络平台，旨在为国家工程科技领域重大决策、重大工程科技活动、企业创新与人才培养提供信息支撑和知识服务，提高国家自主创新能力。创新设计知识服务系统提供数据导航、深度搜索、工具共享、智能分析等方面的服务。

由于创新设计有着较强的时代性和发展性，融汇了诸多关键性要素，创新设计的发展与完善需要大量设计知识的支持，如果能构建一个创新设计知识服务系统，为设计人员提供丰富的设计知识，进而激发设计人员的创造性思维，将有效全面提升我国创新设计能力，对实施创新驱动发展战略，实现从制造大国向创造强国跨越，建设创新型国家具有重大的意义。通过建立创新设计产业战略联盟、设立各地创新设计分中心、整合各地设计协会机构，将创新设计的版图从点到面覆盖了全国上下，这些力量通过协同发展、数据资源共享、共建的方式，为创新设计知识服务系统平台提供了坚实的数据基础和现实支撑。

创新设计知识服务系统汇聚创新设计领域各类资源，建设权威、专业、便捷的资源汇聚平台，面向创新设计领域院士、专家需求，开发领域特色知识应用，打造行业数据创新应用平台，探索知识资源深度挖掘与创新服务模式。创新设计知识服务系统依托浙江大学，一方面以工程院项目建设的总体目标要求——建设国家"工程科技智库"为指导，定位于支撑工程院开展制造业相关的国家重大工程提供咨询、决策服务，满足中国工程科技人员的开展制造业

---

❶ 谢友柏. 基于互联网的设计知识服务研究——分析中国工程科技知识中心(CKCEST)的功能 [J]. 中国机械工程,2017,28(6):631–641.

相关的工程科技研发、应用提供服务，重点推进文化构成、商业构成、技术构成、人本构成、艺术构成及创新设计案例集的海量数据汇聚，研发知识服务工具，并展开"五库一集三平台"的试点和应用工作，建设完成创新设计知识服务系统（总平台），为设计人员提供丰富的设计参考信息。创新设计知识服务系统，是丰富我国创新设计基础资源、强化创新设计能力与提高创新水平的重要举措，是推动中国制造向中国设计转型升级的一项意义重大、影响深远的探索与实践。另一方面作为中国创新设计产业战略联盟的依托与管理平台，汇聚各方资源，面向各地区域战略需求与产业升级为目标，提供创新设计大数据服务平台，汇聚资源数据，发挥平台"设计、服务、共享、交易、交流"等服务功能，为当地创新设计和双创平台发展提供有力支持。

平台从创新设计的基本构成出发，对海量的数据资源进行了分类，并从大数据的四个特征角度选取了典型数据，作为平台数据采集和存储的基本依据和参考（表4-2）。

表4-2　创新设计知识服务系统知识类型

知识类型	Volume	Velocity	Variety	Value
技术知识	技术标准 技术手段 材料	实时数据获取	图像、音频、视频、文字等	专利
文化知识	产品的文化内涵	博物馆等	图像、音频、视频、文字等	非遗
艺术知识	设计知识（造型、色彩、平面等）	艺术馆等	图像、音频、视频、文字等	概念比赛获奖产品
商业知识	用户购买评价数据 竞争对手数据	直接交互 社会媒体 问卷调查	图像、音频、视频、文字等	经典案例
人本知识	用户生理数据 用户心理数据	实时数据监测 人口统计学 分析	图像、音频、视频、文字等	实验室监测

系统旨在通过系统搜集、深度加工和关联打通各类知识资源，集成知识组织、知识计算、深度搜索和可视分析等关键技术，形成创新设计知识领域数据的知识服务。系统广泛汇集各大专业数据资源，包括科学数据、战略情报、科技文献、科研机构、科研项目和科技成果等。系统提供DSI跨文化搜索、设计资讯、五库一集资源、特色应用、设计专题、创意引擎等知识服务功能。具体功能模块如图4-18所示。

数据资源面向从事创新设计领域相关工作的相关组织机构、公司、学校、师生、设计师等对象全面开放。

面向政府提供创新设计战略咨询服务。政府领导决策层在制定各种政策、制度时，需要顶层设计，提供以创新设计理论架构为依托的相应院士报告、重大咨询类项目报告、行业趋势报告等，可以为其制订宏观政策或规划提供报告咨询服务。

面向产业联盟提供信息平台。在创新设计理论与实际结合的以及推广的过程中，中国创新设计产业战略联盟随之而生，包含多个工作委员会、产业联盟、区域联盟、大数据中心。在知识服务系统的建设过程中能够提供强有力的数据支撑和资源输出，实现创新设计知识在各组织机构间的高效交流。

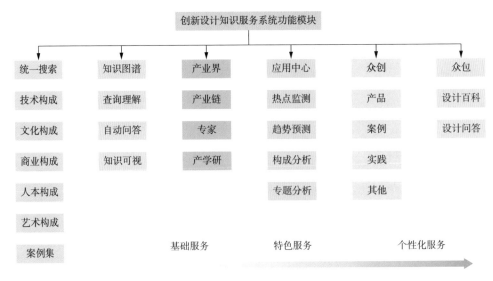

图4-18　创新设计知识服务系统功能模块

面向创新制造企业、创新咨询机构、创新设计相关人员及高校创业团队提供权威、有效的信息资讯、实用的特色服务及新媒体宣传平台，支持创新创业活动展开。创新创业活动的展开一方面针对企业，另一方面针对高校。

主要包含七大功能模块：新闻资讯、五库一集、创意引擎、特色资源、设计专题、基础功能和后台管理。

新闻资讯中根据受众不同，又可以分为设计前沿板块、产业动态板块、创新创业板块。各板块中的信息知识类数据可以进行内容浏览、附件下载、收藏网址到书签、分享复制链接、查看原文链接等基础功能。

五库一集为知识服务系统的重要组成部分，按照组成要素可以分为商业构成库、技术构成库、文化构成库、人本构成库、艺术构成库和作品案例集。各板块中的知识数据能够实现内容浏览、PDF下载、收藏网址到书签、分享复制链接中的多个功能。

创意引擎根据收集的资源类型可以分为研究文献、相关机构、设计专利、特色报告、设计项目、设计大赛等板块。各板块中的知识数据能够内容浏览、PDF下载、收藏网址到书签、分享复制链接中的多个功能。

特色资源分为特色数据、特色应用两块内容。特色数据为经过初步处理的五库一集数据，能够实现简单的内容浏览功能。特色应用板块包含多个在线和离线应用。离线应用可以下载到本地，在线服务的应用可以实现其自身特有的功能。

设计专题内有好设计研究、"一带一路"大数据、应急救援大赛等特色板块。好设计研究中可以实现内容浏览、收藏为书签和分享案例研究的网址链接功能。"一带一路"大数据能可视化地展现大数据信息。应急救援大赛可以实现参赛报名的功能。创新设计知识服务系统汇聚各地的设计知识资源，所以有着不同的侧重点；同时也通过赛事推进创新设计学科的发展，提供宣传、参赛途径，输入优秀的设计作品和设计人才，未来也将继续大力助力创新设计。

二、农机装备知识服务系统

农机装备知识服务系统是浙江大学工业设计所参与开发的国家重点研发计划项目。农业作为我国的重要产业已开始由传统向现代化转变。以农业机械为基础、科技为支撑、市场为导向的设施农业，代表了现代农业的发展方向，是衡量一个国家或地区农业现代化程度的重要标志，也是现代化农业发展的重要建设任务。国外农业机械制造业及汽车行业发展迅速，其成功的开发经验主要集中于两个方面：一是通过应用数字化的先进制造技术和管理模式，提高产品的开发效率；二是通过数据、经验积累，进行产品数据库和知识库的建设，支持产品的创新能力，提高产品的质量和缩短产品的开发周期。另外，基于知识的智能设计已应用于航天、飞机、机械设计等多个领域，对这些领域的快速发展起了很大的推动作用。农业机械领域的快速发展方向由此得到启示，农机装备智能化设计知识服务系统研究课题也顺应而生。农机装备设计知识需考虑作业环境、作物种类、种植模式，涉及需求、功能、结构、制造与装配等多个环节，其数据总量庞大、增长快速、种类多样。但由于现有基础理论研究不足，结构分析以及参数模型不够规范等原因，农机装备的研制比较落后，设计过程较为随意，产品更新换代延续性较为困难，这就造成了农机装备设计周期长、产品质量水平低等问题。因此，在农机装备设计领域中，不断添加现代设计方法理论显得尤为重要，用来提升行业整体的设计制造水平，确保国家的粮食安全，确保农机装备与农业现代化发展同步推进。

目前尽管已有一些农机装备设计知识方面的研究，但在整机及关键零部件设计知识的获取、归纳、分类、表达、推理及推送等方面还没有很好的解决方案。因此，快速准确地获取整机及关键零部件设计信息和知识，并进行归纳与分类，进而构建合适的设计知识表示模型和应用模式，有效建立农机装备设计知识库，实现人机友好的设计知识服务系统显得尤为必要❶。建立设计知识库系统，可以对设计进行集成研究，实现专家设计经验的归纳和利用，方便设

❶ 刘宏新,王登宇,郭丽峰,等. 先进设计技术在农业装备研究中的应用分析 [J]. 农业机械学报,2019,50(7):1-18.

计人员进行检索，从而大大推进设计质量，提高效率，缩短产品开发周期，具有巨大的经济效益和应用前景。

知识是一个抽象名词，通常在知识的定义中知识的陈述必须满足3个条件：必须对其进行验证，必须为真并且必须被相信。而在知识工程方面，知识区别于信息，区别于数据，比信息和数据具有更高的概括性和更好的表达性。它们三者之间的关系如图4-19所示，这三个关系是渐进的，产生的数据是在设备或者产品运行中，自己本身产生的表达自身属性的称为数据。知识是通过实践或者有经验的人对信息和数据的总结、合成。经过一系列的验证和证明，被广泛接受并对其他领域相关联的主体运行具有指导意义。

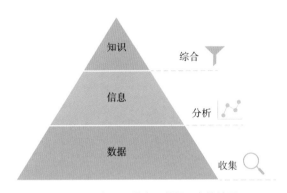

图4-19　知识、信息、数据三者的关系

（一）知识获取方式

建立知识库的首要问题是知识获取，即知识从何而来。知识获取的方法按照知识的来源和人机交互的方式，基本上可以分为三类：

（1）领域专家与知识工程师交流，提供领域的知识，知识工程师将领域知识概念化、形式化、编码、测试，并将结果与领域专家的经验比较，经这样多次反复逐步完善知识库，即人工知识获取方式。其优点是在技术上容易实现、对知识的理解程度比较高，但是采用此方法获取知识的周期较长。

（2）领域专家利用获取工具，在知识工程师的协作下，直接与计算机交互学习，即半自动知识获取方式。建立智能编辑系统，用知识智能编辑器取代知识工程师，由领域专家自行抽取和输入知识到知识库中。

（3）计算机在领域专家和知识工程师的配合下，直接从样本中获取知识，即所谓的自动知识获取。系统本身具有获取知识的能力，系统要具备图像识别、自然语言理解等功能。另外，获取到的知识必须以某种一致化的形式进行存储和组织，以实现计算机的自动知识处理和问题求解功能，而这种一致化便是知识表达。在知识表示方面，语义网络、产生式规则、框架以及面向对象表示法等都是被广泛采用的知识表达方式。建立知识库后，如何在问题求解过程中选择和运用知识以完成问题求解就是知识的推理（或者求解）问题。知识的运用模式称为推理方式，知识的选择称为推理控制，它直接决定着推理的效果和效率。推理是指依据一定的规则从已有的事实推出结论的过程。专家之所以能够高效地求解复杂的问题，除了他们拥有大量的专业知识外，更重要的是他们能够合理选择及有效运用知识。基于知识的推理所要解决的问题是如何在问题求解过程中，选择和运用知识，完成问题求解。推理控制的核心是推理控制策略，目前常见的推理方法包括基于规则的推理、基于实例的推理、混合推理、基于模型的推理、人工神经网络推理等。基于规则的推理、基于实例的推理以及将规则与实例结合起来的混合推理是目前知识推理的研究重点。

农机装备知识服务系统着眼于农机装备智能化设计知识服务关键技术研究与系统开发，设计知识是众多知识中的一种，它是指能够指导研制新产品的经验和各类信息的综合。对于农业领域的产品而言，产品设计是对实践和具体操作要求很高的，对理论要求不高的过程，因为农业机械面对的使用者往往是不需要太高要求的农业从业者。主要设计知识不仅指成品原型或实体，还指设计方法，在产品设计的全过程中的设计原则、设计经验、仿真、工作条件测试等。

以拖拉机和联合收割机为例，拖拉机的整机设计要满足底盘结构先进性与可靠性，要考虑到水田、旱田适应性，根据华北、西北、中原、珠江以及长三角地区的土壤比阻，计算拖拉机所需牵引力大小；拖拉机轮距应根据拖拉机的主要用途和作业环境等，从其机动性、横向稳定性等因素综合确定，最后在这些基础上提高外形美观度。图4-20体现了拖拉机主要设计需求参数。

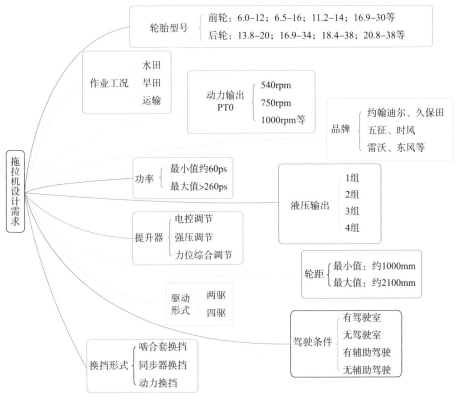

图4-20　拖拉机设计需求

（二）知识获取渠道

在系统的知识获取来源方面，主要有以下三种渠道：

1. 设计实例

设计实例反映了设计者设计的经验与常识。通过对现有经典农机装备的设计实例进行调研，获取其设计实例模型（整机、系统、部件、零件），就能直观具体地了解农业装备驾驶室的实例信息，这类数据属于非结构化数据。

2. 规则知识

关于设计的理论知识也是知识库的核心部分。理论知识来自权威论著等。规则知识主要存储各类设计参数、公式、图表、选型规则及其他设计规则，这类数据经过简单处理，比较容易转换成结构化数据。

3. 资料知识

在农机装备的设计过程中，需要满足很多的标准法规等资料。资料知识主要包括各类设计手册、国家标准、规范、设计流程图、油路图、参考文献、期刊等原始资料，以PNG等图片、PDF文件、CAD图等形式存储，便于其他设计人员的参考借鉴。这类数据属于半结构化或非结构化数据。通过对数据源的梳理，确定了设计知识的主要来源，包括标准和规范、设计师、领域专家、试验、理论和分析、用户反馈等，具体为国家标准、机械行业标准、工厂调研、专家经验、专利、专业书籍、论文期刊和产品说明书等。

通过查阅农机装备相关设计图书，农业机械设计等相关手册，走访相关生产单位收集相关领域专家的设计知识、经验、资料，并查阅大量国内外论文等文献资料以及相关国家标准和行业标准，对农机装备设计知识进行全面整理、分析和总结，本研究将农机装备设计知识内容分为实例类知识、规则类知识、参数类知识和设计资料类知识四类。实例类知识存储各整机、系统、部件、零件的实例；规则类知识主要存储各类公式、图表、选型规则及其他设计规则；参数类知识主要存储选型、性能、结构等各类参数；设计资料类知识用于存储领域知识的来源，包括各类设计手册、国家标准、规范、设计流程图、油路图、参考文献、期刊等原始资料。各类整机及关键零部件由不同的知识类别组成相应的知识库。同时，针对农机装备文本、图像、三维模型、视频等不同类型的数据，使用不同的自动化知识获取方法辅助人工标记，具体来说：针对文本数据，使用文本挖掘，关键词匹配等文本处理方法，快速从PDF文档中得到描述设计知识的键值对；针对图像和视频数据，使用光学字符识别（Optical Character Recognition）提取关键文本信息；针对模型数据，基于草图、整体和局部特征对三维模型进行特征提取。这些自动知识提取方法已经集成到本研究开发的农机装备智能化知识服务系统中，有效提高了知识获取的效率（图4-21）。

在实现了农机装备知识库的构建后，在此基础上开发农机装备知识服务系统，开发流程如图4-22所示。具体来说，系统需要满足专业设计人员在产品定义阶段的以下需求：

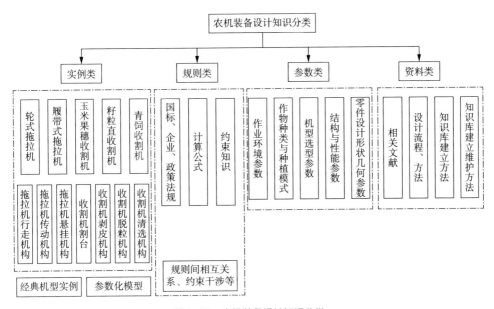

图4-21 农机装备设计知识分类

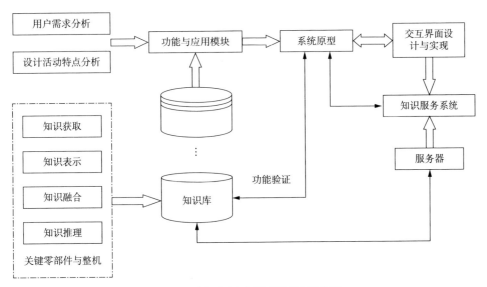

图4-22 农机装备知识服务系统开发流程

（1）工程设计人员为了快速使用整机设计过程中复杂的知识内容，需要设计并开发出针对农机装备设计知识的数据管理系统，完成设计知识的查询、录入和管理等功能。针对这点开发了知识录入功能。为了提高知识获取的效率，还开发了两个知识智能获取工具：利用文本挖掘技术，从文本中智能挖掘出描述设计知识的键值对，使得技术文档能够一键转换成键值对格式的JSON文件，直接录入知识库中；利用光学字符识别（Optical Character Recognition），识别图像、视频数据中描述设计知识的文本信息，使图片类数据中关键的文字能够一键录入数据库。

（2）农机装备设计知识需考虑作业环境、作物种类、种植模式，涉及需求、功能、结构、制造与装配等多个环节，其数据总量庞大、增长快速、种类多样。虽然当前阶段建立的农机装备知识库的数据体量无法达到与国内外互联网公司大型知识库相同的规模，但随着农机装备知识库规模的不断扩充，数据管理功能十分重要。当前针对这点开发了知识管理功能，可实现已录入数据（按照知识组成要素可分为示例库、规则库、文档库、模型库）的增加，删除，修改等功能（图4-23）。

（3）为了参考已有整机及零部件的设计演化方式，设计人员需要查找与设计需求相关的系列产品，从已有机型的发展规律中，找到符合当前设计需求的知识。针对这点开发了知识图谱可视化功能，对建立好的知识图谱进行可视化，直观辨识农机装备前沿的演进路径和内部联系。

（4）为了快速定位到设计人员希望参考的相关规则、实例、公式等知识，系统需要提供快速的知识检索功能。针对这点开发了知识检索功能，同时在检索过程中推送可能关联的相关知识。

（5）在产品定义阶段，设计人员需要对农机装备的作业要求以及关键性能参数和方式进行选择，在现有知识库中参考符合相关需求的类似知识，进行快速、准确的产品定义，为后续设计研发提供关键设计信息。针对这点开发了知识推荐功能。

（6）除了以上面向农机装备设计领域的定制化功能之外，数据展示、用户权限管理等一般知识服务系统常用功能也进行了配套

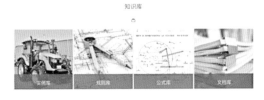

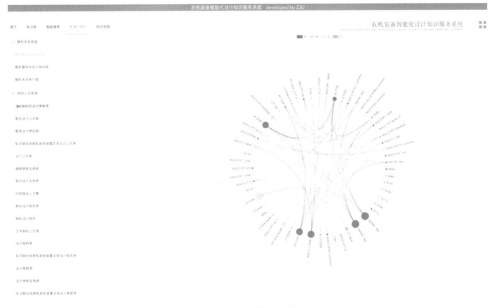

图4-23　系统界面

开发。

　　农机装备知识服务系统首先以大功率拖拉机、联合收割机整机及关键零部件为研究对象，根据其作业环境及农作物种类和种植模式的特点，研究文本、图像、三维模型、视频等不同类型数据的知识获取，实现异构农机装备设计知识统一表达，进而支持关联知识推送；其次通过知识图谱直观辨识农机装备前沿的演进路径和内部联系，借助实例、规则和模型相结合的推理机技术，优化知识检索、推荐和管理等知识服务；最后构建基于设计知识表达、推理、评价、服务和重用联合驱动的农机装备智能化设计知识服务体系，为实现农机装备知识资源的多粒度、精细化和智能化设计提供先进的设计方法和技术支撑。为农机装备的快速设计提供所必需的知识，完成快速设计过程，形成农机装备快速设计系统。从而实现减少农机装备设计时烦琐的知识搜集过程，提高设计效率，缩短产品开发周期，对于农业发展有着重要意义。

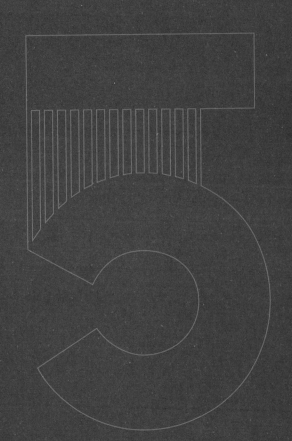

第五章

创新设计的
重要表现

随着信息环境巨变、社会新需求爆发，人和机器的关系已经由"人机工程"发展到"人机交互"，并正在迈向"人机融合"阶段。人机融合与人机工程、人机交互仅从技术层次考虑人机关系不同，它着重描述一种由人、机、环境系统相互作用而产生的新型智能形式，包含组织层次、决策认识层次、体系层次和操作层次四个方面，是一种物理性与生物性相结合的新一代智能科学体系。人机融合作为未来的智能形式，通过实现生物智能系统与机器智能系统的紧密耦合，广泛应用于各种可穿戴设备、人车共驾、脑控或肌控外骨骼机器人、人机协同手术等领域。

本章从基础知识、核心技术、理论方法、创新应用四个层面阐述人机融合是创新设计的重要表现。首先介绍了人机融合领域所涉及的关键技术，为后续内容的学习提供理论基础；其次从人机融合相关理论方法、范式、边界、价值等角度进行了综述；最后以作者在研的两个科研项目为案例，解释说明基于人机融合的创新实践探索。

通过本章节的学习，学习者可以了解创新设计的最新进展和发展方向，虽然人机融合当前还处于初级阶段，但需要深刻认识到人机融合是创新设计未来发展的必然趋势，未来还会在医疗、军事、机械等更多领域继续取得进步。

第一节
人机融合前沿技术

一、外骨骼机器人技术

（一）外骨骼的发展历程

关于外骨骼机器人（Exoskeleton Robot），事实上人们应该并不陌生，在许多科幻电影中对于这种人机融合的未来装备有着各种畅想描绘。现实中，外骨骼机器人最开始的研制应用集中在军事国防领域。

外骨骼，即外部的骨骼，指的是一种能够对生物柔软内部器官提供构型、建筑和保护的坚硬外部结构，这一名词来源于生物学昆虫和壳类动物的坚硬外壳，其作用在于支撑、运动、防护三项功能紧密结合。与之相反的是人类这样"内骨骼"的生物。因此，外骨骼机器人一般是指那些能够保护自身，并增强人类能力的可穿戴机电设备，并且随着科学技术的发展从单一的穿戴电子类产品，逐渐形成电子、机械、仿生的跨界融合，形成一项面向未来的独特前沿技术，在应用领域上也发展衍生出一种结合了人的智能和机器人机械能量的人机融合可穿戴装备。

外骨骼机器人的发展可追溯到19世纪，英国著名插画师罗伯特·西摩（Robert Seymour）在1830年所绘的《蒸汽行走》（*Walking By Steam*）中以蒸汽为动力的行走辅助装置启迪了无数科学工作者对这一概念的探索，也成为当代动力外骨骼技术的雏形。1890年，尼古拉斯·亚恩（Nicholas Yagn）发明了一种用压缩空气包为动力的类外骨骼系统，它借助一个巨大的钢板弹簧来进行储能和放能，以此辅助人们跑、跳、行。1917年，莱斯利·C. 凯利（Leslie C. Kelley）则开发了一种以蒸汽为动力的外骨骼[1]。真正意义上的下肢

---

❶ 王人成,沈强,杨正东. 国内外助行动力外骨骼的研究进展 [C]. // 中国康复研究中心下册. 2013:329-336.

外骨骼是美国通用公司在1970年设计的Hardman系统，一个包括手部和腿部的全身外骨骼，其设计目的是运用一个液压电机，采用主从控制方法来增强人体的手部和腿部力量，使人体四肢力量被放大25倍❶。

虽然由于当时科学技术的一些限制，Hardiman的研究最终停止，但是它对后来外骨骼系统技术的研究与发展起到了重要的指导作用。20世纪末期，随着电子技术、传感器技术和控制技术的飞速发展，外骨骼系统取得了历史性突破，世界上许多国家的机构、企业、高校都在外骨骼领域投入了巨大的人力和财力，促进了外骨骼系统的发展，研究者们在不断地探索和解决着遇到的种种难题，外骨骼也不仅是用于增能的目的，随着用户体验、人机交互以及科技的发展，外骨骼的受用人群也得到扩展，越来越多地用在医疗辅助、康复、娱乐等领域，其结构形式和功能形式也呈多样化和创新型发展趋势。

从结构特点上来说，早期外骨骼机器人多为刚性结构外骨骼机器人，由大量刚性连杆结构组成，体积大、重量大、便携性差，主要适用于高位截瘫人群以及长期负重作业人员。而对于仍保留部分运动能力的患者以及老年人群，使用此刚性外骨骼机器人不仅难以取得显著的辅助效果，还有可能因人机系统运动学、动力学特性的不同而阻碍患者获得正常的下肢运动能力。驱动方面，刚性外骨骼普遍采用电机直驱（即电机驱动或电机配合减速器驱动）与液压驱动的方式。其中电机直驱具有较大的伺服刚度，易导致人机交互舒适度与安全性较差，且该方式常将电机放置在近驱动端，致使肢体末端具有较大运动惯量；液压驱动常需额外的能量源，因此降低了系统便携性，且流体动力学模型建模精度低、控制难，难以实现人体的量化和有效助力❷。

目前已有许多国家在柔性外骨骼机器人研究中取得了一些

❶ DOLLAR A M, HERR H. Lower Extremity Exoskeletons and Active Orthoses: Challenges and State-of-the-Art[J]. IEEE Transactions on Robotics, 2008, 24(1): 144-158.

❷ 王人成, 沈强, 杨正东. 国内外助行动力外骨骼的研究进展 [C]. // 中国康复研究中心, 2013: 329-336.

进展：2011年9月美国DARPA发布"Warrior Web"研究计划，Warrior Web旨在开发一种轻型的外骨骼，帮助战场上的士兵减轻搬运重物所带来的压力和伤害。针对此目标，SRI（Stanford Research Institute）开发了一款名为"SuperFlex"[1]的轻型外骨骼，使用双绞线传动的方式代替沉重的电机制动，并结合FlexGrip织物系统将负载分配到皮肤上，保证舒适感。2019年，欧盟发布"XoSoft"柔性外骨骼机器人原型样机（图5-1），目前XoSoft的动力是由连接并安装在背包的压缩空气所产生的真空状态来供应，轻便易携适合实验室与临床环境，可望支援对行动辅助有低至中度需求的人[2]，并且设计了模块化的穿戴方式，满足不同人的需求。

图5-1　欧盟发布"XoSoft"柔性外骨骼机器人原型样机

柔性外骨骼机器人重量轻，且可将重量放置到人体腰部以降低肢体末端运动惯量；柔性大，易适应不同人群的解剖学差异以及穿戴者不同运动模态的生理关节变化；助力更自然，可提供与人体肌肉或肌腱平行的拉力，而非刚性下肢外骨骼的关节旋转扭矩，且在社交与心理层面，柔性下肢外骨骼机器人可穿戴在鞋与衣服内部，更加不易引人注意，从而减轻穿戴者的心理负担。因此，对于协助肢体仍保留部分运动功能的偏瘫患者、行动不便的老年人群，帮助

❶ INTERNATIONAL S R I. 75 Years of Innovation：SRI SuperFlex Suit(DARPA Warrior Web Program)[EB/OL].(2021-06-03)[2022-02-14].
❷ XoSoft：Soft Modular Biomimetic Exoskeleton to Assist People with Mobility Impairments[EB/OL]. [2022-02-14].

其重获正常的肢体机动能力，柔性下肢外骨骼机器人不仅实际有效，也具有极高的理论研究价值（图5-2）。

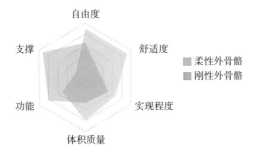

图5-2　刚性与柔性外骨骼机器人六维对比图 ❶

从功能上来看，现有的外骨骼机器人可以分为两种：第一种是以辅助和康复治疗为主的外骨骼机器人，例如，辅助残障人士或老年人行走的外骨骼机器人，还有辅助肢体受损或运动功能部分丧失的患者进行康复治疗和恢复性训练的外骨骼机器人，如荷兰特温特大学研发的LOPES❷、日本的HAL外骨骼以及ReWalk❸等；另一种是以增强正常人力量、速度、负重和耐力等人体机能的增力型外骨骼机器人，如伯克利的BLEEX❹、MIT外骨骼❺等。从整体结构上划分，外骨骼可划分为上肢外骨骼、下肢外骨骼、全身外骨骼机器人和关节矫正或恢复性训练的关节外骨骼机器人四大类。

1. 上肢外骨骼机器人

通常具有多个自由度，用于辅助使用者相应的关节运动，可用

❶ 王人成,沈强,杨正东. 国内外助行动力外骨骼的研究进展 [C]//. 中国康复研究中心, 2013：329-336.

❷ VENEMAN J F, KRUIDHOF R, HEKMAN E E G, et al. Design and Evaluation of the LOPES Exoskeleton Robot for Interactive Gait Rehabilitation[J]. IEEE Transactions on Neural Systems and Rehabilitation Engineering,2007,15(3)：379-386.

❸ ESQUENAZI A, TALATY M, PACKEL A, et al. The ReWalk Powered Exoskeleton to Restore Ambulatory Function to Individuals with Thoracic-Level Motor-Complete Spinal Cord Injury[J]. American Journal of Physical Medicine & Rehabilitation,2012, 91(11)：911-921.

❹ ZOSS A B, KAZEROONI H, CHU A. Biomechanical design of the Berkeley lower extremity exoskeleton(BLEEX)[J]. IEEE/ASME Transactions on Mechatronics,2006, 11(2)：128-138.

❺ HERR H. A quasi-passive leg exoskeleton for load-carrying augmentation[EB/OL]. [2022-02-15].

于助力或者进行康复运动❶。例如，美国Myomo医疗机器人公司开发的MyoPro Motion-G外骨骼机器人❷其适用于因中风等神经系统损伤而导致手臂力量变弱或变形的患者。

MyoPro使用了多个传感器，这些传感器位于皮肤上，可以检测身体的肌电图（EMG）信号，而当用户的手臂或手尝试运动时，就会检测出这些信号。通过信号处理方式来确定用户想做什么，如弯曲手臂或抓住物体，机器人部件会帮助手臂做出这种期望的动作。MyoPro已经用于因各种神经损伤和疾病而瘫痪的患者身上，并且已经获得批准，用于有上肢损伤的美国退伍军人身上（图5-3）。

图5-3　MyoPro上肢外骨骼

2. 下肢外骨骼机器人

人体下肢主要承担站立、保持平衡、行走等功能，其运动结构比上肢要简单一些，但是下肢外骨骼需要较大的关节输出，且要考虑步态稳定、平衡等因素，其机械结构设计、控制算法等较为复杂❸。所以在很多研究场景中，下肢外骨骼机器人用于康复和助行时通常需要与手杖配合使用。目前下肢外骨骼比较成熟的研究有美国洛克希德·马丁公司和伯克利分校共同开发的下肢外骨骼机器人HULC；法国面世的"大力神"（HERCULE）❹；俄罗斯研制的外骨骼机器人勇士-21；以色列ReWalk Robotics公司推出的"Rewalk"系统系列产品，能够靠电动外骨骼帮助用户完成走路、坐下、站立甚至爬楼梯等动作。国内进行下肢外骨骼研究的高校也有很多，如哈尔滨工业大学开展了关于康复训练的外骨骼机器人的研究；上海大学和浙江大学也分别研制出了不同用途的下肢外骨骼机器人。中国科学院深圳先进技术研究院也研制出适用于老年人和有运动功能

❶ 岳海波,王伟. 外骨骼机器人类型与关键技术分析 [J]. 河南科技,2019(2) : 23-27.

❷ Luttermann. MyoPro® Myoelektrische Orthese[EB/OL]. [2022-02-14].

❸ 柴虎,侍才洪,王贺燕,等. 外骨骼机器人的研究发展 [J]. 医疗卫生装备,2013,34(4) : 81-84.

❹ 丁兆义. 外骨骼机器人设计和控制系统研究 [D/OL]. 东北大学,2008 [2022-02-14].

障碍的患者的下肢助行外骨骼机器人。

3. 全身外骨骼机器人

全身外骨骼机器人可辅助人体上肢和下肢相应的关节运动，具有较多的自由度。例如，日本筑波大学研发的外骨骼机器人 HAL[1]。经过多年的发展 HAL 已经形成系列产品，其第 5 代产品为 HAL-5。HAL-5 的总重量约为 15kg，其整个系统的承重能力可以达到 70kg，并采用了更小的马达，使各关节尺寸变小，结构紧凑，运动更加灵活，实际应用性更强[2]。

4. 其他外骨骼机器人

外骨骼机器人逐渐向着多元化、多功能化、民众化方向发展，外骨骼装置的类型和功能越来越齐全。例如，各类关节矫正或恢复性训练的关节外骨骼机器人，麻省理工学院研制的踝矫形器和美国东北大学的膝关节矫形器，国内傅立叶智能研发的结合游戏的上肢康复系统[3]，美国西佛罗里达大学研究的水下外骨骼技术等。

随着科技的发展，尤其是在传感器技术、材料技术、控制技术和仿生学技术等相关领域的突破，外骨骼机器人系统的研发也取得了很大的进步。

（二）外骨骼机器人在不同领域的应用[4]

表5-1　外骨骼机器人在不同领域的应用

应用领域	应用方向
军事领域	单兵作战、助力搬运和携带辎重行进
工业领域	负载高强度作业
医疗领域	残障人士四肢康复、截瘫患者和老人出行等
物流领域	属于工业外骨骼机器人的一个分支领域

[1] SAKURAI T, SANKAI Y. Development of motion instruction system with interactive robot suit HAL[C]. //2009 IEEE International Conference on Robotics and Biomimetics(ROBIO).

[2] 石晓博, 郭士杰, 李军强, 等. 发展中的外骨骼机器人及其关键技术 [J]. 机床与液压, 2018,46(21) :70-76,140.

[3] 佚名. ArmMotus™ M2 Gen-Fourier Intelligence[EB/OL]. [2022-02-14].

[4] 见表 5-1.

应用领域	应用方向
教育领域	辅助学习运动舞蹈等技能
其他领域	滑雪等户外运动、体育、旅游行业

1. 军事国防领域

在军事、工业领域，走在下肢外骨骼研究前列的是美国、以色列、日本、俄罗斯和韩国等国家，他们对增能减负下肢外骨骼的军事运用热情高涨，并投入大量的人力、财力进行相关的运用研究，并将其运用扩展到工业制造。

早在2000年，美国国防部为了增强士兵体能，提高单兵作战能力，提出了"外骨骼机器人"概念。它为穿戴者提供保护，并根据人的肢体活动感应、驱动机械关节执行动作，帮助使用者跑得更快、跳得更高、负重能力更强。目前最知名的军事外骨骼机器人有两个，分别是美国雷神（Raytheon）公司的XOS以及洛克希德·马丁（Lockheed Martin）公司的HULC（图5-4）。

图5-4　美国雷神（Raytheon）公司的XOS（左）和
洛克希德马丁（Lockheed Martin）公司的HULC[1]（右）

除了军事方面，外骨骼在消防救援上也有很大的应用前景。消防员通常需要背负沉重的救援仪器和物资进入灾害现场，造成救援工作的困难，严重制约着救援人员的搜救效率。并且在搜救时，消防员面对一些较大的障碍，如倒塌的楼板、滑落的石块等，难以靠自己的力量进行清障，从而阻碍了救援的进行。这种情况下，如果装备包含外骨骼机器人，无论是负重还是清理都将变得轻而易举。

[1] 冯帅顾,杨庭瑞,崔启煜. 探究外骨骼技术在现代消防救援领域的应用 [J]. 今日消防, 2020,5(9)：14-16.

据有关资料显示，如果救援人员穿戴外骨骼装备进行救灾，其抢险救灾能力将提高3~4倍，可大大减少灾民的生命财产损失❶。

2. 医疗领域

社会老龄化问题日益严峻，据《中国发展报告2020：中国人口老龄化的发展趋势和政策》预测我国在2050年的老年人口近5亿❷，随着老龄化过程中的生理衰退现象，主要体现在老年人四肢的灵活性下降，并且我国残疾人占总人口的比重位居世界前列，这两类人群的护理将成为社会的一个重要难题。这也使人们对于能够辅助运动的外骨骼机器人需求增大。

目前，针对下肢瘫痪、脊髓损伤及步态矫正，已有多款产品实现了商业化。最为著名的是以色列的Rewalk、日本的HAL、美国的Ekso Bionics公司、法国的Wandercraft公司开发的外骨骼设备"Atalante"，还有一些进行了原理样机试验测试，如欧盟研发的基于脑机接口BCI控制的MindWalke。我国近年来在医疗方面的外骨骼机器人研究也不断涌现，上海傅立叶智能科技主要致力于上下肢康复机器人技术突破，主要针对截瘫或者行走功能障碍的患者❸；深圳迈步机器人专注于研究中风患者步态，从而开发相应辅助机器人，其他医疗公司如璟和机器人、大艾机器人、睿瀚医疗等，目前大都处于研发及临床试验阶段，获得CFDA认证的产品较少（图5-5）。

目前我国外骨骼医疗产业的应用还处于发展初期阶段，即使部分已经获得各类医疗认证的外骨骼机器人，但更多企业仍将大部分精力投入在这些医疗外骨骼机器人研发上，真正商业应用的产品主要集中在关节康复设备上，诸如傅立叶智能的腕关节、踝关节康复设备，迈步机器人的手部康复设备等。这些产品目前主要也是与医院合作。

---

❶ 冯帅顾,杨庭瑞,崔启煜. 探究外骨骼技术在现代消防救援领域的应用 [J]. 今日消防, 2020,5(9):14-16.

❷ 中国新闻网. 报告:中国将在2022年左右进入老龄社会应科学应对 [EB/OL]. (2020-06-19)[2022-02-14].

❸ 欧阳小平,范伯骞,丁硕. 助力型下肢外骨骼机器人现状及展望 [J]. 科技导报,2015, 33(23):92-99.

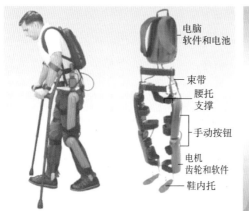

图5-5　ReWalk和Ekso Exoskeleton下肢外骨骼

3. 工业领域

随着工业的发展，下肢外骨骼在工业制造领域也表现出越来越显著的重要性。下肢外骨骼在工业领域运用主要围绕固定下肢力量、分担人体部分负重、防止受伤三个方面进行。工业外骨骼机器人应用场景主要集中在船舶、飞机、汽车的维修和制造，物流运输以及建筑领域中建材的搬运、安装等。

工业领域的应用一般是从医疗领域过渡而来，最早的例子是日本Cyberdyne公司在福岛核电站泄漏事故后，把自己设计的一款辅助残障人士行走的外骨骼设备HAL结合防护服重新改造，解决了抢险人员工作期间必须穿60kg的防辐射服装而造成的工作效率极低的问题。改造后的防护服具有感应装置，省力并且负重能力增强，可减少原先辐射量的60%。

物流外骨骼机器人属于工业外骨骼机器人的一个重要分支，这一分支领域尤其在物流发达的国内应用火爆。2017年京东双十一和2018年京东618促销期间，铁甲钢拳的物流外骨骼成为京东的一次新的尝试。铁甲钢拳在算法方面，通过检测加速度、角度、压力三方面数据进而检测使用者运动状态并提供相应的助力。2019年，苏宁物流的腰部助力外骨骼机器人（图5-6），可以为人体提供精确运动辅助，提高穿戴者核心部位（如腰背部）和核心肌群（如腰部竖脊肌）的高强度负重能力，有效减缓工作肌群的疲劳速度，降低人体运动过程中的能量消耗，提高工作效率。这款"英雄套装"整重仅2.8kg，最大助力效率可达60%，使用方便灵活。搬运派送包裹中，可极大提高搬运效率，同时有效保护腰部肌群（图5-6）。

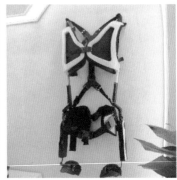

图5-6　苏宁物流腰部助力外骨骼机器人

4. 其他民用领域

外骨骼也被用在极限运动中，Roma滑雪外骨骼机器人主要用途是为年长的滑雪爱好者提供帮助，增强腿部的肌肉耐力。Roma使用气动执行器，当弯曲膝盖时，致动器会放气，伸直双腿时，致动器会充气，从而为肌肉提供该动作所需的力量[1]。Roma在2019年获得TIME最佳发明奖，类似还有Againer滑雪外骨骼。借助外骨骼的帮助能够使运动者更大程度地享受运动，也能够使相对业余的人群更加安全地体验极限运动（图5-7）。

图5-7　Roma滑雪外骨骼机器人（左）和Againer滑雪外骨骼（右）

---

[1] MCDERMOTT E. 设计背后:漫游机器人－滑雪外骨骼制造商 [Tour]-SolidSmack [EB/OL]. (2019−10−02)[2022−02−14].

（三）外骨骼机器人设计原则

外骨骼整个系统利用各种各样的信息，将其转变成为控制参数，同时利用人机耦合以及控制等办法，对执行器装置动作进行驱动，对人体运动进行跟踪，同时给人体提供合适的推动助力，这能够较好地完成人机耦合协同运动中的柔顺性需要，能够将人和机械完美地结合成"人—机耦合机械系统"❶。

外骨骼机器人的设计原则必须满足机械结构轻量化、刚性、舒适和稳定，并且要方便和安全使用。为了满足人体舒适性的要求，必须对人体仿生学进行充分的研究。要秉持人性化的原则，考虑自由度的选择、结构的尺寸、截面的构造和运动、人机缓冲接触装置的设计等来防止外界的干扰。最重要的是为避免外骨骼辅助机器人由于意外情况、机械结构等对操作者造成伤害，结构应具有应急保护机制❷。针对以上设计原则有一些关键的技术问题需要重点给予关注。

1. 机械结构问题

外骨骼机器人是一种人体可穿戴的机械装置，因此使用过程中的安全性、舒适性和实用性是首先考虑的因素。上文介绍了上肢外骨骼、下肢外骨骼、全身外骨骼和关节外骨骼，无论是哪一种外骨骼机器人都将与人体紧密接触，因此在设计外骨骼机械结构时要全面地分析人体各关节的运动范围和运动特点，要保证穿戴者安全舒适。因此，设计外骨骼机械结构时要考虑到以下几点❸。

（1）设计外骨骼时要尽量遵循拟人原则，外骨骼各个肢体关节等机械形状和尺寸参照人体。

（2）外骨骼机器人的各个关节，如膝、髋、踝关节等结构的自由度直接影响人机匹配运动，在设计时要考虑到人体相应关节，确保其运动形式与人的运动形式相同，并且外骨骼各个关节要有一定

❶ 冯帅颀,杨庭瑞,崔启煜. 探究外骨骼技术在现代消防救援领域的应用 [J]. 今日消防,2020,5(9)：14-16.

❷ 岳海波,王伟. 外骨骼机器人类型与关键技术分析 [J]. 河南科技,2019(2)：23-27.

❸ 柴虎,侍才洪,王贺燕,等. 外骨骼机器人的研究发展 [J]. 医疗卫生装备,2013,34(4)：81-84.

的运动范围，使其既不限制人体运动的同时又能确保动作时的安全。

（3）外骨骼要能够在不同的环境中使用，如沙漠、山地、坡地、草地、楼梯等。

（4）保证自身刚度足够的前提下尽可能轻量化设计。

（5）利用对人体无害且舒适的材料。

（6）在适当位置添加弹性缓冲装置和限位装置，最大限度保证穿戴者的使用安全。

2. 驱动系统／执行机构问题

驱动系统是外骨骼的关键系统，为外骨骼提供动力。当前国际上的外骨骼设备常用的驱动系统主要有电动机驱动系统、液压驱动、气压驱动系统三种。

（1）电动机驱动：在机器人系统中最常见的驱动方式即电机驱动，因为电机容易控制，并且旋转运动与机器人关节运动相似。外骨骼作为一种特殊的机器人形式，使用电机作为驱动的外骨骼也占了大多数，其中电机一般会选用直流有刷电机或者直流无刷电机。因为电机的输出转速过高但输出扭矩较小，所以在电机输出端会配上减速器使用，减速器一般会选用行星减速器或谐波减速器。近年来随着大扭矩低转速的直驱电机的出现，也有外骨骼开始而省去减速器直接而使用直驱电机作为关节驱动。

（2）液压驱动：电机驱动由于能量密度较低，所以在外骨骼尺寸限制下的电机无法提供较大的输出扭矩。而液压驱动则有较大的扭矩重量比，所以在需要增能功能的外骨骼上有广泛的应用[1]，如著名的伯克利的BLEEX外骨骼、RoboKnee外骨骼[2]、ELEBOT外骨骼[3]等都使用了液压作为关节驱动。但是由于液压系统需要油缸以及液压泵的原因，在外骨骼整体设计上会有较大的阻碍。而且液压系统的漏油问题以及控制难度都影响了液压驱动在外骨骼上的普及。

❶ 柴虎,侍才洪,王贺燕,等. 外骨骼机器人的研究发展 [J]. 医疗卫生装备,2013,34(4)：81-84.

❷ Lockheed Martin Corporation[EB/OL]. (2022-02-10)[2022-02-14].

❸ 佚名. Human Universal Load Carrier(HULC)[EB/OL]. [2022-02-14].

（3）气压驱动：气动肌肉是一种特殊的气动驱动方式，其模拟了动物肌肉驱动的原理，利用橡胶和编织网制成的人工肌肉在外部提供的压缩空气驱动下做推拉动作，可以在较轻的重量下提供很大的力量。人工肌肉驱动也是气压驱动的一种，采用拟人化设计，这种聚合物人工肌肉比天然肌肉工作能力大100倍，虽然性能很强，但目前该技术尚未成熟。

在执行机构方面，新型作动器的研究需关注阻抗特性、响应速度、安全性等问题。目前，应用最广泛的是串联弹性转动作动器，该类型作动器是在关节的驱动电机与机械之间添加1个弹簧，通过测量弹簧形变可以得到作动器的输出扭矩，从而实现关节的扭矩控制和阻抗控制。除此以外，还有采用电机、带轮实现的刚度可变的作动器，可调串联弹簧的变刚度作动器，并联—串联作动器，以及气动人工肌肉等多种新型执行元件[1]。

3. 外骨骼能源问题

续航问题也是外骨骼机器人研究领域的一大挑战。外骨骼装备要求高效、持久、轻便、安全的能源供给，动力源问题是外骨骼机器人的关键难题之一，尤其是室外应用的外骨骼机器人，通常难以获得外部能源供应。外骨骼的能源系统需要为各个系统提供能源，外骨骼装备要求能源系统具有高效便携安全，可以使用高效能源电池，或者多种能源混合使用。

目前，外骨骼机器人主要以蓄电池作为动力源，工程实现简单、易控制、噪声小，但续航时间短、输出功率低，移动范围受到蓄电池的容量和效率的限制，如何提高蓄电池单位体积的容量和外骨骼的使用效率是国内外科研机构一直致力于解决的关键问题。可以寻求新能源技术，包括太阳能、生物能等解决能源发展的瓶颈[2]。因此，针对室外应用的外骨骼机器人，一方面需要开发设计出续航时间长、质量功率比高、安全性能符合要求的专用动力输出

❶ 欧阳小平,范伯骞,丁硕. 助力型下肢外骨骼机器人现状及展望 [J]. 科技导报,2015, 33(23):92-99.

❷ 柴虎,侍才洪,王贺燕,等. 外骨骼机器人的研究发展 [J]. 医疗卫生装备,2013,34(4): 81-84.

能源；另一方面还应尽量减少机械部分的能源消耗，通过智能化管理实现能源的高效循环和利用。

4. 外骨骼机器人感知问题

感知系统一方面用于监测人体位姿，预判运动意图，意图的预测信息、运动姿态的感知信息、生理状态的感知信息可以为控制系统和执行机构提供依据；另一方面可以检测穿戴者康复训练整个过程中的人体生理状态、训练效果，为康复医师提供客观数据。感知系统包括角度传感器、压力传感器、肌电传感器、编码器、电子罗盘、陀螺仪、加速度计等。单一传感器给出测量信息容错率低，一旦信息错误就会使系统判定错误，从而带来安全隐患，因此目前多采用多传感器感知系统对信号进行综合判断，得到更准确可信的步态信息[1]。新型传感元件也是解决外骨骼感知问题的重要研究方向，外骨骼机器人系统用到的传感器，可分为采集穿戴者交互信息的传感器和采集机器人自身状态的传感器，由于受体积、重量、外形结构等限制，通常需要研究者根据实际情况自行设计所需要的传感元件。

5. 外骨骼机器人控制问题

外骨骼机器人和其他机器人的最大区别在于操作者与外骨骼具有切实的物理接触，形成了一个人机耦合的一体化系统。人机耦合系统的控制目的就是使人和机器能够协调地、安全地工作，完成目标任务。系统对传感器检测回来的数据进行处理，针对穿戴者的运动需求，通过随动控制技术实现外骨骼的多自由度、助力随动的目的。这要求控制系统不仅能准确快速地分析多种信号，识别出穿戴者当时的运动状态，并且能够根据外环境做出相应的响应，一些研究中还需要对行动进行预测。具体的控制问题包括：肌电控制、编程控制、主从控制、直接力反馈控制、ZMP控制、灵敏度放大控制以及地面反作用力控制等[2]。

控制系统决定了外骨骼机器人的功能和主要性能，相当于机器

❶ 李龙飞,朱凌云,苟向锋. 可穿戴下肢外骨骼康复机器人研究现状与发展趋势 [J]. 医疗卫生装备,2019,40(12)：89-97.

❷ 杨智勇,张静,归丽华,等. 外骨骼机器人控制方法综述 [J]. 海军航空工程学院学报,2009,24(5)：520-526.

人的"大脑"。设计控制系统时应尽量考虑如何使外骨骼机器人对人体生理和运动信息响应迅速、降低运动干涉、降低系统复杂度和成本、简化控制策略以及降低人体消耗等。

6. 外骨骼人机交互问题

人与外骨骼机器人的交互方法主要有物理型和感知型，物理型人机交互法通过力学、运动学等信息感知穿戴者和外骨骼之间的交互。感知型人机交互法通过人体肌肉、脑部信号等识别实现人机交互[1]。随着人工智能技术和传感技术等的发展，实现了通过语言、手势等进行交互，还可以通过人体生物信号，如皮肤电信号、脑电信号等进行交互。在数据传输上，也可以使用更加高级的全浸入式图形化环境、三维全息环境建模进行多方位的高效数据传输。现阶段虽然大部分外骨骼机器人均能实现一定的人机交互，但是人机交互的程度还有所欠缺，还需要对多种人机交互手段进行综合运行，实现更智能、更全面的人机交互，进而完成对人体运动意图真正实时的感知，这是外骨骼机器人面临的最大挑战之一[2]。

7. 外骨骼运动模式识别问题

运动模式识别技术在医疗、保健、体育、军事和娱乐领域都有广泛应用，并且根据使用场景和需求的不同，研究方法和应用发展也有很大差异。运动识别系统通常是利用某些设备实时接收动态显示传感器终端采集到的数据，对数据进行处理、识别和应用，以及数据查询和存储等。对于外骨骼的研究来说，随着研究深入，下肢外骨骼向更智能和人机协同方向发展，这就需要根据实时步态信息调整下肢外骨骼的控制信号输入，从而实现人机协同。因此，准确的运动模式识别至关重要，是外骨骼实现人机运动协同的先决条件和重要保障。

对于下肢外骨骼来说，步态识别的研究是比较广泛的，在已有的步态识别研究中，学者们多从视觉、力反馈、惯性等方面出发，用反

❶ 李静,朱凌云,苟向锋. 下肢外骨骼康复机器人及其关键技术研究 [J]. 医疗卫生装备,
   2018,39(8):95-100.
❷ 王战斌,陈思婧,杨青,等. 下肢外骨骼机器人临床康复应用进展 [J]. 中国康复医学杂
   志,2021,36(6):761-765.

光片、测力器等传感器，加速度计、陀螺仪、惯性传感器、角度传感器、结合相应的算法围绕步态相位和步态事件识别进行相应的研究。

另外，还可以使用生物电信号来进行运动模式的识别，目前处于研究和运用前沿的主要是脑电信号（EEG）和肌电信号（EMG），特别是肌电信号，凭借其稳定性获得了学者们的青睐。表面肌电信号（sEMG）作为一个广为人知的神经控制源，能直接反映人体运动意图和神经系统的运动功能性指令信息[1]。

随着传感器技术、数据信号处理技术和硬件电路技术的迅速发展，通过采集传感器数据可以用以得到人体的许多参数。人体运动步态是一个复杂的过程，涉及多种各类型的数据。但仅依靠单一类型的生物信号进行步态识别，很难准确识别外骨骼穿戴者的运动步态和运动意图；并且在此情况下一旦受到外界干扰，可能会导致错误的识别结果，从而影响后续的控制。所以研究者往往利用多种类型的数据共同分析得到运动信息，旨在为研究结果提供较高的准确性、可靠性和安全性。

8. 外骨骼个体差异适应性技术

外骨骼机器人在工作时与穿戴者直接捆绑接触，背负较大质量，对人力肌肉产生较大的作用力。如果外骨骼机器人发生故障或预期运动判断错误，将严重威胁到穿戴者的安全，导致人体肌肉拉伤、骨骼折断、关节受损和人员受伤等情况。尤其是发生误操作、跌倒等意外故障时，采用金属材料的外骨骼更会对穿戴者带来很大危险。

在如何保证外骨骼机器人的安全性使用问题上，国内外并无统一的认识和措施。另外，由于人体结构不是完全相同的，身高、体重、体宽、骨骼长度和关节位置等人体差异性，导致外骨骼机器人难以普遍适应所有人群，难以实现工程化量产和普遍应用。所以在设计外骨骼结构时，为了提高人体尺寸兼容性，研究者往往会设置长度可调节的结构，使外骨骼能够更好地和人体匹配，以保证适用人群的广泛性。

---

[1] LEE S W, YI T, HAN J-S, et al. Walking Phase Recognition for People with Lower Limb Disability[C]. //2007 IEEE 10th International Conference on Rehabilitation Robotics.

（四）外骨骼机器人技术发展方向

1. 外骨骼机器人的材料选择

在制作材料方面，外骨骼机器人骨架往往选用昂贵的高强度轻质材料，如 BLEEX、ExoHiker、ExoClimber、HULC 机器人采用钛合金，勇士-21 采用纳米材料，HAL-5 采用航空硬铝合金、XOS 采用钛铝合金，eLEGS 采用复合材料，这些材料选择使得骨架成本居高不下。所以如果能结合新型高强度、高弹性的轻质材料，一方面材料成本易于大众接受，材料加工工艺简单；另一方面材料的强度高（达到相应强度所用的材料质量越轻）、弹性大、抗疲劳性好，能承受外骨骼在各种姿态下的负重，以及运动过程中的冲击振动过载，不存在意外断裂损伤人体的危害，安全性好[1]。此外，该材料制成的外骨骼具有外观简洁、美观的特点，可与人体紧密配合，与人体的各种运动姿态高度协调匹配，不会挤压、摩擦损伤人体皮肤，穿戴舒适、灵活（表5-2）。

表5-2　外骨骼机器人技术发展方向

外骨骼机器人技术发展方向	发展方向概述
高强度高弹性轻质外骨骼材料	材料成本应易于大众接受，材料加工工艺简单；材料比强度高、弹性大、抗疲劳性好，外观简洁美观
高储能微型电池	微型电池能量密度应进一步提升
高转矩密度微型直驱电动机	微型直驱电动机效率应进一步提高，外形尺寸应紧凑，噪声应低
微型传感器	微型传感器应集成度高、精度高、可靠性高、环境适应性好，尽可能减少传感器数量
基于人工智能的外骨骼机器人控制方法	将人工智能技术高度融合进外骨骼机器人控制过程

目前已有机构研究采用钛合金材料、新型高分子材料、高强度碳纤维材料、铁电体聚合物、离子型人工肌肉、电子型人工肌肉和

---

[1] 戴宗妙, 都军民. 外骨骼机器人研究现状及面临的问题 [J]. 现代制造工程, 2019(3)：154-161,16.

液态金属等新型材料，其中碳纤维材料作为一款轻质高强的高性能复合材料，是轻量化的不二选择。

（1）高强度碳纤维：使用碳纤维复合材料的外骨骼机器人整体重量，相较传统金属材质可减少约40%的重量，且碳纤维在康复型外骨骼机器人方面拥有较大的发展空间。

（2）铁电体聚合物：提高电滞回线矩形度的同时，在电路设计上采取措施，防止误写误读，疲劳特性大有改善，已制出多次反转仍不显示任何疲劳的铁电薄膜。

（3）电子型人工肌肉：由聚乙烯和尼龙制成的高强度聚合物纤维，其力量是一般肌肉的100倍。

（4）液态金属：由正离子流体和自由电子气组成的混合物，液态金属可在吞食少量物质后以可变形机器形态长时间高速运动，实现了无须外部电力的自主运动。

2. 外骨骼机器人的使用特点

（1）能源方面，微型电池能量密度进一步提高，一次充电应能支持外骨骼机器人背负额定载荷以额定速度行走达24h以上，并且外形尺寸小，外形结构类似于目前的纽扣电池。同时安全系数高，确保使用中不会对人体造成伤害。

（2）电机驱动方面，目前微型直驱电动机效率已进一步提高，其负载能力足以直接驱动相应的外骨骼动作，无须额外增加减速器；外形尺寸紧凑，不超过人体关节，可直接安装在外骨骼各个驱动关节处；噪声低、可靠性高、环境适应性好。

用于外骨骼机器人的微型传感器应具有以下发展方向：一是集成度高，尽可能地同时感知位移、角度、加速度、压力、重力、力矩、温度、湿度、肌电和脑电等人体行走运动及姿态信息和环境信息，减少外骨骼机器人上安装的传感器数量，简化机器人系统；二是精度高、可靠性高、环境适应性好。

（3）控制方法方面，外骨骼机器人应能高速处理外骨骼机器人各个部位传感器感知的信息，实时与穿戴者交互，通过一定的算法计算、驱动各关节动作，伴随外骨骼机器人与人体高度同步运动，使穿戴者运动时同未穿戴外骨骼机器人感受尽量一致。此外，外骨骼机器人还应能实现自我健康状态的检测，对可能出现故障及时预判和报警，这些特性要求必须将人工智能技术高度融合进外骨骼机器人的控制过程当中[1]。

（五）外骨骼机器人行业未来的发展趋势

1. 外骨骼机器人发展特点

外骨骼机器人在许多领域有着良好的发展前景，引起了各国的重视。近年来，外骨骼机器人技术取得了突破性的发展，未来的外骨骼机器人将会呈现出智能化、微型化、模块化、柔性化、集成化的特征。

（1）智能化：外骨骼机器人是一种可以与人类进行密切联系的机械动力系统，在运用的过程中使用了大量的传感器。随着现代传感器技术的发展，外骨骼系统对外界的感知能力会更准确。使用先进的探测感应装置，将来使用外骨骼系统能够在第一时间感知外界的环境，包括人体的状态。除此之外，结合智能的分析、预测方法能够使外骨骼和使用者之间进行双向的交互，还可以集成多种的耦合的方式将信息耦合的渠道扩展，提高信息交流的速度。将来，外骨骼机器人与人的意识之间的配合会更加密切。

（2）微型化：目前，正在研发的外骨骼机器人系统都比较笨重，对操作以及携带造成不利的影响。随着科学技术的发展，控制器和传感器会越来越小，将来的外骨骼机器人系统也会逐渐微型化，更方便人体穿戴或者携带。

（3）模块化：使用模块化的设计理念进行外骨骼机器人的设计，能够在迭代的时候更加方便，而不需要对整个设计重新进行设计；同时也能满足不同人群的需求，方便进行组装使用。在将来的外骨骼机器人的系统的设计中，会更广泛地使用模块化的设计。

（4）柔性化：外骨骼技术柔性化的发展，能够自然顺应穿戴者肢体的运动，实现与穿戴者肢体协调动作统一。这需要外骨骼设计

❶ 戴宗妙,都军民. 外骨骼机器人研究现状及面临的问题 [J]. 现代制造工程,2019(3)：154–161,16.

理念上参照人体的结构与运动机理，以确保外骨骼运动与人体的运动保持一致。

（5）集成化：随着加工技术的发展，外骨骼采用微型化的元器件、集成化技术，将外骨骼的各个功能模块各自集成为一体，便于外骨骼系统整体布局、保养维护，同时整体体积变得更小，便于携带，应用范围更广。

2. 外骨骼机器人发展方向

展望外骨骼机器人的未来的应用发展，更高效率地提升军用作战能力和更人性化地提升民用的辅助及康复治疗可能是其未来发展的两大方向。

（1）军用领域未来发展趋势：军事领域作为外骨骼研发应用的前沿阵地，各国都在大力推动相关技术装备的开发研制，但目前还未出现成熟产品，研究大多处于装备实验与验证阶段，产品的技术性能与可靠性还达不到要求，距离转化为实际战斗力尚有一段距离。例如，外骨骼机械系统设计和自由度等都要求与人体的结构和自由度相匹配，研发轻便、高效的自给能源装置等。但军事领域的"单兵作战"是未来趋势，各国都在加快外骨骼的研制和应用，包括多功能作战服等各种形式的外骨骼。随着能源、材料和控制技术的不断进步，外骨骼机器人在单兵武器装备等军事应用大有潜力可挖，不会出现停滞或衰落的可能。

（2）民用领域未来发展趋势：相比于军事领域，康复医疗领域和工业领域的门槛相对较低。军用机器人研发周期一般较长、投入资金大，技术门槛和政策门槛高。随着老龄化社会的来临和医疗水平提升，人们对康复医疗的需求越来越大，医用外骨骼康复机器人逐渐成为康复机器人研究的一个重要方向。外骨骼康复机器人是中风、脊髓损伤引起的运动障碍康复训练的重要技术手段和方法。未来，康复医疗器械将从为需求者提供更便利的服务以及与新技术结合的角度来考虑，朝着品牌化、智能化、居家化方向发展。

目前，在我国医疗机器人市场中，康复机器人占比最大，约为41%；医疗服务机器人、手术机器人占比相差不大，分别为17%、16%，未来这个数字预测会继续增加。虽然发展前景被看好，但实际市场与医疗应用非常受限，主要是由于目前使用先进设备的风险过高，医护人员对于医疗外骨骼的使用存在担忧和抵触情绪。因为一旦出现意外事故，可能存在二次伤害甚至危及患者生命，让医护人员有失去职业或医院面临巨额赔偿的风险。但是目前外骨骼在下肢康复中的应用，医护人员基本上能够放心使用。下肢康复外骨骼以固定、坐卧式、被动康复设备为主，简单可靠、安全可控，无须专人随护，使用操作、消毒清洁与维护保养简单。随着技术的进步以及应用的不断迭代成熟，相信未来医疗外骨骼能够打破质疑，得到广泛应用。

随着劳动年龄人口进入负增长，人口红利逐渐消失，劳动力短缺成为普遍现象，这也直接导致劳动力成本上升。在工厂环境下，诸如物理装卸等高强度工种对工人体力强度与身体健康存在严重的威胁，工人越发不愿意从事此类工作而要求调换岗位，进一步导致岗位人员流失。这些社会现象的存在也促进了工业外骨骼机器人的发展和应用。工业外骨骼目前在帮助人类减轻负重、提升力量、提高工作效率等方面有了初步的应用。时至今日，能够见到外骨骼机器人身影的工业领域，包括汽车总装、家电3C和物流领域，如空港航运、物流运输等。工业领域的应用更加直接，与医疗领域联系紧密，产品嫁接能力强，成果转化速度快，应用场景广泛且易于推广，用户受众多元化。可以说，有人活动的地方，就有外骨骼的用武之地。

当前国内外大部分助力型外骨骼机器人仍处于样机试验测试和完善阶段，还存在种种缺陷，距离实战化和市场化还有一段很长的路要走。正因如此，该领域机遇与挑战并存，酝酿着巨大的突破空间和应用空间，期待核心难题的曙光突破，亟待全面深入开拓。在新的历史机遇下，拥有更多技术的加持，人机融合会有更广阔的发展空间。高新技术的发展会带来外骨骼机器人的人机融合新体验，带来更多基于外骨骼的人机融合的应用场景。未来人机融合阶段的外骨骼机器人设备，在机械结构方面随着新材料、新结构的出现能够实现增强移动和高负荷工作等。新型传感器技术能够实现探测并收集人体以及外界感知信息，增强感知探测能力。有了高速率、低延时的5G技术以及北斗导航技术的加持，数据传输速度和能力显著提升，增强了信息处理能力。并且在未来，人机融合将变得更加无感化，结合虚拟现实（VR）和增强现实（AR）技术，外骨骼机器人将能感知人体需求并智能化满足。

二、扩展现实技术XR（VR/AR/MR）

（一）扩展现实技术XR的内涵

扩展现实技术（XR，Extended Reality）的出现正在改变人们体验物理世界和虚拟世界的方式。从早期的观察视角到现在的沉浸式体验，改变了人们工作、学习、联络和娱乐的方式，也改变了企业培训员工，服务客户、设计产品和管理全产业链的方式。扩展现实XR是一个概括性术语，包括了增强现实AR、虚拟现实VR和混合现实MR[1]。

扩展现实技术可以实现身临其境的视听甚至更多感官的沉浸式体验，无论是观看360°全息电影，抑或是在VR游戏场景中漫步，建筑师可以通过AR看到自己的设计方案在现实中的效果，又或者身在家中就可以通过头戴式显示器探索宇宙的奥秘，XR设备能够实现那些人们曾经只在科幻电影和小说中的幻想奇观。鉴于XR技术的巨大潜力，它已经被越来越多地应用于我们生活中的各种领域，从旅游、教育、零售、游戏、医疗康复到制造业等。在高盛集团发布的研究报告 *Virtual & Augmented Reality* 一文中曾得出结论："VR/AR有可能催生一个数十亿美元的产业，并可能像PC的出现一样改变游戏规则"。

1. VR、AR、MR的定义及区别

（1）VR全称 Virtual Reality，即虚拟现实技术。虚拟现实技术

---

[1] CHUAH S H-W. Why and Who Will Adopt Extended Reality Technology? Literature Review, Synthesis, and Future Research Agenda: ID 3300469[R/OL]. Rochester, NY: Social Science Research Network, 2018[2022-02-14].

集合了计算机图形学、仿真技术、人机交互、多媒体技术、计算机网络技术、传感技术等多种技术，是跨学科交叉的前沿研究领域。VR技术主要通过计算机设备模拟人在外界环境中的感知，调动人的多种感觉器官的功能，使人在生成的虚拟世界中获得类似真实世界的沉浸体验，并能通过语言、手势等自然交互方式与虚拟环境进行实时交互获得反馈。布尔迪亚·G（Burdea G）和菲利普·科菲特（Philippe Coiffet）在1994年出版的《虚拟现实技术》（*Virtual reality technology*）[1]一书中描述了VR的三个基本特征"3I"，即沉浸性（Imagination）、交互性（Interaction）和构想性（Immersion），这三大特征很好地概括了虚拟现实的特点。

沉浸性指通过计算机生产模拟真实世界的三维立体虚拟环境，同时综合考虑视觉、听觉、触觉等多重感官体验，让用户宛如身临其境。交互性是指在虚拟环境中，人通过某些方式与虚拟环境产生交互行为，且这种交互应当具有和现实中相似的真实感。构想性指用户可以通过沉浸在虚拟环境中，获取新知识，帮助用户学习或理解一些现有或未知的事物，例如，三维空间的构造形式，或将现实中难以实现的场景模拟再现。

（2）AR全称Augmented Reality，即增强现实。这项技术于1990年提出，是一种将计算机渲染生成的虚拟物体、场景或系统提示信息与真实世界中的场景无缝融合起来的技术，它通过手机、平板电脑或大屏幕等显示设备将虚实融合的场景呈现给用户，从而实现对现实场景的增强[2]。通过将一些原本现实场景中不存在或者难以体验到的感官信息叠加到人所处的物理环境中，现实世界被赋予了更多的信息，既增加了视觉效果和互动体验感，也可以提升个人对周围环境的理解。北卡罗莱纳大学教授罗纳德·阿祖马（Ronald Azuma）于1997年提出，增强现实包括三个特点：将虚拟物与现实结合、实时交互、三维注册。与早期相比，如今的增强现实概念大为拓宽，但技术发展还是围绕着上述三点展开。

（3）MR全称Mixed Reality，即混合现实技术。混合现实是

---

❶ BURDEA G C, COIFFET P. Virtual Reality Technology[M]. John Wiley & Sons, 2003.

❷ 侯颖, 许威威. 增强现实技术综述 [J]. 计算机测量与控制, 2017, 25(2): 1-7, 22.

由虚拟和增强现实技术发展而来。通过在虚拟环境中引入现实场景信息，在现实、虚拟和人三者之间建立一个交互反馈的信息回路，不同于VR的纯粹虚拟，也并非虚拟信息的简单叠加。混合现实（MR）技术的关键点就是与现实世界进行交互和信息的及时获取。[1]在MR环境中，实现数字虚拟对象与现实世界对象共存的可视化环境，并能够使用户在对现实世界正常感知的基础上构建虚拟与现实世界的交互反馈回路，达到虚拟世界与现实世界及时与深度的互动[2]。用户不仅能够"看到"虚拟数字叠加层或对象，而且可以与之进行多感官的交互，强调真实世界和虚拟世界之间的无缝融合。

2. VR、AR和MR区分

1994年，保罗·米尔格拉姆（Paul Milgram）和岸野文郎（Fumio Kishino）提出的现实—虚拟连续统一体（Milgram's Reality-Virtuality Continuum）[3]的概念。他们将纯真实物理环境和纯虚拟数字环境分别作为连续系统的左右两端，位于它们中间的被称为"混合实境（Mixed Reality）"。其中靠近真实环境的是"增强现实（Augmented Reality）"，靠近虚拟环境的则是"增强虚拟（Augmented Virtuality）"（图5-8）。

图5-8　现实—虚拟连续统一体[4]

VR虚拟现实用虚拟世界来取代用户的世界，用户"完全沉浸在合成世界中而看不到身边现实物质世界的内容"。虚拟现实能够

❶ 鲁馨. 增强现实(AR)、虚拟现实(VR)和混合现实(MR)技术 [J]. 办公自动化,2018,23(10):36-38.

❷ 潘枫,刘江岳. 混合现实技术在教育领域的应用研究 [J]. 中国教育信息化,2020(8):7-10.

❸ MILGRAM P, KISHINO F. A taxonomy of mixed reality visual displays[J]. IEICE TRANSACTIONS on Information and Systems,1994,77(12):1321-1329.

❹ 齐越,马红妹. 增强现实:特点、关键技术和应用 [J]. 小型微型计算机系统,2004(5):900-903.

模拟出人类所拥有的完整感知功能，能够达到极具真实感的仿真模拟，使人在交互过程中，可以像在真实时间一样随意操作并且得到环境最真实的反馈。而AR增强现实体验中，人们则可以同时看到现实世界和虚拟信息，增强现实会将信息添加到人周围的真实物理环境上，这些信息一般是以平面叠加和标注形式叠加的，人们可以轻易分清所见所感中哪些属于真实哪些是虚拟。MR混合现实则融合了人—机—环三种不同的信息输入，将虚拟信息对象无缝融合到用户身处的物理环境当中，让人难辨虚实（图5-9）。

图5-9　VR、AR、MR的区别❶

（1）VR与AR：VR和AR的区别很显著，能够以真实世界是否可见作为划分。因此在场景生成方面，VR与AR所使用的构建3D场景的技术及其展现设备不同。但VR与AR在技术本质存在共性，都需要三维技术和人机交互技术的支持，所以两者的关键技术有许多重合部分。由于VR只适合在固定范围内活动，而AR可以融入现实生活中，所以AR在日常生活中的应用更多。而VR由于完全的沉浸体验，更倾向于虚幻和娱乐的发展方向。AR相比VR有其优势，AR无须构建一个完整的虚拟环境，所以对设备依赖度不高，手机或平板等设备即可实现，渲染工作量更少，对计算能力的要求更低。在设备方面，VR要求沉浸式的体验，广阔的视野，而AR不强调沉浸式的体验，视域狭窄。在追踪方面，VR对准确度的要求度较低，而AR对准确度的要求较高。在《第四次工业革命的钥匙之一VR&AR深度行业研究报告》一文中认为，"VR最大

❶ 佚名. Global Augmented Reality And Virtual Reality Hardware Market Analysis by Type(Headsets, Glasses, Gesture Control), by Application(Education and training, Video Game, Media) and Region - Forecast 2019-2026[EB/OL]. [2022-02-15].

的价值在于，在遥远的未来可以创造一个虚拟世界；AR最大的价值，作为一种工具改造人类生活的方方面面"。❶

（2）AR与MR：AR和MR在表现上很相近，都是一半现实，一半虚拟，因此许多人将MR视为AR的代名词。MR与AR的不同之处在于，AR是将虚拟对象叠加到现实世界中，而MR既可将数字对象叠加到现实世界，也可将真实对象虚拟化叠加到虚拟环境，但并不是简单地叠加，而是达到虚与实的深度融合，从而形成有机的统一体❷。MR技术能理解人所处的现实环境，根据环境渲染并定位虚拟场景和对象，使其和现实场景能够达到融合的效果。这些虚拟对象往往会遵从物理世界的尺寸、光影、遮挡关系、物理规律等，力求达到在人和虚拟物体互动时的高度真实感。但随着AR相关的研究涵盖的范围越来越大，其功能已经涵盖了部分的MR功能，且两者从理论到技术都还有很多发展空间，所以目前AR和MR之间的界限有时并不十分分明（表5-3）。

表5-3 VR、AR、MR的区别

类型	虚拟现实（VR）	增强现实（AR）	混合现实（MR）
显示装置	HMD（沉浸）或手机、平板等移动设备（非沉浸）	HMD头显或手机、平板等移动设备	HMD头显
信息来源	计算机产生的计算机图形或真实图像	结合计算机生成的图像和真实对象	结合计算机生成的图像和真实对象
环境	全数字化	虚拟对象和现实对象无缝融合	虚拟对象和现实对象无缝融合
透视	虚拟对象将根据用户在虚拟世界中的视角来更改其位置和大小	虚拟对象的行为基于现实世界中用户的观点	虚拟对象的行为基于现实世界中用户的观点
存在	感觉没有现实世界，而被运送到其他地方	感觉仍然存在于现实世界中，但有新的元素和物体叠加	感觉仍然存在于现实世界中，但有新的元素和物体叠加
意识	完美呈现的虚拟对象无法与真实交易区分开	可以根据虚拟对象的性质和行为来标识虚拟对象，例如浮动文本	完美呈现的虚拟对象无法与真实交易区分开

❶ 新浪VR. 虚拟现实革命前夕：第四次工业革命的钥匙之一 ——VR & AR 深度行业研究报告 | 人人都是产品经理 [EB/OL]. (2020-09-02)[2022-02-14].
❷ 侯颖,许威威. 增强现实技术综述 [J]. 计算机测量与控制,2017,25(2):1-7,22.

（二）增强现实（AR）

由于在人机融合"人—信息—物理系统（HCPS）"中，物理环境是系统的重要组成部分，所以相比于脱离现实物理世界强调高度沉浸感的虚拟现实（VR）技术，增强现实（AR）技术在人机融合中的应用更加重要。而由于目前的技术发展还达不到理想状态下的混合现实，目前混合现实MR应用在许多语境下和AR应用之间界限模糊。例如，Apple ARkit虽然名字叫作ARkit，但是它的实际能力已经能够达到MR的效果，可以理解现实世界的一些物理特性，如找到物体的边角。它也可以根据用户的移动展示看起来"全息"或者3D的内容❶。又如，使用ARkit可以让用户的手机轻松找到墙壁的边角，帮人们丈量整个房子的尺寸。所以本文将会着重介绍增强现实AR技术，对虚拟现实VR和混合现实做简要说明。

1. AR技术的发展历史

（1）第一阶段：AR的诞生与探索阶段。1901年，莱曼·弗兰克·鲍姆（L.Frank Baum）首次在小说《硅谷禁书》（*The Master Key*）中提到AR一词。1929年，一个叫作爱德华·林克（Edward Link）的人设计出一种能够帮助飞行员训练的模拟器。它使乘坐者具有乘坐飞机在空中飞行的感觉。1956年，一位叫莫顿·海莱格（Morton Heileg）的电影摄影师开发出了一台叫Sensorama❷的虚拟现实模拟设备并申请专利，Sensorama具有三维全彩显示及立体声效果，同时还兼有气味和振动，通过立体声和头发被风吹过的三维动态图像产生一种真实感（图5-10）。在Sensorama中，可

图5-10　Sensorama系统

---

❶ 简书. VR?AR?MR? 10分钟快速了解沉浸式技术领域 [EB/OL]. [2022-02-14].

❷ FAVARO FERNANDEZ D A. God of boxes: design and development of a virtual reality arcade game[J]. 2019 ASEE Annual Conference & Exposition, 2019[2022-02-16].

以体验到几种不同场景，包括骑着摩托车穿越纽约、骑着自行车穿越伦敦、乘坐直升飞机穿越城市等。尽管这个发明没有取得商业上的成功，但从它身上能够望见虚拟现实的未来愿景。不久后，Morton Heileg发明了世界上第一款头戴式VR显示器。

1962—1974年，这个历史时期AR与VR尚未被明确区分，所以发展方向是一致的。在这个时期有几个较为重要的里程碑事件。

1968年，伊凡·苏泽兰（Ivan Sutherland）[1]制作了一款早期虚拟现实设备，将其命名为"达摩克利斯之剑"（*The Sword of Damocles*）（图5-11），因为需要用机械臂将设备拴在墙上。而这个设备也被广泛认为是人类实现的第一套AR系统和第一个AR头戴式显示设备，同时该系统也是第一套VR系统。这台设备会在人的左眼和右眼分别投射出由计算机生成的角度略微不同的图案。如果放在今天的语境里，这个设备并不算是真正的AR或VR，但他的这项发明以及其他一些成果对后来的研究影响深远，许多人将Sutherland称为"计算机图形学之父"和"AR之父"。

图5-11 "达摩克利斯之剑"[2]

1981年，丹·雷坦（Dan Reitan）开发了第一个用于电视广播的增强现实技术（图5-12），能够将天气相关的雷达数据信息叠加在地球的图像上，彻底改变了天气可视化的方式。这项技术不仅只是图像的简单叠加，它同时集成了来自多个雷达系统和卫星的实时图像。虽然时至今日，天气播报已经包含了全动态的视频图像捕捉，但当时的技术也仍在使用。

❶ SUTHERLAND I E. A head-mounted three dimensional display[C/OL].//Proceedings of the December 9-11, 1968, fall joint computer conference, part I. New York, NY, USA: Association for Computing Machinery, 1968: 757-764[2022-02-14].

❷ 简书. VR?AR?MR? 10 分钟快速了解沉浸式技术领域 [EB/OL]. [2022-02-14].

1985年，克鲁格（Krueger）等人创造了一个人机交互图像系统Videoplace[1]（图5-13），将参与者的现场视频影像与计算机生成的图形结合起来，让图像随着参与者的运动做出实时反馈。Videoplace项目的出现，被誉为是体现了早期AR思想的案例。

图5-12　增强现实图像首次用于电视天气播报

图5-13　Videoplace操作演示

（2）第二阶段：AR技术理论应用的持续发展。高精尖系统层次的运用，虽然AR技术不断发展，但直到1990年，增强现实（Augmented Reality）一词才正式被创造出来，此前AR还没有一个公认的术语。1900年，波音公司的研究员汤姆·考德尔（Tom Caudell）在一篇论文里使用"增强现实"来解释他为波音公司开发的Head-Up显示系统[2]。随后，他在1995年还发表了一篇文章[3]，主要阐述了AR和VR之间的区别，并强调了AR相比于VR对计算量的需求更少这一优点。汤姆和他的同事当时面临的问题是，需要通过一些方法来简化飞机组装线路的复杂过程。于是他们制作了一个头戴式设备，该设备能将每架飞机的具体线路图显示在多用途、可重复使用的材料上，使得组装工作大大简化，全面减少了生产时间，不仅影响了增强现实的历史，也对波音公司产生了深远影响。

1992年，美国空军实验室（AFRL）的路易斯·罗森伯格

❶ KRUEGER M W，WILSON S. VIDEOPLACE：A Report from the ARTIFICIAL REALITY Laboratory[J]. Leonardo，1985，18(3)：145-151.

❷ CAUDELL T P，MIZELL D W. Augmented reality：an application of heads-up display technology to manual manufacturing processes[C]. //Proceedings of the Twenty-Fifth Hawaii International Conference on System Sciences.

❸ CAUDELL T P. Introduction to augmented and virtual reality[C].//Telemanipulator and Telepresence Technologies. SPIE，1995：272-281[2022-02-14].

（Louis Rosenberg）开发了 Virtual fixture❶（图5-14），这是首个完全沉浸式的增强现实系统。系统由一个完整的上身外骨骼和一对头戴双目显示设备构成，穿戴者在移动手臂的同时，可以看到虚拟机器手臂显示在他的手臂应该在的地方，同时在视野里可以看到模拟的物理障碍和操作指南等虚拟信息，帮助用户执行真正的物理任务（图5-15）❷。

1993年，KARMA维修AR系统。史蒂文·弗纳（Steven Feiner）等人组成的哥伦比亚大学团队开发出了一台基于头戴式显示设备AR系统，这台名叫KARMA❸（Knowledge-based Augmented Reality for Maintenance Assistance，基于知识的增强现实维护协助系统）的系统能够将操作、维护及修理设备相关的图像文字叠加显示到环境中，让用户无须参考纸质或电子手册（图5-16）。

1997年，史蒂文·费纳（Steven Feiner）等人开发了一个室外的移动增强现实系统 Touring Machine，系统由一个头戴式追踪三维显示器加上一块带有手写笔和触控板的手持式二维显示屏共同组成，能够展示大学校园里的信息❹（图5-17）。

1998年，美国橄榄球联盟比赛首次在现场直播当中使用了AR技术，一家名为 Sportvision（现名为 SMT）的公司实现将橄榄球队的首攻线可视化为黄线在电视屏幕上显示出来❺（图5-18）。

1999年，可穿戴计算之父史蒂夫·曼恩（Steve Mann）开发了头戴式设备 EyeTap（图5-19），它有一个摄像头能够记录眼睛看到的场景，同时也是一个显示器，将计算机生成的图像叠加在眼睛可

❶ ROSENBERG L B. Virtual fixtures: Perceptual tools for telerobotic manipulation[C]. // Proceedings of IEEE Virtual Reality Annual International Symposium.

❷ TRENDS A R. English: Virtual Fixtures system(first immersive Augmented Reality system. Built at U.S. Air Force, Armstrong Labs, 1992. Picture features Dr. Louis Rosenberg at WPAFB wearing a full upper-body exoskeleton, interacting freely in 3D with immersive overlaid virtual objectscalled 'fixtures') [Z/OL]. (1992-07-15)[2022-02-14].

❸ FEINER S, MACINTYRE B, SELIGMANN D. Knowledge-based augmented reality[J]. Communications of the ACM, 1993, 36(7) : 53-62.

❹ 同 ❸.

❺ SUTHERLAND I E. A head-mounted three dimensional display[C/OL]. //Proceedings of the December 9-11, 1968, fall joint computer conference, part I. New York, NY, USA: Association for Computing Machinery, 1968: 757-764[2022-02-14].

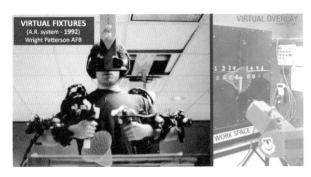

图 5-14 Virtual fixture 系统及画面

图 5-15 无信息叠加的原画面与有数字信息叠加的 AR 系统画面

图 5-16 图左为 KARMA 的使用场景，图右为佩戴者看到的画面

图 5-17 Touring Machine 的使用场景及视野画面

图 5-18 橄榄球比赛观众屏幕上通过增强现实可视化黄色首攻线

以看到的原始场景之上，这种结构允许它在用户感知到的正常世界之上叠加计算机生成的数据（图 5-20）。

（3）第三阶段：AR 离开实验室走进大众视野——ARToolKit 的出现。2000 年，是枝裕和（Hirokazu Kato）和马克·毕林赫斯特（Mark Billinghurst）共同开发了首个用于制

图 5-19 eyetap 的演示效果

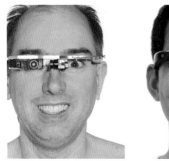 

1999"EyeTap Digital Eye Glass"　　2012，Google Glass

图5-20　1999年EyeTap眼镜（左）和2012年谷歌
眼镜（右）之间的传承关系

图5-21　AR使用条形码等物理标记或桌子等自然特征
标记来投射图像

作增强现实应用的开源库ARToolKit。ARToolKit允许开发者使用条形码等物理标记或桌子等自然特征标记来投射图像，多年来一直是开发者们的最佳选择，被广泛用于开发移动增强现实应用（图5-21）。

2003年，瓦格纳（Wagner）和施马尔斯蒂格（Schmalstieg）开发了第一款掌上AR系统[1]（图5-22、图5-23），基于现成的消费级电子产品个人数字助理（PDA），实现了一个可以进行三维增强的导航应用，能够引导用户穿过未知的建筑到达目的地，这为后来智能设备上的AR应用引领了方向。

（4）第四阶段：AR规模化商用阶段。2012年，谷歌推出了增强现实眼

图5-22　第一款掌上AR系统（一）

图5-23　第一款掌上AR系统（二）

[1] Wagner D, Schmalstieg D. First Steps towards Handheld Augmented Reality[C/OL]. //Seventh IEEE International Symposium on Wearable Computers, 2003. Proceedings. White Plains, NY, USA: IEEE, 2003: 127-135[2022-02-14].

镜Google Project Glass❶（图5-24），在官方发布的演示视频中，用户可以通过眼镜显示的一个圆形用户界面来获取实时信息，例如，天气或交通情况，更进一步还能声音控制发送短信、拍摄照片、显示附近朋友的位置等。虽然Google Project Glass更多只是一个概念产品而非一个成熟的实际产品，但是它依然具有里程碑式的意义，它展示了AR发展一个可能的方向，为公众提供了一个美好的未来愿景。

2015年，微软推出了HoloLens第一代（图5-25），不同于以往的头戴式产品大多只具备虚拟现实交互功能，Hololens则很成功地将虚拟和现实结合起来，并实现了更佳的互动性。使用者可以很轻松地在现实场景中辨别出虚拟图像，并对其发号施令。这款产品以突破性的交互技术给新一代体验更好的人机交互指明道路，目前被誉为是当前体验最好的AR设备。

2016年，此前一直悄无声息的AR公司Magic Leap突然获得巨额融资，通过一段精彩的宣传视频引发公众热议（图5-26）。虽然视频中许多场景被质疑不切合实际情况，但不影响该公司在2016年获得一轮7.935亿美元的C轮融资。尽管现在现实已经证明了Magic Leap的构想终究是幻影，但这个事件却正是AR技术巨大市场潜力的证明。

图5-24　Google Project Glass

图5-25　HoloLens的应用场景概念图

❶ 佚名. Google's "Project Glass" Augmented Reality Glasses Are Real And In Testing [EB/OL]. [2022-02-14].

第五章　创新设计的重要表现

图5-26　Magic Leap宣传视频

　　2017年是主流AR软件开发工具包（SDK）扎堆发布的一年。苹果公司首先发布了ARkit。随后不久，谷歌也发布了ARcore。两者的相继发布使得IOS和Android平台上的开发人员开发AR应用的可行性大大增加。在此之前，AR应用对设备和技术的要求非常高，而成熟开发工具的出现允许开发者们在几乎任何一个搭载了摄像头的设备和应用程序中使用AR技术。同时，Facebook推出了AR Studio，Snap公司推出了Lens Studio，两者都是为创建AR体验的用户提供的构建工具。这些工具和技术支持上的完善和进步让增强现实技术的开发门槛大大降低，基于增强现实技术的应用研发进入黄金时期，同时增强现实领域的商业化程度不断提升。

　　2. AR技术的应用场景

　　AR应用场景丰富，商业前景广阔。增强现实技术的应用广泛，可应用于以下领域。

　　（1）工业制造和维修领域：通过头戴显示器将多种辅助信息叠加在现实场景的物体之上，包括虚拟仪表盘面板、设备的内部结构、设备零件图等，便利了工人及维修人员（图5-27）。

　　（2）医疗领域：手术辅助、人体构造可视化、医疗培训。医生可以利用AR技术，在患者需要进行手术的部位创建虚拟坐标，进行精确定位。同时对于医疗教学场景，AR技术也能够通过逼真的显示以及教学指导内容来呈现给学生生动的教学场景，让学生能够获得更具真实感的教学体验。同时，AR可以为外科医生实时提供

图5-27　AR一体机0glass在维修中的应用场景[1]

三维影像和医疗信息，使外科医生无须远离手术区域即可获取手术
过程中所需的重要信息。

比萨大学信息工程系协作研发的视频光学透视增强现实系统
（VOSTARS，Video Optical See-Through Augmented Reality Surgical
System）能够将X射线数据叠加到病人的身体上。得益于这项技
术，外科医生将在他的视线中获得心跳、血氧和所有患者的参数等
信息。此外，该设备将能够看到在手术之前和手术期间获得的所有
医疗信息，完全符合患者的解剖结构，并向外科医生提供虚拟X射
线视图，以精确地引导手术[2]。目前有一些初创公司正在构建AR技
术，以支持数字手术、3D医学成像和特定手术。

（3）军事领域：利用AR技术可以创建出虚拟坐标以及目标地
点的地理数据和地形模型等，帮助军队进行方位识别，获得实时
的地理地形数据等重要军事数据。指挥员可以实时掌握各个作战
单元、任务部队的情况，从而快速正确地理解上级意图并及时做
出决策。利用AR技术，可以使各级指挥员同时观看、讨论战场以
及与虚拟场景交互，实现整个战场信息的高度共享[3]，对各级指挥
员统一认识、密切协作起到了关键作用。利用AR技术可以建立共
享的、可理解的虚拟作战空间，实现多用户多终端实时协同交流互

❶ 搜狐.三一重工领投A轮他做AR眼镜解放一线工人双手出货约1000套[EB/OL].
　（2017-05-23）[2022-02-15].
❷ 外科医生手术不再怕混合可穿戴显示器有大招[EB/OL].[2022-02-15].
❸ 张申,季自力,王文华.增强现实技术在战场上的应用[J].军事文摘,2019(11):54-57.

图5-28　snapchat中的AR贴纸
图案

动，有利于指挥部队加强配合、协同作战。

（4）电视和转播领域：在转播体育比赛时，通过AR技术将辅助信息（如球员数据、赛况信息）叠加到转播画面中，让赛况更加一目了然，方便观众获取更多信息提升观看体验。例如，游泳比赛中显示在各泳道上方的选手信息相信大家都不陌生。

（5）娱乐和游戏领域：AR技术可以实现以真实世界为游戏场景，叠加上虚拟元素，使游戏虚实结合。并且现在生活中大家常用的自拍软件或者直播中的贴纸图案（图5-28），就是运用AR技术。风靡全球的掌上AR游戏"*Pokémon Go*"将虚拟与物理世界结合（图5-29），让人们沉浸在现实世界各地抓捕小精灵。目前这款游戏已经被至少153个国家的数亿玩家所体验。

（6）教育领域：AR技术可以让传统教育中静态的文字、图片读物立体化，增加阅读的互动性、趣味性，如天文类的书籍资料（图5-30），利用AR技术可以直观看到书中所提到的行星、恒星、星座以及各种各样的天体。在一些户外教学中，借助AR技术和图像识别技术，可以实时识别植物和动物的种类，让学生了解它们的相关知识。

（7）古迹复原和数字文化遗产保护：将文化古迹的信息以AR的方式提供给观看者，既能避免对文物古迹的破坏，又能让用户获取到古迹的文字图片和视频解说，甚至能够通过复原技术看到遗址残缺部分的虚拟重构[1]，将极具真实感的虚拟影像展现在游客眼前。Archeoguide[2]是一款基于增强现实的文物遗迹向导，通过GPS粗定位，能够为游客展现古迹复原后的希腊奥林匹亚神庙（图5-31）。

由北京理工大学王涌天课题组研究的基于增强现实的圆明园景观数字重建技术将部分圆明园遗址还原（图5-32），游客可以从圆

❶ Goldman Sachs | Insights – Virtual & Augmented Reality: The Next Big Computing Platform? [EB/OL]. [2022-02-14].

❷ VLAHAKIS V, IOANNIDIS M, KARIGIANNIS J, et al. Archeoguide: an augmented reality guide for archaeological sites[J]. IEEE Computer Graphics and Applications, 2002,22(5):52-60.

图5-29　AR游戏"*Pokémon Go*"

图5-30　文史课中的"桃园结义"模型叠加效果

原始图像　　　　　　　　　　　　增强图像

图5-31　古迹AR复原前后的希腊奥林匹亚神庙

图5-32　圆明园现场数字重建项目中的AR重现效果

明园废墟前看到重建后的皇家园林❶。

（8）游和展览领域：AR导航是AR技术变革旅游行业的初步应用之一，人们在浏览参观的同时，无须由导览人员进行指引和解说，而是通过AR手段接收到指引信息，并且及时获取途经展品、建筑的相关背景资料。同时在特定景点可以利用AR技术再现经典场面，为旅客创建一个身临其境的互动沉浸式场景，让历史故事生动展现在人们眼前。

史密森国家自然历史博物馆推出了一个移动应用：当游客用载有AR技术的移动设备对准恐龙骨架的时候就可以看到恐龙的复原图像（图5-33）。

（9）室内、建筑设计：能够实时地在现实世界中浏览并修改3D模型，并与之做出各种交互，如室内设计或建筑设计领域，让设计者和客户都能直观通过AR可视化场景共享最终设计效果，比起传统的图纸或屏幕显示的CAD模型，更便于设计方案的沟通说明。AR Sketchwalk❷是一款针对建筑领域开发的AR工具（图5-34），它允许设计师使用增强现实技术直观地看到他们的设计方案，使设计者和客户对空间有更真实的感受，并且可以实时进行一些对方案的修改，向客户展示项目时更加清晰直观。

图5-33　史密森国家自然历史博物馆
AR恐龙展示

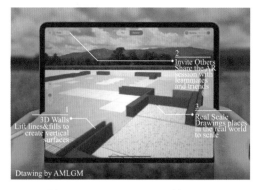

图5-34　AR Sketchwalk效果展示

❶ 王涌天,郑伟,刘越,等. 基于增强现实技术的圆明园现场数字重建 [J]. 科技导报, 2006(3) : 36-40.

❷ Morpholio Unveils AR Sketchwalk, an Augmented Reality Tool to Immerse Users in Design[EB/OL]. (2019-03-12)[2022-02-15].

（10）交通导航领域：一种是将导航直接叠加在视野中，直接看向前方，立体指引直接覆盖到道路上会更加直观，同时避免了由于低头看手机或汽车导航造成事故的危险。另一种是利用AR技术进行危险标记，让司机或乘客对危险或需要减速的路况进行标记，从而让其他AR用户也可以获得直观提醒，减少事故的发生。抬头显示（HUD）是AR在汽车市场上的突破性应用，可以将汽车行驶信息及交通信息投射在挡风玻璃上，在行驶过程中，驾驶员不需要转移视线。宝马、沃尔沃、雪佛兰、雷克萨斯等品牌的众多车型都采用了HUD技术[1]（图5-35）。

图5-35 车载HUD增强现实效果[2]

（11）购物：服装购买场景，通过AR技术可以实现将服装叠加到自己身上，轻松看到试穿效果而无须排队试穿。在家装购买中，则可以利用线上AR商城，将虚拟家具装饰品摆放到房间的具体位置查看效果。American Apparel和Lacoste已部署了陈列室和试衣间，以在增强现实空间中提供先试后买的选择。扫描RFID标签的智能镜技术还可以将建议带入实体购物体验[3]。

（12）运动健身：在运动时如果可以有AR私人教练带你同步训练，代替原来的训练视频和讲解，用户可以自己在家中进行健身而无须到健身房去上课，随时随地获得最佳健身体验。同时可以利

❶ 电子发烧友网. AR 正在重新定义各产业的思维方式和运行方式 [EB/OL]. (2018-06-19)[2022-02-15].

❷ 电子发烧友. AR 技术应用场景分析 – vr|ar| 虚拟现实 [EB/OL]. (2020-08-27)[2022-02-15].

❸ 腾讯新闻. IoT 大时代的来临，AR 能够为制造业做什么？ [EB/OL]. (2020-07-24)[2022-02-15].

用AR技术搭建游戏化的训练场景，将跑步、单车、健走等运动融入游戏化的任务场景中，设置任务目标以促进运动效果的提升，还可以为独自运动的使用者提供AR陪跑宠物，为枯燥的运动过程增加趣味性。

（13）广告宣传、包装设计：AR技术能让广告更具创意性，实现更多种可能性。它拓展了普通纸质宣传册或宣传海报的外延，弥补了传统实体广告包装形式的单一性、结构和信息容量有限等不足之处，在节省实物材料的同时增强了商品包装的创意性和视觉效果，让消费者能够通过AR内容更加全方位地了解产品特性，并且实现交互式的产品展示，提升消费者的购买兴趣、用户体验以及信息获取效率。

（14）产品说明和指南：具有交互式AR功能的服务手册可以在物理环境中显示可视化的组装和维修步骤，代替了传统的纸质或电子用户手册和安装指南，更加一目了然。

3. 国内大厂纷纷入局AR

2020年，是全球顶尖品牌大厂进入AR市场的时刻。AR行业经过一段时间的发展，从技术到理论都取得了长足的进步，迈入高速发展的黄金时期。更重要的是，不同于之前要对交互场景进行"革命"的发展思路，现在大厂们都是基于自身生态，对现有的交互方式进行"改革"，在已有的实用场景中，叠加AR功能。这就促进AR行业，找到了能真正落地的产品应用场景[1]。

（1）百度AR：它是百度依托百度大脑核心能力打造的DuMix AR智能交互平台（图5-36）。该平台面向生态合作伙伴和加入平台的应用开发者全面免费开放，根据开发者的能力不同，提供了传包器、模板、编辑器等多种不同的AR应用创建模式，快速创建个人AR内容。

（2）阿里AR：阿里巴巴集团打造的AliGenie AR平台[2]主要面向开发者开放（图5-37），并提供了阿里火眼专门的内容管理平台，支

❶ 王爽. AR行业将迎来爆发期 [J]. 中外管理, 2020(Z1) : 78-79.

❷ 知乎. 造了中国版"ECHO"后, 聚焦系统升级, 阿里AI战略你看懂了吗？ [EB/OL].
  (2018-03-25)[2022-02-15].

图5-36 百度DuMix AR平台

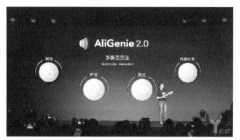

图5-37 阿里巴巴集团AliGenie AR平台

持多种多媒体种类的管理及编辑，同时开发者可申请接入AR SDK，创建个人AR应用。

（3）京东AR：京东天工AR平台是京东打造的国内AR/VR在消费领域较有影响力的平台（图5-38），其中AR内容服务开放平台为开发者提供了免费的SDK下载、SDK文档、参考Demo资源等开发资源，开发者只需要几步，即可在App中实现AR功能。

图5-38 京东AR平台领跑电商AR

（4）网易AR：它是国内互联网巨头中规划最早、架构最完整的AR平台（图5-39），具有网易洞见App创意体验平台，开发者只需要按照提示步骤提交相关信息，即可成为AR创作者，同时为用户设立了专门的在线发布AR需求通道，能够即时匹配最佳方案。

图5-39 网易云音乐AR体验项目

（5）腾讯QQ-AR：腾讯QQ-AR开放平台是手机QQ基于腾讯优图实验室的技术（图5-40），采用图像识别、3D动画展示与追踪等AR技术。开发者只要拥有QQ账号，登录QQ-AR官网即可免费使用，不需进行技术开发，也无须下载安装其他应用，简单上传图片和视频，就可在手机QQ上实现AR效果。

图5-40 腾讯QQ-AR开放平台

4. 增强现实领域的核心技术

（1）AR显示设备分类：显示技术是增强现实技术中的关键技术，负责将计算机生成的虚拟信息与用户的真实环境相结合[1]。视觉通道是人类与外部环境之间最重要的信息接口，人类从外界所获得的信息有近80%是通过眼睛得到的。因此增强现实系统中的显示技术就显得尤为重要，是整个增强现实系统的关键问题之一[2]。

按照应用场景的不同，增强现实显示设备可以被分为头戴式、手持式和空间投影式[3]三种（图5-41）。目前市面上主流的增强现实产品分为三类，分别是头戴显示器、手持移动终端和以PC、HUD车用平视显示器为代表的空间显示器。

头戴式AR，可穿戴设备配备了多种传感器，允许用户使用自然手势与虚拟对象进行交互，并且第一人称的AR体验更直观。但是，相比于移动设备，头戴式设备技术要求更复杂，高成本限制了它们在现实环境中的广泛应用。

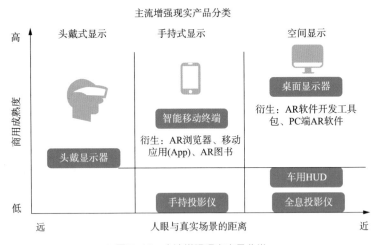

图5-41　主流增强现实产品分类

❶ XoSoft: Soft Modular Biomimetic Exoskeleton to Assist People with Mobility Impairments[EB/OL]. [2022-02-14].

❷ 陈靖,王聪. 增强现实研究进展与核心技术(上)[J]. 信息技术与标准化,2012(6)：35-37.

❸ BIMBER O, RASKAR R. Modern approaches to augmented reality[C].//ACM SIGGRAPH 2006 Courses. New York, NY, USA: Association for Computing Machinery,2006；1-es[2022-02-14].

手持式AR一般为智能手机或平板电脑。移动设备的日益普及以及苹果、谷歌等行业巨头都发布了针对移动平台的AR开发工具包和相关支持内容，让AR不再受到设备条件及开发门槛的限制，极大地促进了移动端AR程序的发展。

在市场渗透率方面，PC显示器和移动终端略优于以AR眼镜为代表的头戴式显示器，但随着AR眼镜突破屏幕限制，未来整个物理界面可能会成为交互式AR界面。

（2）AR系统的技术路线：构建增强现实系统的方式决定了增强现实系统的整体技术路线，不同的技术路线有其特定的优势与劣势。目前，常见的AR系统有四种实现方法：光学透视（Optical See-Through）原理、视频透视（Video See-Through）原理、基于显示器（Monitor-based）以及基于投影仪（Projector-Based）的AR。

①Optical See-Through系统——基于光学原理的透视式AR系统。光学透视式是指使用者通过透视式的头戴式显示器，直接在真实世界上看到显示出的虚拟对象或环境。它的工作原理是利用部分透光的光学组合元件，使使用者可以直接透过原件看到真实世界，与此同时，光学组合元件也是部分反射的，可以让用户看到反射后的虚拟图像[1]。

②Video see-through系统——基于视频合成技术的透视式AR系统。基于光学原理和视频合成原理的实现方案都使用到了头戴式显示器，但根据具体实现原理不同，显示器的结构也有所不同。

视频透视式的AR系统使用的是不透明的HMD，在HMD上有集成摄像头负责采集现实场景的图像，然后系统进一步将采集到的外部图像与虚拟场景相合成，最后显示出来变成佩戴者看到的AR场景。

③Monitor-based系统——基于计算机显示器的AR系统。在基于显示器的AR实现方案中，用到的也是视频合成技术。摄像机摄取的真实世界图像输入到计算机中，与计算机图形系统产生的虚拟

❶ BURDEA G C, COIFFET P. Virtual Reality Technology[M]. John Wiley & Sons, 2003.

景象合成，并输出到屏幕显示器，用户从屏幕上看到最终的增强场景图片。虽然在沉浸感和体验感方面这种方法有明显劣势，因为传统的桌面或手持形式显示器是比较易得且廉价的，相比于HMD而言对于硬件的要求不高，所以也是最简单的一种技术方案。

④Projector-based系统——基于投影的AR系统。基于投影仪的实现方案是使用现实世界的物体作为虚拟环境的投影面，这也是增强现实的一类特殊分支，称为空间增强现实（spatially augmented reality）[1]或投影增强模型（projection augmented model）[2]，将计算机生成的图像信息直接投影到预先标定好的物理环境表面，如曲面、穹顶、建筑物、精细控制运动的一组真实物体等。本质上来说，空间增强现实是将标定生成的虚拟对象投影到预设真实世界的完整区域，作为真实环境对象的表面纹理，与传统的增强现实由用户佩戴相机或显示装置不同。我国现在已经很流行的柱面、球面、各种操控模拟器显示以及多屏拼接也可以归为这一类。最著名的投影增强模型的是早期的"shader lamps"。[3]

（3）系统结构的性能比较：上述几种AR显示技术实现策略在性能上各有利弊。由于基于投影的AR在效果和体验方面和其他三种方案有着明显的不同，且基于投影的方案和基于显示器的方案在某种层面上又存在着相似性，两者都是非第一人称视角的AR体验，所以在此处暂不列入比较（表5-4）。

在光学、视频和基于显示器的三种实现路线中，除了光学原理方案外，在其他实现方案中，系统都包含有两个通道的信息输入：一个是计算机产生的虚拟信息通道，一个是来自于摄像机的真实场景通道。通过摄像机来获取真实场景的过程不可避免地存在系统延迟，这是动态AR应用中虚实注册错误的一个主要影响因素。但这时，由于用户的视觉完全在计算机的控制之下，这种系统延迟可以

---

[1] Bimber O, Raskar R. Spatial Augmented Reality: Merging Real and Virtual Worlds[M]. CRC Press, 2005.

[2] Raskar R, Welch G, Low K-L, et al. Shader Lamps: Animating Real Objects With Image-Based Illumination[C]//. Gortler. S. J, Myszkowski. K. Rendering Techniques 2001. Vienna: Springer, 2001: 89-102.

[3] 周忠, 周颐, 肖江剑. 虚拟现实增强技术综述 [J]. 中国科学: 信息科学, 2015, 45(2): 157-180.

通过计算机内部虚实两个通道的协调配合来进行补偿。而在光学透视头戴设备中，真实场景的图像是经过一定程度的光线减弱后直接被眼睛接收，传输是实时的，不受计算机控制，因此不可能用控制视频显示速率的办法来补偿系统延迟。

另外，在基于显示器和视频的AR实现中，可以利用计算机分析输入的视频图像，从真实场景的图像信息中抽取跟踪信息（基准点或图像特征），从而辅助动态AR中虚实景象的注册过程。而基于光学显示技术的AR实现中，可以用来辅助虚实注册的信息只有头盔上的位置传感器。

表5-4　3种系统结构的性能比较

性能	Monitor-Based	Video See-Through	Optical See-Through
技术实现	通过摄像机来获取真实场景的图像，在计算机中完成虚实图像的结合并输出	通过摄像机来获取真实场景的图像，在计算机中完成虚实图像的结合并输出	真实场景的视频图像实时传送，不受计算机控制
系统延迟	可以通过计算机内部虚实两个通道的协调配合来进行补偿	可以通过计算机内部虚实两个通道的协调配合来进行补偿	不可以用控制视频显示速率的办法来补偿
辅助虚实注册	利用计算机分析输入的视频图像	从真实场景的图像信息中抽取跟踪信息（基准点或图像特征）	位置传感器

（4）AR中的关键技术点：AR应用的实现可以简述为以下流程：摄像头负责捕捉实时场景画面，计算后台中的视觉算法负责环境识别和相机定位，然后通过显示设备将计算机虚拟生成和真实场景的图像结合渲染后呈现出来[1]，摄像头、视觉算法和显示设备是构成AR系统的三个重要组成[2]。AR技术重点是实现虚实结合、虚实同步和交互自然三个目标（图5-42）。

---

❶ 杨智勇,张静,归丽华,等. 外骨骼机器人控制方法综述 [J]. 海军航空工程学院学报，2009,24(5):520-526.

❷ 沈毅. 试论增强现实技术的应用对烟草制造工业4.0的促进作用 [J]. 中国烟草学会学术年会优秀论文集,2017:35.

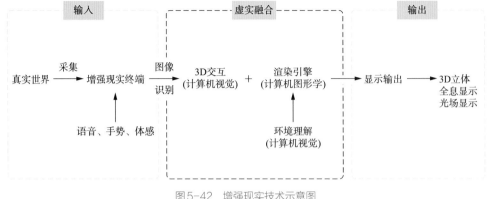

图5-42　增强现实技术示意图

（5）硬件方面：主要包括摄像头、多种传感器和头戴式显示器。

①摄像头是增强现实技术重要的硬件设备，因为需要获取现实世界真实的场景图像，涉及相机跟踪和图像定位技术等。摄像头作为一种廉价、标准、易于获取和集成的采集设备[1]，有着巨大的市场需求，行业竞争也十分激烈。特别是随着智能手机的出现，前后双摄像头已经成为智能手机的标准配置，这种现成消费级可摄像设备的普及为移动AR应用的快速发展奠定了良好的发展基础。现代的摄像头成本越来越低，尺寸越来越小，分辨率越来越高，成像质量也越来越好[2]。

在AR系统的摄像头技术路线中，主要包括单成像摄像机和多成像摄像机两种。

②多种传感器，诸如位置和角度传感器可以对相机跟踪起到重要的辅助作用，而GPS和加速度计已经成为智能手机的标配，可以被直接用于辅助实现增强现实的功能。

加速度计（Accelerometer）可以测量设备的加速度方向，以iPhone为例，一般手机用的廉价加速度计测量精度低，大多只能测量单一倾斜角，所以一般只是用来监测设备的竖直状态，实现简单的手机交互功能。而新一代的iPhone在移动设备上集成加速度计、

❶ 陈和恩. 基于单目摄像机的增强现实场景感知技术研究 [D/OL]. 广东工业大学, 2016[2022-02-15].

❷ 周忠,周颐,肖江剑. 虚拟现实增强技术综述 [J]. 中国科学:信息科学,2015,45(2): 157-180.

陀螺仪和磁力计等传感器，可以测量设备的3个旋转角度，可用于人机交互，并促进增强现实App的出现，如全景街景等。

③头戴式显示器HMD是实现光学和视频透视原理的AR的重要显示设备。HMD的定位技术是AR应用中的关键过程，定位的准确度直接决定了三维注册的精度。但实际上，近年来，HMD的其他部件，如摄像头、陀螺仪、微型投影机、微型显示屏等均在尺寸、成本和技术指标上有了很大突破，行业顶尖公司在AR穿戴式设备的技术研发和产品设计方面发挥了重要推动作用。Google glass增强现实眼镜、Oculus虚拟现实头盔等消费级产品的出现标志着HMD领域的突破性发展。Google glass在骨传导和器件集成等方面取得了突破，成功将智能手机的功能集成到小体量的可穿戴眼镜上。2013年，Vuzix、Sony、Olympus等公司纷纷跟进，发布了多款增强现实眼镜产品。2014年，Facebook公司宣布以20亿美元收购虚拟现实头盔显示器公司Oculus。2015年，微软也发布了HoloLens第一代。HMD也进入了全新的发展时期，消费级商用产品的出现让增强现实走入大众生活，也带动了AR应用和游戏、影音娱乐等消费内容的发展。

（6）算法方面：增强现实技术在软件算法方面的核心组成部分主要是识别追踪技术、交互技术和虚拟融合技术。

（7）识别与跟踪技术：要实现虚拟和真实的完美结合，必须确定虚拟物体在现实环境中准确的位置和准确的方向，否则增强现实的效果就会大打折扣。由于现实环境的复杂性和不确定性，如物体遮挡，光照不均，物体运动速度过快等问题，对增强现实系统的识别和跟踪是很大的挑战❶。为了实现虚拟信息和真实场景的无缝叠加，这就要求虚拟信息与真实环境在三维空间位置中进行配准注册，这包括使用者的空间定位跟踪和虚拟物体在真实空间中的定位两个方面的内容（图5-43）。

如果不考虑与增强现实进行交互的设备，其主要实现跟踪定位的方法有图像检测法和全球卫星定位系统法两种。

❶ 知乎. 5G+智慧校园白皮书(2020年版)[EB/OL].(2021-03-26)[2022-02-15].

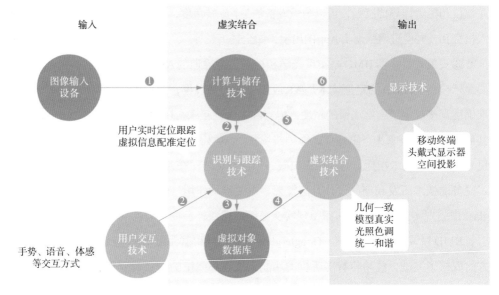

图5-43　增强现实技术原理示意图

①图像检测法——基于计算机视觉原理。这种方法也是最常见的定位方法，人们熟悉的图片识别和人脸识别等技术大多是通过图像检测方法实现。使用模板匹配，边缘检测等方法，对采集到的图像进行预处理，识别匹配预先设置的特征点或标志物，进而根据识别信息进一步计算出三维坐标系建立空间，分析确定虚拟物体的位置和方向。采用这种方法的好处是，不需要额外设备支持，且随着计算机视觉和图像技术的不断发展能够达到较高的精确度和实时性。

虽然图形检测法简单高效，但同样存在缺点。图像检测法多用于相对理想的环境，高清晰度、高质量且特征点丰富的视频流和图像信息更易于进行定位计算。但当环境（室内或室外）、光线（白天或夜晚）、距离（远或近）、遮挡（障碍物或取景方式）以及聚焦（设备对焦性能）出现问题时，都会使增强现实系统不能很好地识别出图像中的标志物，或是环境中出现和标志物相似的图像，都会影响增强现实的效果，容易造成虚拟内容的不稳定、识别慢和识别错误等。所以在选择应用场景或设计识别标志图时，也需要注意一些设计原则，尽可能排除会影响识别跟踪的环境因素，当遇到图像检测识别跟踪效果不佳时，就需要其他跟踪定位方法的辅助。

②全球卫星定位系统法——基于地理位置信息。全球卫星定位法是基于详细的GPS信息进行跟踪和确定用户在现实世界的地理位置信息，将虚拟对象或场景放置到现实环境中，让人可以在现实中观察或对虚拟对象进行互动。

这种定位方式的优势是适合于室外的跟踪定位，可以克服在复杂室外环境中不确定因素造成的影响，达到更好的用户体验，而缺点是很考验设备的性能，包括当前网络的环境。

其实在增强现实系统实际运用的环境中，往往不会用单一的定位方法来定向定位。综合多种方法的优势，能够获得更好的识别跟踪效果，实现更稳定、高效、实时、精确的AR体验。

（8）交互技术[1]：华为VR领域技术专家，高级工程师张梦晗归纳出AR产品的信息交互主要有3种类别[2]：一是由人主动发起的交互，偏向于控制，如手势交互、体感交互、语音交互等。这类交互发出的都是确定性的指令性信息，旨在正确地触达某些特定的目的，但也会耗费用户最多的精力和体力。二是由机器主动发起的交互，偏向于识别，如眼动识别、头部追踪、面部表情识别、生理信号检测等，这类交互是机器通过感知使用者的状态来发起交互行为。三是机器对环境的感知交互，如三维重建、情景感知、物体分割识别等。这一点主要适应于AR。在AR中，只有先做好对外在环境的感知，人与机器之间的交互才能顺畅。

与在现实生活中的不同，增强现实是将虚拟事物在现实中的呈现，而交互就是帮助虚拟事物在现实中更好地呈现做准备，因此想要得到更好的AR体验，交互就是其中的重中之重。最基础的增强现实人机交互就是用户查看虚拟数据。

主流的交互方式有手势交互、体感交互和语音交互三种：

①手势交互。这种交互方式也被认为是自然、直观的人机交

[1] CHUAH S H-W. Why and Who Will Adopt Extended Reality Technology? Literature Review, Synthesis, and Future Research Agenda: ID 3300469[R/OL]. Rochester, NY: Social Science Research Network, 2018[2022-02-14].

[2] 刘芳平. VR 交互探秘: 我们到底需要怎样的手部交互？ [EB/OL]. (2016-11-27) [2022-02-15].

互方式，无须中间媒介直接利用双手作为输入设备。微软发布的Hololens就主要采用了手势交互，通过手指在空中点选、拖动、拉伸以及一些特定手势操作来控制虚拟物体、功能菜单界面❶。

②语音交互。语音交互相比起手势交互可以解放双手，允许用户在交互的同时执行更多任务。现在微软Cortana、Google Now、苹果Siri、亚马逊Echo都是市面上比较优秀的语音识别助手，但还无法达到流畅、准确地识别，只能作为辅助的操作工具。

③体感交互。目前，已经有不少厂商推出了体感手套、体感枪等外设，只是这些设备功能还很单薄，还有着极大的改进空间。

另外，随着人机交互技术领域的不断拓展，逐渐出现了类似触觉接口交互、协作式接口交互、混合接口交互、多模态接口交互等新型交互方式，这些交互方式也极大地丰富了AR交互的可能性。

除此之外，还有以下一些交互技术：

（9）虚拟融合技术。增强现实的目标是将虚拟信息与输入的现实场景无缝结合在一起，为了增加AR使用者的现实体验，对真实感有较高要求，为了达到这个目标不仅要考虑虚拟事物的定位，还需要考虑虚拟事物与真实事物之间的遮挡关系以及具备4个条件：几何一致、模型真实、光照一致和色调一致，这4者缺一不可，任何一种的缺失都会导致AR效果的不稳定，从而严重影响AR的体验。

（10）AR产品的优势：

①虚实结合。AR的产品可以实现真实环境和虚拟环境的结合，不同于VR构建的封闭虚拟环境，AR虚实结合的特性让它能够很好地融入日常生活的各种场景。

②便捷性。AR可以在手机、平板等移动设备上轻松使用，无须像VR一样需要佩戴沉重的头戴式设备，对用户的使用空间也多有限制。

③发展前景好，应用领域多。AR技术容易跟传统的商业结合在一起，发展前景是VR领域不能比拟的。对于商业场所，新颖的

---

❶ 简书. AR 介绍以及技术原理 [EB/OL]. [2022-02-15].

AR技术的可以带来人气，并且消费者会推动消费者，整个商业场所在无形中得到了宣传，商业价值也随之快速提高。对于工业领域，AR技术的运用可以带来便捷，整个的生产、售后、维修等有一个提速过程，一个拥有速度、质量的工厂必定会得到更多人的青睐，同样的价值在不断地提高。

（11）AR产品的挑战：

①技术本身有待成熟。虚拟物体在真实视场的定位和显示经常会出现偏差且难以调整，若想要提高定位的精确性需要大量输入和烦琐的矫正步骤。同时，设备的带宽以及计算能力限制了实时性和渲染效果。不同于VR的全虚拟环境可控性较高，AR面临的使用场景往往更复杂、更不确定。想要达到好的AR增强效果，如虚实物体之间正确的遮挡关系、虚实光照效果的融合处理、多传感器数据融合的理论问题等，仍需对相关技术和硬件设备进行深入研究。

②价格高昂，硬件保有量少，普及仍有难度。2012年，初创公司Oculus推出了大视场低延迟的消费级HMD Oculus Rift，取得了重要突破。但到目前为止，绝大多数HMD仍然价格昂贵、标定复杂、精度和分辨率不够理想，突破性的进展不大❶。目前AR硬件的全球出货量，平均1年不超5万台。这对于一个硬件产品来说，就像一滴墨水滴入太平洋。由于硬件保有量较少，就没有人有动力去开发相应的软件和应用，进而导致硬件普及更慢。使用人数少，就导致AR产品反馈数据少，产品迭代速度受限。而现有的基于手机应用的AR体验普遍具有使用周期短、使用频率低的特点，并不能完全体现出AR技术的优势，大众对AR技术的认知还太陌生。

③需要行业共同推动完善AR应用设计知识规范。AR作为一项新兴的技术，在当下引发了一波创新和研发热潮。但是要将应用程序设计好，就需要有基础性和系统性的AR设计知识规范来指导设计者和研发者们。例如，交互界面设计规范，如苹果的

❶ 周忠,周颐,肖江剑. 虚拟现实增强技术综述 [J]. 中国科学:信息科学,2015,45(2)：157–180.

Human Interface Guidelines（图5-44）和Google的material design（图5-45），就为设计者提供了可靠且系统性的设计指导性知识，规范了设计实践中的种种流程。

图5-44　苹果的Human Interface Guidelines[1]　　图5-45　Google的material design[2]交互界面规范

　　和交互设计领域等其他设计领域相同，不少研究者已经提出了AR相关的设计知识，例如，可用性原则（Affordance）、兴趣点连续原则（Continuous POI Flow）、反馈原则（Feedback）。这类"AR设计规范"可以服务于传统的设计师（如用户界面设计师，交互设计师），可能出现的设计类新职业（AR设计师），设计类学生以及所有对AR领域感兴趣的设计爱好者，为这些人群提供一份行之有效的设计工具手册，让设计师们在设计AR应用时遵循一套经过检验的设计准则，让设计过程有理可依。

　　现有的AR应用程序、AR游戏等常常因为各种设计问题而为人诟病。如操作不符合用户的直觉、操作得不到理想的反馈、穿模等。即使现有的硬件设备无法让AR的效果十分令人满意，但是良好的用户体验依然可以让有局限的技术为用户提供足够好的体验。因此设计规范可以在设计人员的设计过程中提供纲领性的指导，保证产出的设计作品能够满足用户基本的使用需求，保证产品的可用性。同时AR设计规范的出现也能让AR设计教育成为可能，让更多对AR感兴趣的人可以更轻松地加入设计研发中。

　　现有设计规范的产生都是基于多年的理论研究以及设计实践。因此，AR作为一个全新的领域，可靠设计的规范产生也需要大量

❶ Human Interface Guidelines – Design – Apple Developer[EB/OL]. [2022-02-15].
❷ Material Design[EB/OL]. [2022-02-15].

的时间、研究以及设计实践来进行积累和检验。AR 的界面设计与已经存在的产品设计（二维）准则有着重叠的部分，如"响应方式""交互动画设计原则""可用性反馈"等。因此可以从现有的设计准则中找到部分可用的理论研究与实践经验，作为基础来进一步发展。除此之外，如果能够由业界顶尖专家团队或公司主导创建有影响力的开放性交流社区，能够促进 AR 设计知识在同行交流中不断发展进步。

（三）虚拟现实（VR）

虚拟现实（Virtual Reality）这个词是由美国计算机科学工作者杰伦·拉尼尔（Jaron Lanier）在 20 世纪 80 年代末引入的[1]。虚拟现实技术演变发展的历史大体上可以分为四个阶段：第一阶段为1963 年以前，这个阶段开始出现有声、形、动态的模拟；第二阶段（1963—1972）是虚拟现实的萌芽阶段；虚拟现实概念的产生和理论初步形成为第三阶段（1973—1989），虚拟现实理论的进一步完善及应用从 1990 年开始[2]。

1. VR 技术的发展历史

虚拟现实的概念在科幻小说中被最早构想出来，有些时候从科幻小说到现实之间差得可能仅仅只是时间。

1932 年，英国作家阿道斯·赫胥黎（Aldous Huxley）在其发表的科幻小说《美丽新世界》一书中，提到了一种类似于如今虚拟现实的设备，书中写道："头戴式设备可以为观众提供图像、气味、声音等一系列感官体验，以便让观众能够更好地沉浸在电影的世界中。"

1963 年，被誉为"科幻杂志之父"的雨果·根斯巴克（Hugo Gernsback）在杂志 *Life* 中对虚拟现实设备做了幻想。Hugo 第一次对 VR 有了具体的称呼："Teleyeglasses"，这是一个再造词，

❶ 顾君忠. VR、AR 和 MR-挑战与机遇 [J]. 计算机应用与软件,2018,35(3):1-7,14.

❷ 邹湘军,孙健,何汉武,等. 虚拟现实技术的演变发展与展望 [J]. 系统仿真学报,2004
(9):1905-1909.

由"电视＋眼睛＋眼镜"组成，清晰地描述了虚拟现实设备的构成[1]。

在代表了人类最高精尖科技水平的航空航天领域，诞生过许多现在新兴科技产品的概念雏形产品。而虚拟现实早在30多年前就被美国宇航局（NASA）用于宇航员训练。1985年，一套被称为VIVED VR的虚拟现实设备被投入美国宇航局的使用中。值得一提的是，无论是外形设计还是体验方式，VIVED VR都与如今市场上人们所了解的一些VR头显设备十分相似。美国宇航局将这套设备用于训练宇航员的临场感，以便他们能在真正进入太空环境后更好地工作。

1987年，任天堂公司推出了Famicom 3D System眼镜，通过和任天堂电视游乐器连接使用，这也是VR被最早应用于娱乐游戏领域的设备原型。

1990年，美国VPL Research公司的创始人杰伦·拉尼尔（Jaron Lanier）在1990年创造了VR（Virtual Reality）这个词，解释为用立体眼镜和传感手套等一系列传感辅助设施来实现的一种三维现实。这也是VR第一次正式被命名并一直沿用至今。与此同时，VPL Research公司也是第一家将VR设备推向民用市场的公司，只不过价格过于昂贵——高达5万美元，在当时近乎一个天文数字。

而1990年以后，新的VR产品陆续出现，如1993年世家公司推出的SEGA VR，1998年索尼推出的类虚拟现实设备Glasstron，还有老牌游戏公司任天堂推出的Virtual Boy等。

2014年，著名虚拟现实公司Oculus被Facebook以20亿美元收购，这个新闻让虚拟现实VR再一次闯入公众视野，受到资本和市场的强烈追捧，形成了VR热潮。自此，VR行业经过了漫长的发展，稳步踏上了产业化的路径，许多相关产品开始应用落地。

到了21世纪，计算设施和智能手机越来越强大、高清晰度显示和3D图像能力剧增，VR迅速发展。各种头盔（如Google Cardboard，Samsung galaxy Gear，Oculus Rift，HTC vive）的问世，

---

[1] 博客园. VR发展简史 – June30 – 博客园 [EB/OL]. (2016-06-29)[2022-02-15].

大幅推动了VR的发展。

VR系统主要可以分为沉浸式和非沉浸式两种形式。

（1）沉浸式VR系统：利用头戴式显示器、位置跟踪器、数据手套等各种交互设备把用户的视觉、听觉和其他感觉完全同现实世界隔离开来，使得用户成为虚拟世界中的参与者，通过交互设备操作和驾驭虚拟环境，在生理和心理上都产生一种身临其境的真实感受。

（2）非沉浸式VR系统：这类VR系统又称"桌面式VR"或"窗口VR"，它是利用个人计算机或图形工作站等设备产生三维立体空间的交互场景，利用计算机的屏幕作为观察虚拟世界的一个窗口访问虚拟环境，360°图像、视频或其他3D环境，并使用诸如操纵杆、鼠标或手套等外围设备进行监控以控制移动和探索，实现与虚拟世界的交互（图5-46）。

VR和AR从本质上有非常多相似之处，而在许多关键的技术方面，VR和AR核心技术有很大重合，如几何/物理建模技术、渲染技术、实时真实感绘制技术、跟踪注册技术、显示技术、系统开发工具和应用技术等，这些技术的发展共同推动着AR和VR的创新突破。

图5-46 非沉浸式虚拟现实VR效果

2.VR/AR技术发展国内外对比[1]

在技术实力及人才储备方面，我国相关企业的技术实力和人才储备，尚且无法与微软、谷歌、三星、索尼、facebook等跨国公司抗衡。对虚拟现实技术普及所依赖的轻小型设备、智能获取、虚实融合等研究方向，国内大多处于跟踪探索阶段。在关键设备、快速完整系统开发和大范围应用方面仍存在不足，与国际先进研究和应用水平总体上尚存在差距，有待继续培育和发展。

在显示技术方面，我国与国际一流水平差距不大，但仍须强化对部分前瞻领域的技术攻关。在变焦显示及光场显示方面，国内外差距较大，且持续增大中。在国内外光波导技术方面，目前世界各大公司，包括微软、苹果和谷歌都在大力投入相关的技术研究，并可以小批量出货，如HoloLens、MagicLeap One等。我国在该领域的研究主要集中于实验室阶段，主要是采用电子束曝光、激光干涉曝光等方式进行试验的验证，不能够批量生产，无法满足快速发展的AR行业产品需求，批量化工艺研究落后于发达国家。国外的共轴空导会有不同形式的光学设计方案，但主要在成本、体积、图像质量等方面有不同侧重。

在系统开发工具和应用技术方面，国内起步较晚，目前没有相对成熟的系统开发工具，国内亟待在这方面有所突破。眼下虚拟现实内容制作的系统开发平台主要以国外的Unity和Unreal引擎为主，同时涉及通用API以OpenXR为代表。

在跟踪与注册技术方面，国外以美国和德国为代表，起步较早，多个行业巨头与业内知名科研单位有着非常深厚的技术积累。目前国内正在快速发展阶段，在人工智能技术的结合下部分技术逐步处于领先。

在几何建模、物理建模、实时真实感绘制、增强现实等VR传统技术研究方向上，目前我国高校与研究所已基本解决了相关的理论和技术难点。大大缩小了与工业发达国家的差距，但影响面较窄、研发成本高昂，在成本、易用性和普及性等方面亟需提高。当

[1] 马珊珊. 人工智能时代的 VR/AR 典型应用与标准体系研究 [J]. 信息技术与标准化，2020(8) : 10–18.

前国内外均有著名科研单位在环境建模技术（三维重建）上积累多年，差距不明显，但国外在研发开源程度和商业化软件的推进上具有明显优势。

与国外相比，国内在体感交互这一领域发展相对比较滞后。我国现阶段的体感交互设备多为国外体感交互产品问世后在其基础上的应用开发与方向性原创性的体感交互设备尚不够成熟。国内外学界关于眼动跟踪技术的研究主要集中在图像中眼睛及关键点的定位与注视点估计这2个方面。由于国内眼动跟踪技术研究时间较短，现在成熟的工业产品不是很多。

近年来，虚拟现实增强技术已经取得了显著的技术进步，特别是在产业界的普及型需求和积极推动下，展示出强劲的发展前景。增强现实技术已经得到了学术界和产业界的广泛关注，在硬件装置、跟踪精度、虚实合成等方面正在快速发展和提高。

（四）混合现实（MR）

相比虚拟现实VR和AR，MR类的产品较少，并且以目前的技术发展AR和MR之间的区分并不十分清晰。有些产品则是针对某个特殊应用场景进行设计的，如工业维修，所以普通消费者对于MR产品比较陌生。

在商业领域，MR还有无限的可能性。目前，混合现实技术尚处于起步阶段，这可能成为众多VR和AR开发人员的梦想。这是因为混合现实可以将此时此刻的真实情况与虚拟现实融为一体，在理想情况下的MR技术中，虚拟物体和真实物体将无法被肉眼分辨出来，即无法识别出哪些物体是虚拟的，哪些物体是真实的。但目前的技术距离真正实现这样的效果还有很大距离。

微软开发的Hololens❶是目前比较有代表性的MR产品。沃尔沃基于Hololens开发的MR应用（图5-47），用于汽车设计和展示，

---

❶ Wagner D, Schmalstieg D. First Steps towards Handheld Augmented Reality[C].// Seventh IEEE International Symposium on Wearable Computers, 2003. Proceedings. White Plains, NY, USA: IEEE, 2003: 127-135[2022-02-14].

图5-47　沃尔沃基于Hololens的混合现实应用

使客户更透彻、更深入地了解汽车的内部构造和整体性能。应用能够支持多人本地协同，还可以实现不同设备间能保持独立的交互操作（如进行选色操作和配件定制）。

三、脑机接口技术

长久以来，人们一直推测脑电图活动或其他大脑功能的电生理测量方法可能为向外部世界发送信息和命令提供一种新的非肌肉通道，创造出一种硬件和软件通信系统，通过使用从脑电活动产生的控制信号使人类能够与周围环境交互，而无须周围神经和肌肉的参与[1]，也就是现在被我们称为脑机接口的技术。

脑机接口（BCI，Brain-Computer Interface）是在大脑与外部设备之间建立的不依赖于常规大脑信息输出通路（外周神经和肌肉组织）的一种人机交互技术，可以为无法通过常规信息输出方式完成日常行为的人提供新的人机交互手段[2]。脑机接口技术允许大脑活动控制外部设备，如计算机、语音合成器、辅助设备和神经假肢等。作为智能康复机器人研究的方向之一，BCI在康复治疗和运动

---

[1] 朱玉连,梁思捷. 脑机接口技术治疗脑卒中后运动功能障碍研究进展 [J]. 康复学报, 2020,30(2):162-166.

[2] 蒋勤,张毅,谢志荣. 脑机接口在康复医疗领域的应用研究综述 [J]. 重庆邮电大学学报:自然科学版,2021,33(4):562-570.

辅助中具有重要的研究价值，并在神经康复、功能假体辅助以及神经状态监控等方面取得了许多突破性进展。

脑机接口是当前神经工程领域中最活跃的研究方向之一。BCI技术起源于20世纪70年代，近年来随着计算机技术、生物科学、电子信息、信息通讯、神经科学等领域的飞速发展，人们对BCI技术的研究也取得了突破性的进展[1]。近年来，不断增强的计算能力以及统计学理论和机器学习成果的不断进步，使脑机接口技术得以飞速发展，相关领域的文献成倍增长。人们已经可以利用BCI技术在电脑桌面上移动光标，甚至可以输入字符。在军事训练方面也得到了应用，飞行员可以通过BCI模拟器对飞行模拟器进行控制。一些实验室已经可以通过BCI技术从猴和鼠的大脑皮层上记录脑电信号来实现运动控制。实验让猴想象给定的任务动作而不进行任何实际运动便可以操控屏幕上的移动光标，而且可以控制机械手臂来完成一些简单的任务动作。另外在猫身上进行的研究对视觉信号也完成了一定的解析[2]。

如今，科学家们对大脑功能有了更深入的新理解，同时伴随着强大的低成本计算机设备的出现以及现代社会对残疾人群需求和潜力的高度关注，在这种种条件的鼓励下，产生了许多富有成效的BCI研究项目。脑机接口技术被科学家认为在生物医学、神经康复和智能机器人等领域具有重要研究意义和巨大应用潜力，潜在的用途包括重残患者们的感官运动能力，为患有严重神经肌肉疾病（如肌萎缩性侧索硬化症、脑萎缩和脊髓损伤）的患者开发新的增强通信和控制技术。BCI被誉为是闭锁综合征（Locked In Syndrome）患者的福音，这类患者意识清楚，但因身体不能动，不能言语，科学家正在研究如何利用脑机接口技术来为他们提供基本的日常交流功能，以便他们能够表达自我需求，尽可能帮助他们过上正常的生活。尽管科学进展迅速，成功的临床和社会应用范围仍然有限。

❶ 李方博,刘方毅. 脑机接口研究概述 [J]. 电子世界,2017(21):74-76.
❷ 孔丽文,薛召军,陈龙,等. 基于虚拟现实环境的脑机接口技术研究进展 [J]. 电子测量与仪器学报,2015,29(3):317-327.

脑机接口的工作原理分为五个阶段：信号采集、预处理或信号增强、功能提取、分类和控制接口，这个过程可以被概括为：收集大脑信号，对信号进行一定的分析处理，然后向连接设备输出命令（图5-48）。

信号采集阶段：捕获大脑信号，还可以进一步执行降噪和人工处理。

图5-48　脑机接口技术的五个工作阶段

预处理阶段或信号增强：以合适的形式准备信号以供进一步处理。

特征提取阶段：捕获到的大脑信号与其他来自时间和空间重叠的有限大脑活动信号混合在一起，从中提取出特征信息向量是一项非常具有挑战性的任务。此外，信号通常是非静止的，可能被EMG或EOG等伪影扭曲。

分类阶段：对信号进行分类，同时考虑特征向量。

控制阶段：最后，控制接口将机密信号转换为任意连接设备（如轮椅或计算机）的有效命令。

（一）脑机接口BCI的类型

1. 非侵入式（无创）Non-invasive

在头皮上放置体外电极来采集EEG信号，得到的信号称为头皮脑电。常见的用于研究大脑的非侵入性技术有脑电图（EEG）、脑磁图（MEG，Magnetoencephalography）、正电子发射断层扫描（PET，Positron Emission Tomography）、功能磁共振成像（FMRI）、近红外光谱（FNIRS）。最常见的非侵入式技术是脑电图，因为它的技术成本最低，相关设备体量最小，且无须向体内进行注入行为。以下对三种非侵入式技术进行简单介绍（图5-49、图5-50）。

信号处理

- 头皮脑电EEG
- 皮质脑电ECoG
- 功能性近红外光谱FNIRS
- 功能性磁共振成像FMRI

- 小波变换
- 傅立叶变换
- 拉普拉斯滤波器
- 空间滤波

- 机械臂
- 轮椅
- 鼠标
- 拼写器
- ……

大脑信号采集

外部设备

图5-49　脑机接口BCI模型

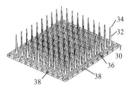

非侵入式Non-invasive　　半侵入式Semi-invasive　　侵入式Invasive

图5-50　脑机接口BCI的3种类型

（1）脑电图：脑电图记录头皮表面的大脑电活动。电极被放置在头皮上以获取大脑产生的电流。当神经元放电时，会形成偶极子，在突触处有较低的电压，在轴突处有较高的电压。如果是抑制性神经元，偶极子就会翻转，轴突的电压较低，突触的电压较高。EEG的优点是仪器往往是便携式的，可以放入一个小手提箱中（与EEG相比，MEG需要建造专门的房间）（图5-51）。实验室级EEG系统较昂贵，但比其他BCI方法便宜。近年来，已经发布了越来越多的商业EEG系统。

（2）脑磁图：它是一种功能性神经成像技术，通过使用非常灵敏的磁力计来记录大脑自然产生的电流产生的磁场，从而达到控制大脑活动的目的。与脑电图相比，它提供了更好的空间分辨率[1]。脑磁图在检测大脑高频活动方面优于脑电图。这是因为磁场穿过颅骨和头皮，而电场是通过这些组织传导，从而降低了高频时的

---

❶ LIN P T, SHARMA K, HOLROYD T, et al. A High Performance MEG Based BCI Using Single Trial Detection of Human Movement Intention[M/OL].//Functional Brain Mapping and the Endeavor to Understand the Working Brain. IntechOpen, 2013[2022-02-15].

信噪比 ❶。

正电子发射断层扫描PET是一种核成像技术（图5-52），用于医学中以观察不同过程，如血液流动、新陈代谢、神经递质。该技术通过将少量放射性示踪剂注入血管，经由血液循环抵达脑部。在大脑中，放射性示踪剂会附着在葡萄糖上并产生一种放射性核素 ❷。当大脑活动使用葡萄糖时，它会根据不同区域的活动水平而显示出不同的反应水平。PET扫描的图像是彩色的，其中活动较多的区域以较暖的颜色显示为黄色和红色。大脑的PET扫描通常用于检测癌症或其他疾病。如图5-51所示，这张照片展示了一个典型的PET设备，配备了ECAT Exact HR + PET扫描仪，像这样的PET扫描仪正逐渐被将PET和CT扫描仪组合为单个PET/CT成像设备的系统所取代。

（3）半侵入式（有创）Semi-invasive：通过放置在脑表面上的电极来测量大脑皮层的电活动，电极需要通过开颅手术放置到硬脑膜外或其下，通过这种方法测量到的是ECoG信号。

因为ECoG信号是不经过头皮测量到的，所以比EEG信号拥有更高的空间分辨率，不受噪声和伪影的影响，且半侵入式相较于侵入式，

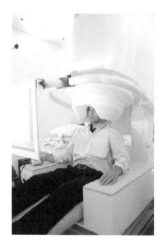

图5-51　患者在MEG扫描仪

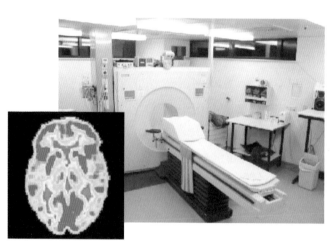

图5-52　典型的PET设备

❶ LAL T N, BIRBAUMER N, SCHÖLKOPF B, et al. A Brain Computer Interface with Online Feedback Based on Magnetoencephalography[C/OL]. //Proceedings of the 22nd International Conference on Machine Learning-ICML'05. Bonn, Germany: ACM Press, 2005: 465-472[2022-02-15].

❷ Positron Emission Tomography(PET)[EB/OL]. [2022-02-15].

因为无须穿透大脑皮层，所以在临床长期实践中表现出较低的风险。

2. 侵入式（有创）Invasive

将电极植入皮质，直接获取脑实质内信号。在神经外科手术中，侵入式（有创）类型的BCI直接植入大脑。单个单元脑机接口，它能检测来自单个区域的脑信号，多个单元BCI能检测来自多个区域的脑信号。这种类型的BCI，信号的质量是最高，但是该过程存在一些问题，例如，存在形成疤痕组织的风险。身体对异物起反应，并在电极周围形成疤痕，这会导致信号变差。因为神经外科手术是一个危险且昂贵的过程，所以侵入性BCI的目标人群主要是盲人和瘫痪患者❶。

（二）BCI主要应用形式

脑机接口技术有五大应用方向（图5-53）：一是增强，主要是针对健康人而言，能够实现身体机能的扩展；二是替代，用以取代由于脑损伤或者疾病而丧失的自然输出。例如，通过BCI技术可以实现"无声通信"，将人类语言进行数字编码，形成语言数据库，将人们所想的话语转换为文字信息，显示在用户界面当中，进而转换为声波信号进行信息交流，甚至可以直接编码为声波信号与他人

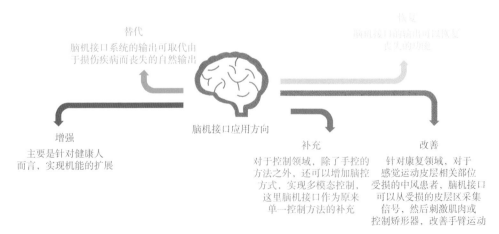

图5-53　脑机接口五大应用方向

❶ 脑机接口社区.快速入门脑机接口：BCI 基础（一）[EB/OL].(2020-08-24)[2022-02-15].

进行信息传递❶；三是恢复，利用脑机接口技术恢复丧失的功能；四是改善。例如，针对康复领域，对于感觉运动皮层相关部位受损的中风患者，脑机接口可以从受损的皮层区采集信号，然后刺激肌肉或控制矫形器，改善手臂运动；五是补充，脑机接口可以作为一种新型辅助交互方法，作为传统单一交互手段的补充，实现多模态人机交互。基于以上应用方向，目前脑机接口主要有四大应用形式。

1. 新一代人机交互界面

基于BCI技术的人机交互界面操作效率更高，利用范围更广。BCI技术的发展可以使人们通过简单的手势就能操作NUI界面，而NUI界面的普及也将推动教育的普及，由于具有无纸化的性质，信息传递将更加方便快捷，使教学质量有质的飞跃❷。

2. 基于VR的脑机接口

与传统虚拟现实技术不同，BCI技术能够突破性改变人与虚拟对象的交互方式。对视觉障碍或听觉障碍的人来说，如果能将使用者周围的声音和景象转换为电信号，通过BCI技术传递到使用者脑中，使其能够"听见"或"看见"。人工耳蜗是迄今为止最成功、临床应用最普及的脑机接口，通过将声波转换为经过特殊编码形式的电信号，经由植入大脑皮层的电极直接刺激与听觉相关的神经细胞，进而让听觉障碍者恢复或者重新建立新的听觉系统❸。

3. 智能机器人远端控制

BCI技术的一大应用形式就是使用大脑信号来控制外部设备，目前已经有研究使用BCI完成对机械臂、人形机器人等的简单控制，这些应用在提高瘫痪或运动障碍者日常生活质量方面有很高的应用价值❹。也许随着技术的深入研究，未来人们可以通过BCI技

❶ 李晨熙,孟庆春,鄂宜阳,等. 脑机信息交互技术综述 [J]. 电脑知识与技术,2019,15(3):184-185.

❷ 徐振国,陈秋惠,张冠文. 新一代人机交互:自然用户界面的现状、类型与教育应用探究——兼对脑机接口技术的初步展望 [J]. 远程教育杂志,2018,36(4):39-48.

❸ 周忠,周颐,肖江剑. 虚拟现实增强技术综述 [J]. 中国科学:信息科学,2015,45(2):157-180.

❹ CHAMOLA V, VINEET A, NAYYAR A, et al. Brain-Computer Interface-Based Humanoid Control:A Review[J]. Sensors(Basel, Switzerland),2020,20(13):3620.

术远程控制机器人用于实际生活中的各种场景，通过对机器人的思维操控，可以使机器人代替人类执行一些高危工作，又或者是将人们从繁重的劳动中彻底解放出来。

4. 基于BCI的人工智能算法

ZD Net的技术专家记者乔·贝斯特（Jo Best）写道："几十年来，研究人员一直对BCI的潜力感兴趣，但这项技术的发展速度远远超过许多人的预测，这主要归功于更好的人工智能和机器学习软件。"[1]Neuralink公司就在研究如何使用BCI技术来将大脑内的想法直接解释为语言的形式，并将它们与人工智能算法结合。这项研究最初是作为帮助神经系统疾病患者的一种方式，但公司创立者畅想未来这一技术能够成为人类与人工智能的沟通方式。基于BCI技术的人工智能算法的完善，将为人们提供更为智能的人机交互方式。人工智能技术可以应用于生活中的方方面面，智能家电、汽车的无人驾驶技术等，都将为人们的生活和出行带来便利。

（三）脑机接口技术面临的挑战

脑机接口技术具有较高的不稳定性和不可靠性，在实际运用中往往被认为与其他技术手段相比过于复杂，因为大脑中可检测到的信息的分辨率和可靠性有限，且变异性高。此外，脑机接口系统需要进行实时信号处理，这种技术手段罕见且非常昂贵。现有BCI技术水平下信息传递速率低，当下带宽依然不够高。由于脑机接口技术直接与大脑相关，长期与电子设备的接触可能对大脑造成损伤，同时神经科学对大脑认知还很不够，在疾病、运动、认知方面依然存在诸多未解决的问题。在公共怀疑与道德伦理的接受度方面，脑机接口技术也不太受欢迎，因为通过大脑活动来破译思想或意图的想法常常因为太反常规而被大众所抵触。因此，大脑活动领域的研究通常局限于临床神经紊乱的分析或在实验室中对大脑功能进行

---

[1] We Are Underestimating Artificial Intelligence and BCI | Inside Higher Ed[EB/OL]. [2022-02-15].

探索。

　　随着BCI技术在康复医疗领域的不断发展，专家们已经证实可以通过BCI技术恢复患者的部分感觉功能，如听觉和视觉。但BCI技术还无法广泛应用于临床治疗，相关技术和理论还并不成熟，仍需进一步深入研究。相信在未来，随着相关技术的不断突破，BCI技术能够真正走入我们的日常生活，未来BCI技术甚至可以像电影或科幻小说里那样，成为类似智能手机一样普遍的新一代移动终端，无须键盘或语音指令，直接感知人类的想法并立刻做出反馈。

四、其他关键技术

（一）人体兼容技术

　　近年来，表皮电子学和交互式纺织品等新技术开始出现，研究者们利用这些技术手段设计出许多柔性和可拉伸的电子设备，从而更好地使设备与人体紧密结合在一起。设备与身体的融合需要设计者们重新思考设备的部署、维护以及与周围环境的连接。因此，人体兼容技术可以分为关键类型的人体兼容技术、用于集成的材料、用于身体的知识技术以及连接身体与世界的技术。

1. 人机融合用材料

　　用于人机融合的材料应当具有以下特点：

　　（1）生物相容性：由于人机融合设备往往与人体是近距离接触的，所以需要比传统的交互设备，如手机、智能手表或头戴式显示器等，具备更高的生物相容性。同时，设备与人体的融合方式也决定了其应当具备多高的生物相容性，例如，接触表皮的设备只需要具备皮肤兼容性，而植入的设备必须满足更高的要求以避免免疫系统反应。举例来说，一个完整的植入物不应当存在潜在过敏原，如镍等。

　　（2）小型化：尽管近年来科学家们一直在研究如何让可穿戴电

子设备具备更小体量，但大多数可穿戴设备仍然过大，无法被融合到人们的身体中。同时，外形尺寸较小的设备也具有更高的穿戴舒适性和便捷性。这对于处理单元、电池或者传感器以及输入输出元件的尺寸都有更高要求。

（3）可变形性：人机融合设备应当是可变形的，以便具备更好的灵活性、柔韧性、可伸缩性和可控性。可控性可以让设备更加稳定耐用，从而在接收伤害和冲击方面有更好的表现。柔韧性则是保证设备在人体出现弯曲等情况下也能良好契合的重要因素。

2. 定制化技术

人机融合的设备应当能够适应人体的各种形状和尺寸，并且最好是能够为每个独立个体进行自动校准适应。因此，需要一种"量体裁衣"的技术方法。除了不同个体在身体尺寸和形状上的差异，穿戴物的装饰性作用也是不可忽略的，这也是决定用户体验的一大衡量标准。设计者们在实际设计中需要重视人机融合设备的文化和艺术构成，以便提高这些设备的市场接受度。

定制化技术和工业上的大规模制造技术之间存在矛盾，后者是研究如何低成本大量生产相同的设备，这种情况下定制化难以被完成。现有的一种解决方案是产品模块化，在大规模制造单个外形的基础上，允许用户进行后续的定制化调整。3D打印技术的发展也为定制化提供了可能性。但在目前高度个性化的定制设备仍然是高时间和金钱成本的。除了制造步骤外，还需要考虑整个设计的过程，例如，如何更简单地收集用户的尺寸等信息，以及能否为用户提供创新的计算机辅助设计软件以便用户能够轻松参与设计过程。

3. 网络下的人机融合设备

人机融合设备通常需要与互联网上的设备或者用户周围的设备进行通信，以便存储或备份数据等。如何解决数据传输和能量消耗等问题是所有研究者们都会面临的挑战。同时，由于人机融合设备与人接触的特殊性，意味着需要更高的安全性标准，以防恶意攻击直接影响到用户身体。

（二）人机融合交互设计

人机融合设备有两个与设计相关的关键特性：一是系统可以表现出需要与用户协调的自治形式，二是系统的实时反馈与用户的感觉相融合。因此，提示系统在其自主性和实时反馈的集成方面具有独特的挑战性。

1. 整合新技术

人机融合的一个关键挑战是用于设计、开发、改进测试和评估人机融合系统的共同概念和工具，特别是许多人机融合系统包含提供新型交互的新技术。这类技术手段都借鉴了生理学、化学、神经生理学等学科，这些学科的加入对于传统的人机交互研究来说是比较创新的，但研究门槛也相应提高。因此，新技术就像新材料一样需要被分析和描述，可能需要为这些技术开发一些工具包，以便设计者更容易将这些新技术手段应用到人机融合应用中。

2. 隐式交互设计

人机融合的一个特征是系统将会由人和系统共享代理权，而设计人员面临的一大关键挑战是确定系统的哪些部分应具有代理权，以及在多大程度上提供代理权。自动化技术替代了部分用户在体力或者认知方面的努力。随着系统的发展，显式控制逐步转向自主控制，交互逐渐从通过技术探索世界的单一实体转变为独自探索世界的代理系统。在这种转变中，虽然出现了越来越多的接口支持开发者实现人机的共享代理，但还没有成熟完善的设计框架来指导设计者如何赋予系统代理权，这也是未来人机融合领域的重要研究方向。

3. 知觉透明度

当用户在应用程序中查看天气信息时，会得到一个代表室外温度的数字，将这个数字与用户的生活经历进行参照，从而推断出它代表了什么感觉。这个解释信息的过程是解释学的研究范畴。人们感知信息时，往往通过不同的策略来解释这些信息，因为信息可能是象征性的，需要用户的解释。在人机融合的阶段，希望通过某种提示系统来实现用户和设备之间的直接感觉传递，这种传递也可以被称为"感知透明"。

人机融合引领创新设计

一、从"人机交互"迈向"人机融合"

回顾人机关系的历史，可以发现用户与计算机之间的对应关系在不断变化（表5-5）：最初的大型机时代，通常是一台机器对应多个用户；随着个人计算机的出现，人机关系转变为一台机器对应一个用户；手机等便携式移动设备的出现，让用户可以同时处理多台设备，由此人机关系进入单用户对多机器的阶段。当今的泛在计算时代，多机器对应多用户的关系随着计算能力与计算问题的发展应运而生。但展望未来，科学家们预测人与计算机之间的界限将会越来越模糊，下一个时代的人机关系或许难以用人机比率这样的显著特征进行描述，这种人与计算机紧密集成的新人机范式可以被称为"人机融合（Human-Computer Integration，HCI）"。在人机融合的时代，仅仅考虑用户与设备之间的交互已经不够，还必须应对用户和设备之间集成的挑战和机遇，人机融合语境下用户和技术将在更广泛的物理、数字和社会环境中共同形成一个紧密耦合的系统。

表5-5　不同时代下的人机关系

时代	人：机
大型机	N：1
个人计算机	1：1
手机等移动设备	1：N
泛在计算	N：N
人机融合	人机模糊边界

在个人层面，人机融合主要表现为感官融合，计算机将直接向人类感官提供信息，而不是通过旧有的符号表示的模式，同时计算

机能够通过生物传感技术了解或预测出用户的隐性需求。从社会层面看，处于人机融合阶段的人类和计算设备（Interface Agents）将为了实现共同的目标而协同努力。因此，人机融合的研究重点与传统人机交互不同，研究重点问题将从研究"我们如何与计算机进行交互？"迈向"人与计算机如何融合"的方向。

图5-54中展示了人机融合的维度划分以及类别，x轴代表的是从完全由人来控制的设备（左）到人机共同控制的计算机（中）以及完全由设备本身的技术控制的系统（右），y轴表示融合发生的规模，顶部区域代表了与技术融合的整个文化，底部代表微观层面融合的细胞和细胞器。这两个维度共同标绘了人机融合可能方式的集合，其中有两种类型的集成方式（分别用蓝色区域和粉紫色区域表示）——共生Symbiosis和融合Fusion。

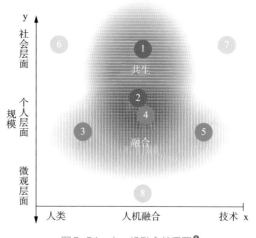

图5-54 人—机融合关系图[1]

共生指的是人与数字技术协同工作的系统。在共生类型的人机集成里，代理权是在人类和数字系统之间共享的，这种共生式集成可以发生在个人层面上，也可以发生在一群人和技术系统之间。在多数情况下，数字系统可以在没有人参与的情况下持续为人类工作，例如，自动驾驶场景。在个人层面上，共生中人和数字系统之间有反馈增强的系统。判断共生融合的关键特征不是计算机支持由软件进行代理或者这种代理是智能的，而是这种代理权真正在技术和人类的协同行动中被共享。例如，电信技术已经成为我们文化中的一个组成部分，但是它没有任何自主机构。

融合指通过设备扩展有感官的人体或者通过人体扩展设备。融合只发生在个人层面上，而且通常会影响用户身体，如肢体或者感觉。与需要共享代理的共生不同，融合可以贯穿整个机构范围。融合系统的一个关键特征是没有符号化表示的信息，而是通过具体的肢体动作、感官等自然的形式进行双向人机交互。在这种状态下，融合系统不需要人类的明确输入，而被表现为人体本身的延伸。举例来说，智能义肢、外骨骼机器人、脑电接口等都是人机融合系统。但也并非所有技术和人体物理连接的系统都属于融合系统，例如，仅仅将单个器官增强到感知阈值以下而没有任何拓展功能的设备，如心脏起搏器，虽然设备被植入人体，但既不向用户提供接口，也不向用户提供任何代理。

共生和融合不应该被理解为是粗暴的技术分类，而是描述了人与技术之间的交互关系。例如，对于一个 AR 智能眼镜来说，其中既有共生的部分，如信息提示等功能，也存在融合的部分如视觉增强。因此人机融合方面研究更多的是鼓励人们分析人和技术是如何进行整合，例如，研究代理是如何在人和设备之间进行分配，或者人和设备的整合类型是通过肢体、观感还是人机界面进行的。

人机融合理论着重描述一种由人—机—环境系统相互作用而产生的新型智能形式，它既不同于人的智能也不同于人工智能，它是一种物理性与生物性相结合的新一代智能科学体系❶。

传统人机交互和人机融合之间的区别，通俗来讲，人机交互技术主要涉及人脖子以下的生理心理工效学问题，而人机融合智能主要侧重于人脖子以上的大脑与机器的"电脑"相结合的智能问题。人机融合的优越性在于在人机融合的不断适应中，人将会对惯性常识行为进行有意识地思考，而机器也将会从人的不同条件下的决策

❶ 吕菁. 媒介融合的背景、现状与展望 [J]. 贵州师范学院学报,2011,27(11):39-41.

发现价值权重的区别。人与机器之间的理解将会从单向性转变为双向性，人的主动性将与机器的被动性混合起来。人处理其擅长的"应该"（Should）等价值取向的主观信息，而机器不仅处理其擅长的"是"（Being）等规则概率的客观数据，同时也将从人处理"应该"（Should）信息中优化自己的算法，从而实现人+机器既大于人也大于机器的效果（图5-55）。

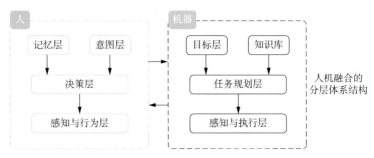

图5-55　人—机融合分层体系结构

人类通过后天完善的认知能力对外界环境进行分析感知，机器通过探测数据对外界环境进行感知分析，相同的体系结构指明人类与机器可以在相同的层次之间进行融合，并且在不同的层次之间也可以产生因果关系。

人机融合可以表现为一个"人类—信息—物理"融合系统，它可以通过身体和脑部传感器检测人的认知行为，推断用户的意图。例如，城市大数据系统也是一个典型的人类—信息—物理融合系统，它集成和融合信息空间（如政府和组织机构的数据）、物理空间（如监控摄像头、智能手机等）和人类社会空间（如群智感知和移动社交感知）的信息来实现对城市动态的高质量感知。然而，这种通过数据驱动的人类—信息—物理融合系统还没有得到深入研究。

传统的人机工程以人和物理系统为主体，构成人类—物理系统（HPS）。人机工程学研究关注的焦点是系统中人与物理系统及它们之间的关系。人机工程学的目标是人的效能和人性价值，物理系统的设计与创造可以代替部分体力劳动，让人类从生产活动中解放出来，创造更高的价值。随着信息时代到来，人类进入三元空间，三元空间中"人类—信息—物理"系统（HCPS）融合不再是简单的人机工程和人机交互，信息系统与物理系统的交互控制大大提高了生产效率，它的出现让生产方式产生了重大变化。依赖于信息系统的管理，人类可以从部分脑力劳动中解放出来，实现更高的价值，并为定制化、高质量追求、性价比追求以及个性化服务的市场需求提供保障。随着5G、大数据、人工智能等技术的发展创新，基于新一代"人类—信息—物理"系统的人机融合，可以代替大量的脑力劳动，包括部分创造性脑力劳动（图5-56）。

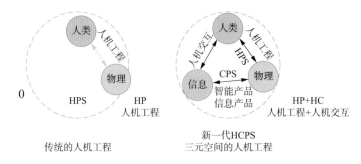

图5-56 传统人机工程与三元空间下人机工程对比

传统人机交互主要是研究人和计算机之间的信息交换过程。不仅是指在软件界面及使用上的交互，更包括了整个对话过程的体验设计，以及现在正在逐渐推广的服务设计。随着新型智能设备的发展，传统的人机交互范畴内容已经无法满足新一代人机交互的需要。《中国制造2025》《国家信息化发展战略纲要》《新一代人工智能发展规划》等战略规划中，人工智能、智能机器人、5G通信、航空航天装备、先进轨道交通装备、节能与新能源汽车、电力装备等重点攻关领域的关键技术创新和落地应用，均需要用到高效、自然、智能、新型的人机交互技术，融入脑控、眼控、手势、体感、语音、遥操作等新型交互方式，已成为智能制造、载人航天、载人登月工程、武器装备、单兵作战系统、现代教育、社会服务等领域的关注焦点。先进人机交互已经上升成为国家战略需求的关键技术❶。人机融合是指充分利用人脑的特长和计算机特长实现价值的提升。人机融合时代的一个重要特征是丰富的、实时的数据用于创新设计。

❶ 网易.《设计》专访 | 薛澄岐：人机融合、智能人机交互、自然人机交互未来交互技术的三大发展方向 [EB/OL].（2020-08-24）[2022-02-15].

二、提升人机融合的相关理论和方法

设计1.0时代的传统设计、设计2.0时代的现代设计，均是基于物理环境的创新，而设计3.0时代的创新设计则是基于信息物理环境的融会贯通与推陈出新。设计3.0时代的到来对创新设计，尤其是在创新设计人本构成要素中，对人机融合层面提出了更高要求。在人因学及工程心理学等人因学科中，以情境意识、脑力负荷和可调节自主为代表的部分理论，以及认知状态建模、基于生物电信号的控制等通用技术方法，可以作为提升人机融合水平的人因学科新理论及新方法，为人机融合创新设计提供理论和方法支撑，从而促进人机融合创新设计的发展，丰富创新设计人本构成要素内涵。

人本构成要素涵盖了三个层次的内容，即基于人机工程的创新设计、基于人机交互的创新设计与基于人机融合的创新设计（表5-6）。基于人机工程的创新设计更关注系统中人与物的关系，代表产品如工效学座椅、人机工程学鼠标等；基于人机交互的创新设计主要以用户体验为核心，以实验及问卷调查等方式实现用户体验的度量，并依据度量结果，以图形界面设计等方法进行迭代设计。随着人工智能技术的普及，智能系统的自动化程度增强，人机融合发展得到了飞速提升。基于人机融合的创新设计中，人机合理分工是人机融合的关键，人机高效交互为用户与智能系统搭起沟通桥梁。可以看出，创新设计人本构成要素中的人机融合，并非脱离人机工程与人机交互存在，而是基于人机工程和人机交互的新型人机耦合模式，其目的是建立更具时效性、准确性的信息通道。随着复杂智能系统的智能化程度的提升，用户与系统交互方式不再是单一固定的，而是动态变化的。因此有必要从人因学角度分析用户的认知状态，使智能系统感知用户的认知状态，从而实现人机合理分工和交互效率提升，以促进以用户为核心的人机融合创新设计方法的提升。

表5-6　人本构成要素层次 ❶

构成要素	基于人机工程的创新设计	基于人机交互的创新设计	基于人机融合的创新设计
面向对象	人/设计产品	电子产品界面/系统交互	人/智能系统
支撑理论	人体科学、工程科学、环境科学等理论	图形界面设计、心理学、统计学等理论	认知状态、情境意识、脑力负荷、可调节自主等人因学新理论
支撑方法	实验、调查问卷、计算机数值仿真等传统人因学方法	用户体验量化、可用性分析与评估、行为数据分析等方法	人工智能、认知状态建模、生理指标提取等方法
研究案例	人机工程座椅、人机工程鼠标等传统人机工程产品	App、网站等界面设计、消费者心理分析等	自动驾驶汽车、脑机接口、航空管制等

可调节自主理论要求智能系统自动化水平提升,人工智能方法可以赋予机器感知、表达及参与决策的智能。同时,基于情境意识与脑力负荷理论,以认知状态建模为方法可以度量用户的心理状态及认知水平,结合基于生理信息的控制策略,可以将用户与智能系统的耦合性提升,从而为人机融合的发展提供技术保障。

(一)人机融合创新设计支撑理论

人机合理分工的前提是用户的认知状态的量化,即人的认知状态动态监测问题。认知科学主要研究人脑信息的形成及转录过程,涵盖了注意、语言、学习、记忆、知觉与行为等多个方面。其中,情境意识和脑力负荷理论被大量研究证实,能够很大程度地影响操作人员的作业绩效,即影响操作人员的认知状态。另外,可调节自主理论则解释了人与智能系统之间的动态交互模式,为人与智能系统间的动态交互提供了新的理论依据。

❶ 孙守迁,赵东伟,戚文谦. 人机融合创新设计 [J]. 包装工程,2021,42(12):7-15.

1. 情境意识

情境意识（Situation Awareness）被首先提出于航空领域。随着自动驾驶技术的发展，人们越来越关注智能系统的自动化水平提升对系统中人的影响，故在驾驶领域引入了情境意识这一概念。普遍的观点是自动化水平的一味提升，往往导致用户的"离环"，用户与智能系统之间应当存在更好的交互方式，于是针对情境意识的研究显得尤为重要。

目前被广泛接受的情境意识概念是由恩兹利姆·R（EndsleyM R）提出的三阶段模型，即感知、理解及预估❶。EndsleyM R 认为情境意识包括三个等级状态：水平1（对当前环境中的元素进行感知）、水平2（对当前情境的理解）及水平3（对未来的预估），只有获得低等级的情境意识，才能获得高等级的情境意识。研究表明，情境意识缺乏或不足以被认为是由人的失误导致的事故中最主要的因素之一❷。情境意识理论如图5-57所示。

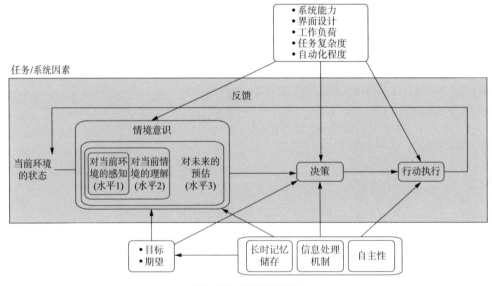

图5-57　情境意识理论

❶ ENDSLEY M R. Toward a Theory of Situation Awareness in Dynamic Systems[J]. Human Factors：The Journal of the Human Factors and Ergonomics Society,1995, 37(1)：32-64.

❷ 卫宗敏. 面向复杂飞行任务的脑力负荷多维综合评估模型 [J]. 北京航空航天大学学报,2020,46(7)：1287-1295.

目前，情境意识的评价方法主要有情境意识全面评估技术（Situation Awareness Global Assessment technique，SAGAT）、SART（Situation Awareness Rating Technique）量表及眼动测量法等。其中 SAGAT 方法主要的特点为情境意识的诱发再现[1]，即在固定任务时间点设计任务停止时间，呈现空白屏幕，让用户基于回忆给出设计的场景相关问题的答案。然而这种技术侵入度较高，并且只能在模拟器上使用。SART 为任务后测试，以主观评价的方式量化被试的情境意识，应用较为广泛。眼动测量法主要测量被试的眼动信息，如注视点位置、瞳孔直径及眼睑开度等[2][3]。

SART 量表被广泛用于情境意识的主观测量。SART 量表相对于任务的具体事件而言，更关注整体情境意识水平。SART 量表包括情境意识的 3 个组成维度，即由环境不稳定性、环境复杂性和环境变化性组成的注意资源需求（Demand on Attentional Re-sources，D），由被试清醒度、专注度、任务分配方式和心理余量组成的注意资源供给（Supply of Attentional Resources，S），以及由信息量、信息质量及情境熟悉度组成的情境理解度（Situational Under-standing，U）。SART 总得分可以用式 5-1 计算：

$$S_{sart}=U-(D-S) \qquad (5-1)$$

其中：S_{sart} 为情境意识水平得分；U 为情境理解度得分；D 为注意资源需求得分；S 为注意资源供给得分。情境意识理论作为认知状态的表征指标之一，可以较好地评价用户状态，但情境意识水平并不直接反映用户绩效水平。例如，复杂的信息环境由于提升了用户的情境理解度，导致了更高的情境意识水平，智能系统自动化水平越高，往往导致用户对任务的参与度越低，进而使情境意识水平降低。仅考虑情境意识并不足以反映用户的认知水平，故引入脑力负荷理论作为认知状态评价的补充。

[1] BAUMGARTNER N, MITSCH S, MÜLLER A, et al. A Tour of BeAware-A Situation Awareness Framework for Control Centers[J]. Information Fusion, 2014, 20: 155-173.
[2] 牛清宁. 基于信息融合的疲劳驾驶检测方法研究 [D/OL]. 吉林大学, 2014[2022-02-15].
[3] 廖源. 基于多源信息融合的驾驶员分心监测研究 [D/OL]. 清华大学, 2015[2022-02-15].

2. 脑力负荷

脑力负荷（Mental Workload）表示需要执行的任务对人脑有限的加工信息资源的需求[1]，其通常被定义为一段时间内，由任务施加给用户认知系统的认知活动总和。不同学者针对脑力负荷模型有不同理解，代表性理论涵盖谢尔丹·T.B（Sheridan T B）[2]的控制理论、丹尼尔·卡内曼（Daniel Kahneman）[3]的单资源模型及维肯斯·C.D（Wickens C D）的多资源模型等。其中，Wickens C D[4]提出的三维度资源系统模型被广泛认可，Wickens C D认为人类具有多种有限的心理资源，各种任务以这些资源为基础进行。完成任务时要调用一种或多种资源，同时调用不同资源会产生资源间的干扰[5][6]。三维度资源系统模型如图5-58所示。

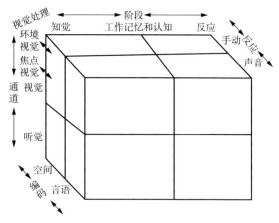

图5-58　三维度资源系统模型

[1] SWELLER J. Cognitive Load During Problem Solving：Effects on Learning[J]. Cognitive Science，1988，12(2)：257-285.

[2] SHERIDAN T B，STASSEN H G. Definitions，Models and Measures of Human Workload[M/OL]. MORAY N，ed //Mental Workload：Its Theory and Measurement. Boston，MA：Springer US，1979：219-233[2022-02-15].

[3] KAHNEMAN D. Attention and Effort[M]. Englewood Cliffs，N.J：Prentice-Hall，1973.

[4] WICKENS C D. Multiple Resources and Mental Workload[J]. Human Factors，2008，50(3)：449-455.

[5] WICKENS C D. Multiple Resources and Performance Prediction[J]. Theoretical Issues in Ergonomics Science，2002，3(2)：159-177.

[6] SARNO K J，WICKENS C D. Role of Multiple Resources in Predicting Time-Sharing Efficiency：Evaluation of Three Workload Models in a Multiple-Task Setting[J]. The International Journal of Aviation Psychology，1995，5(1)：107-130.

脑力负荷为基于人机融合的创新设计中人的认知状态提供了参考指标。通常情况下，脑力负荷随智能系统的自动化水平升高而降低，但值得注意的是，脑力负荷与用户绩效并非成线性相关关系，而是在高负荷与低负荷间存在一个最佳负荷区间[1]。脑力负荷过高则导致用户处于超负荷状态，使其不能很好地完成任务；负荷过低（往往由单一重复工作所导致）往往使用户进入疲劳状态。这是从人机融合角度考虑复杂智能系统设计时不能忽视的问题。Yerkes-Dodson定律如图5-59所示。

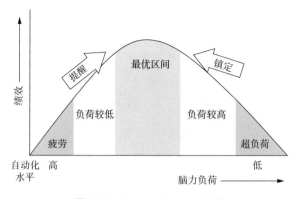

图5-59　Yerkes-Dodson定律

目前，脑力负荷的评估方法主要有任务测量法、生理测量法和主观评价法三种[2]。任务测量法也可分为关注用户主要操作任务绩效的主任务测量法和关注用户心理余量的次任务测量法。典型的主任务测量法包括测量用户的完成率、完成时间等。次任务测量法主要利用次任务唤起用户的脑力负荷提升，并对次任务的绩效进行度量，反映了用户除主任务以外的脑力负荷。典型的次任务有N-back任务、钟表任务、反应时测量任务（DRT任务）等。生理测量法[3]，即通过测量生理指标表示脑力负荷的方法。常用的生理指标有眼动指标、心率、皮电及脑电等。主观评价法通常在实验

---

[1] YERKES R M, DODSON J D. The Relation of Strength of Stimulus to Rapidity of Habit-Formation[J]. Journal of Comparative Neurology and Psychology, 1908, 18 (5): 459-482.

[2] 曾庆新, 庄达民, 马银香. 脑力负荷与目标辨认 [J]. 航空学报, 2007(S1): 76-80.

[3] 卫宗敏, 郝红勋, 徐其志, 等. 飞行员脑力负荷测量指标和评价方法研究进展 [J]. 科学技术与工程, 2019, 19(24): 1-8.

之后完成，即令用户在完成实验或观看实验视频后，通过合适的量表对任务难度及自身状态进行评价。常用的脑力负荷评价量表有SWAT量表、Cooper Harper量表和NASA-TLX量表等。

3. 可调节自主

可调节自主（Adjustable Anatomy）类似于定态的功能分配，即人和智能系统的任务分配是不固定的，而是多变且依赖于背景的。可调节自主的提出要认识到以下两点。

（1）智能系统通常在不稳定的环境中工作，这意味着静态的"自主水平"不足以保持高水平的性能。

（2）与单纯的监督相比，调整自主性对提高用户的参与水平有好处（例如，用户"离环"易导致用户情境意识水平降低）。用户擅长处理"应该"等需要进行价值判断的问题，而智能系统更加擅长处理"是"等基于客观数据进行推理的问题。用户与智能系统自主性的动态调整使用户+智能系统产生了大于用户或智能系统单独决策的效果。在以人本为核心的复杂系统创新设计中引入可调节自主理论，能够提升用户与智能系统交互效率。

古德里奇·M. A（Goodrich M A）将可调节自主解释为一个具有多个自动化水平的系统，其中用户控制其水平的变化。在每个水平下，机器在当前水平限定范围内对自己的行为拥有自主权，而用户只能通过人机界面影响机器的行为。然而其忽略了机器作为"任务管理员"的可能性。霍里·W. J（Horrey W J）[1]通过对不同的参与度下，双任务中的绩效和主观估计绩效的对比发现，在双任务条件下，次任务附加工作量难以被用户完全感知。这表明用户对参与任务的影响的估计与他们的实际表现之间存在差异，即在双任务条件下，用户倾向于高估或无法准确估计自己的能力。在涉及机器执行同等任务的绩效上尤为如此[2]。因此应该谨慎对待人作为"任务

[1] HORREY W J, LESCH M F, GARABET A. Dissociation between Driving Performance and Drivers' Subjective Estimates of Performance and Workload in Dual-Task Conditions[J]. Journal of Safety Research, 2009, 40(1): 7-12.

[2] NADERPOUR M, LU J, ZHANG G. An Intelligent Situation Awareness Support System for Safety-Critical Environments[J]. Decision Support Systems, 2014, 59: 325-340.

管理员"时的管理能力。稻垣·T（Inagaki T）❶通过对汽车辅助驾驶实验的研究，指出智能系统有权在用户无法决定和采取行动时替用户决定和采取行动。另外他指出，这种观点可能有较大的领域特异性。Wreathall J❷定义了"复原力"概念，即智能系统在受到持续性干扰或突发事故时维持或恢复原状态的能力。Zieba S❸指出可调节自主的概念建立了人与机器之间，根据环境、用户工作负荷和人机系统绩效的相关准则动态分配功能的方法。并引用"复原力"概念，提出评价复原力的指标，结合复原力提出了一种基于可调节自主的人机协作模式。Valero-Gomez A❹基于"可调节自主"概念提出了"静态可调节自主"和"动态可调节自主"，并通过实验验证了"动态可调节自主"对绩效的提升。大量研究表明，可调节自主性设计应当具备应对用户脑力负荷及情境意识变化的能力。

可调节自主的提出要求智能系统获得对用户认知状态的感知，同时也要求用户对智能系统的自动化状态有清晰的认知，因此人机融合创新设计的支撑方法可以分为两部分，即基于智能系统的人机融合支撑方法与基于用户的支撑方法。

（二）人机融合创新设计支撑方法

由上述讨论可知，第3层次的创新设计人本构成，即基于人机融合的创新设计面向更复杂的智能系统，并且复杂的智能系统是动态且多变量耦合的，用户的任务由传统手工任务转化为更多的监控、

❶ INAGAKI T. Smart Collaboration between Humans and Machines Based on Mutual Understanding[J]. Annual Reviews in Control, 2008, 32(2): 253-261.

❷ WREATHALL J. Properties of Resilient Organizations: An Initial View[M].//Resilience Engineering. CRC Press, 2006.

❸ ZIEBA S, POLET P, VANDERHAEGEN F, et al. Principles of Adjustable Autonomy: A Framework for Resilient Human-Machine Cooperation[J]. Cognition, Technology & Work, 2010, 12(3): 193-203.

❹ VALERO-GOMEZ A, DE LA PUENTE P, HERNANDO M. Impact of Two Adjustable-Autonomy Models on the Scalability of Single-Human/Multiple-Robot Teams for Exploration Missions[J]. Human Factors: The Journal of the Human Factors and Ergonomics Society, 2011, 53(6): 703-716.

决策任务。这对针对用户与智能体的交互方式提出了更高要求。故有必要探讨人机融合创新设计新的方法。人工智能的发展促进了智能系统自动化水平的提升，即作为基于智能系统的人机融合支撑方法。

同时，人工智能赋予了基于人的认知状态建模新的解决办法，并且是生理指标的特征选择与提取、基于生理指标与人工智能控制策略的重要工具，对以用户为核心的人机融合创新设计起到了算法支撑作用。

（三）认知状态建模

传统的人因学认知状态评价方法大多依赖于用户的主观评价，但用户在主观评价的同时可能会产生过于自满或自谦的情况，使主观评价结果产生偏差。另外，主观评价往往只能在实验结束后进行，不能达到人机融合创新设计对用户状态动态监测的要求，故需要针对生理指标对用户的认知状态进行建模。人的认知状态是一种复杂的生理和心理行为，在不同的情境下有不同表现形式，这为认知计算模型的建立带来难度。对人—智能系统体系中用户认知状态的建模，实质上是一种通过用户外在动态指标反推认知状态的过程，其中人工智能技术实现了由外在指标到认知状态模型端到端的建模方法[1]。

认知模型的建立为智能系统中用户状态识别的核心，在自动驾驶汽车、智能突击装备、航空领域已有较多相关研究。如刘维平等人[2]针对装甲车辆基于信息执行通道任务—网络建模方法构建了脑力负荷预测模型，量化了各作业时刻的脑力负荷，并利用脑电指标和基于粒子群算法调参的支持向量机模型，对装甲车辆成员脑力负

❶ KAPLAN A, HAENLEIN M. Siri, Siri, in My Hand: Who's the Fairest in the Land? On the Interpretations, Illustrations, and Implications of Artificial Intelligence[J]. Business Horizons, 2019, 62(1): 15-25.

❷ 刘维平,聂俊峰,金毅,等. 基于任务—网络模型的装甲车辆乘员脑力负荷评价方法研究 [J]. 兵工学报, 2015, 36(9): 1805-1810.

荷状态进行了识别。李金波等人❶采用神经网络对用户认知负荷进行了预测。德巴西勒·D. C（Debashis D C）等人❷基于脑电信号，采用双向长短时记忆与长短时记忆算法，对无任务和多任务活动进行了脑力负荷建模。靳慧斌等人❸基于眼动和绩效，以最近邻算法建立了航空管制员眼动特征与情境意识的映射等。

　　对于一般认知计算建模过程可简要归结为以下几个步骤：首先，对获取的多源原始信号进行滤波及分段等信号预处理操作，并提取特征向量；其次，采用滑动时间窗等方法对数据进行融合处理，由于初步拟定的特征空间往往存在无效、冗余及关联的指标，需要对特征向量进行特征选择与提取；再次，将其作为模型的输入端，进行后续的分类及回归操作；最后，通过检验方法完成对模型的性能讨论及验证。一般认知计算建模流程见图5-60。一些非侵入式的生理指标，如脑电信号、眼动信号、皮电等，随任务进行而不断变化且易于获取，故生理指标的提取对用户状态的实时动态监测起到关键作用。

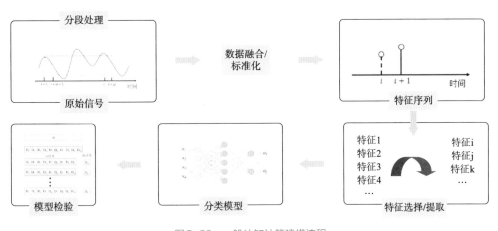

图5-60　一般认知计算建模流程

❶ 李金波,许百华,田学红. 人机交互中认知负荷变化预测模型的构建 [J]. 心理学报,
　　2010,42(5):559-568.
❷ DAS CHAKLADAR D, DEY S, ROY P P, et al. EEG-Based Mental Workload Estimation
　　Using Deep BLSTM-LSTM Network and Evolutionary Algorithm[J]. Biomedical Signal
　　Processing and Control,2020.
❸ 靳慧斌,刘亚威,朱国蕾. 基于眼动和绩效分析的管制员情境意识测量 [J]. 中国安全
　　科学学报,2017,27(7):65-70.

（四）基于生物电信号的控制策略

人机融合不仅对用户认知状态理解提出了新的要求，同时需要更深入地考虑用户与智能系统之间的交互方式与控制方式。基于生物电信号的控制策略建立了用户与智能系统的新型交互方式，提升了用户与智能系统的耦合性。

生物电信号如由骨骼肌伸缩产生的肌电信号、大脑相应皮层区域活动产生的脑电信号、脑内神经元活动产生的脑磁信号、眼球转动所产生的眼电信号等。其中，考虑到不同信号源的提取要求，信号采集设备大体可以分为侵入式与非侵入式两大类。侵入式设备大多需要对人体做植入操作，会对人体产生伤害，因此在实际研究使用中，学者们优先考虑非侵入式设备。

将生理指标作为控制信号进行输入的一大难点在于，如何处理多个通道数据彼此之间的协同作用，从而以较少的维度描述复杂的运动模式。通常，将协同现象与控制输出进行联结的控制可以被分为运动学习和模式识别两种形式。具体来说，基于运动学习的控制策略主要通过选取并设计合适的映射函数，将输入信号与输出控制相互关联，保证该映射函数能够满足实际运动轨迹的运动系统。该策略的整个学习过程是在闭环条件下进行学习与验证的，用户通过与事先定义的交互接口来学习系统状态，同时实现对整个运动系统的有效控制。基于模式识别的控制策略主要是运用如主成分分析、隐马尔科夫链模型、二次判别分析等在内的模式识别方法，将采集得到的大量数据进行分析建模，从而找寻到信号自身存在的规律或得到对新输入数据泛化性强的参数模型。值得一提的是，模式识别控制方法也可以结合动力学参数模型进一步增加整个系统的鲁棒性。

目前广泛使用的且对人体无伤害的生理指标主要为表面肌电信号（简称sEMG）。肌电信号是一种由肌细胞产生的生物电信号，是运动单元产生动作电位序列的叠加[1]。其通过电极从被试

---

[1] Rechy-Ramirez E J, Hu H. Stages for Developing Control Systems using EMG and EEG signals: A survey[J]. School of computer science and electronic engineering, University of Essex, 2011: 1744-8050.

的特定肌肉群采集数据，在康复技术[1]、人机界面控制、人体工程学、临床诊断及体育科学中广泛应用。根据信号采集方式，即是否侵入被试者肌肉，肌电信号可分为表面肌电信号和肌内肌电信号[2]。sEMG是浅层肌肉EMG和神经干上电活动在皮肤表面的综合效应，相对于肌内肌电信号，具有非侵入性、无创伤、操作简单等优点。并且sEMG信号发生先于实际肢体运动，可以作为数据处理与模式识别算法的补偿值，提升识别速度。sEMG作为非侵入式人体信号采集方式，在外骨骼控制、手势交互、肌肉力反馈等基于生理指标的控制及反馈中被广泛应用，对以人为核心的人机融合创新设计有着至关重要的作用。例如，刘宝等人[3]提出了一种基于PSO—CSP—SVM运动想象脑电信号分类算法，对于四分类任务达到87.65%的准确度。LiX等人[4]采取肌电信号，利用概率神经网络作为分类器，实现了四分类的手势在线识别。Ovur S E等人[5]利用多层神经网络实现了十分类的手势识别等。

　　基于sEMG的建模往往经历信号预处理、特征提取及分类算法设计环节，以外骨骼角度参数为例，简要说明表面肌电信号控制角度参数的流程。表面肌电信号控制外骨骼关节角度流程如图5-61所示。

[1] YAMANOI Y, OGIRI Y, KATO R. EMG-Based Posture Classification Using a Convolutional Neural Network for a Myoelectric Hand[J]. Biomedical Signal Processing and Control, 2020, 55: 101574.

[2] JIANG S, LV B, GUO W, et al. Feasibility of Wrist-Worn, Real-Time Hand, and Surface Gesture Recognition via sEMG and IMU Sensing[J]. IEEE Transactions on Industrial Informatics, 2018, 14(8): 3376-3385.

[3] 刘宝,蔡梦迪,薄迎春,等．一种基于PSO-CSP-SVM的运动想象脑电信号特征提取及分类算法[J]. 中南大学学报(自然科学版),2020,51(10):2855-2866.

[4] LI X, ZHOU Z, LIU W, et al. Wireless SEMG-Based Identification in a Virtual Reality Environment[J]. Microelectronics Reliability, 2019, 98: 78-85.

[5] OVUR S E, ZHOU X, QI W, et al. A Novel Autonomous Learning Framework to Enhance SEMG-Based Hand Gesture Recognition Using Depth Information[J]. Biomedical Signal Processing and Control, 2021, 66: 102444.

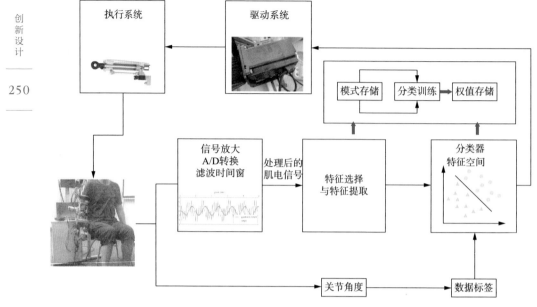

图5-61　表面肌电信号控制外骨骼关节角度流程

三、人机融合在创新设计构成要素中的渗透

　　人机融合作为新兴技术炙手可热的未来发展方向，不仅走在技术创新的前沿，还体现在人本、文化、艺术等多方面的创新设计发展，拥有巨大的发展潜力和极为广泛的应用。

　　在人本创新设计方面，外骨骼机器人在康复医疗以及残障人士日常生活辅助方面有着巨大的应用潜力，其独特的优势在残疾人辅助及后期康复领域已被许多研究者证实能够有效替代传统辅助及康复治疗手段。基于仿生学和人体工程学设计的外骨骼机器人能够高度满足个体差异化及个人定制化需求，拥有传统末端牵引式康复机器人无法比拟的治疗效果与用户体验。XR技术能将许多传统媒体内容的静立观看式展示转变为沉浸互动式展示，在与用户的交互中更好地传达信息，为用户带来更好的交互体验。脑机接口技术在医学方面有着巨大的应用前景，由于其被认为能够帮助重残患者们重拾感官和运动能力，帮助他们重新恢复正常生活，如为闭锁综合征患者提供日常交流功能等。运动想象及基于此开发的脑机接口技术已尝试运用于因脊髓损伤、脑卒中、多发性硬化等神经系统疾病所导致的语言交流及运动障碍患者中，并取得了较好的临床效果❶。对肢体或感官方面的残障人士在身体功能上的治疗与恢复，可以使他们重获身体平等与人格尊严，它在治疗基础上进一步使正常的身体得到增强，为人类克服身体的自然局限性提供了新的可能❷。

在文化创新方面，XR技术的虚实场景融合技术可以逼真还原出许多非物质文化遗产传统文化中流传的历史典故以及文化古迹的历史风貌和背景故事，利用建模技术虚拟仿真还原出千百年前人们所向往的原始情景，让观众能够直观感受非物质文化遗产传统文化和历史文物的原真风貌和文化魅力。在古迹复原和数字文化遗产保护方面，XR技术也能大显身手。《人间净土：走进敦煌莫高窟》就以其独特的展现方式和交互手段吸引了大批观众（图5-62）。该展览由多位艺术家及动画师运用增强现实技术手段对壁画进行修复和完善，并对壁画关键部位进行重新上色，实现了影音图像和立体动画的无缝衔接。观者能够通过这类复原技术看到遗址残缺部分的虚拟重构（图5-63），将极具真实感的虚拟影像展现在观众眼前，甚至一些因特殊原因无法对外开放游览的文物遗址也能够通过这种形

图5-62 《人间净土：走进敦煌莫高窟》展览中的壁画增强现实

❶ 刘霞,张萍,李云杰,等. 基于运动想象的脑机接口技术运用于脑卒中瘫痪患者脑功能激活和神经网络重塑的研究进展 [J]. 中华神经科杂志,2021,54(10):1089-1093.
❷ 肖峰. 脑机接口与身体革命 [J]. 探索与争鸣,2021(9):139-147,180.

式展现在世人面前。运用XR技术，能够以高沉浸的交互体验和逼真生动的虚实内容让文化"活"起来，突破许多文化内容原有的展示格局，为文化产业和文化保护事业提供现代化的创新思路。

故宫博物院推出的VR系列"发现·养心殿——主题数字体验展"（图5-64），利用三维扫描、数码摄影、3D建模、灯光渲染等数字化手段，通过采集建筑和文物基础数据开发的虚拟化展示，全方位、多角度地再现故宫建筑群的真实景观，有效地推动了故宫数字综合化的应用。

图5-63　AR复原技术的虚拟重构

图5-64　"发现·养心殿——主题数字体验展"❶

从文化传播的角度来看，AR技术作为一种沉浸式的体验方式，可以将丰富的资源信息和其他数据整合到用户能够观察到的现实

---

❶ 故宫博物馆. 故宫博物院92周年院庆"发现·养心殿——主题数字体验展"端门数字馆开展 [EB/OL]. (2017-10-10)[2022-02-15].

场景中，为用户提供身临其境的文化体验环境，激发观看者的兴趣，提升主观积极性。同时，增强现实技术能够构建目标对象的三维建模并显示，观众可以通过从不同视角观察模型，并与虚拟的模型进行交互，增强对目标对象的理解。此外，增强现实系统实时交互的特点削弱了位置、空间的限制，让体验在远程条件下也能进行，弥补了因现实情况下时间空间限制导致的资源缺失，实现资源共享。尤其是在一些特殊的流行病传染期间，能够利用XR手段将博物馆、展览馆等线下的文化艺术资源通过线上及远程的形式传播，既能保证安全性，又让文化艺术行业得以存续。

在艺术创新方面，新兴技术的发展为艺术创作提供了许多创新的数字化工具，而XR技术就是其中的重要构成，它们的出现拓展了传统艺术内容的边界，诞生了新的艺术形式和创作方式，让想象力得到最大限度的展现。时下热议的新媒体艺术就离不开对XR技术的讨论和创新。XR技术的加入，让数字艺术作品具有强交互性和高沉浸感，虚实结合能激发更多创造力。日本Teamlab灯光艺术团队已经将AR技术与灯光结合得十分巧妙[1]（图5-65）。

图5-65　日本Teamlab团队的AR艺术作品[2]

[1] 知乎. AR看展：不可触摸的真实[EB/OL].(2021-04-27)[2022-02-15].
[2] 同[1].

在2021年初，位于北京的尤伦斯当代艺术中心（UCCA）举办了AR艺术特展《幻景：当代艺术与增强现实》，展出了多位艺术家的AR艺术作品，挑战了人们对美术馆展览的常规认知（图5-66）。在这场与众不同的展览中，作品是肉眼不可见的，当观众站在正确的位置，通过手机上的App就可以看到AR艺术品展现在眼前。与传统艺术展中实物展品，观众远距离欣赏的单一互动模式相比，新媒介技术的参与为观众创造了更丰富有趣的观展体验，同时还能担负起私人向导等职责，提升观展体验。而从艺术家和策展团队的角度来看，这次展览也向他们展示了一种全新的展览形式，所有展品无须运输，也不需要艺术家及团队实地协助布展，只需要一部手机，艺术便能抵达观众身边。

同时人机融合的方式也能够推动实现共创设计。未来传统的个人创作模式将难以满足创意设计发展的需要，产品设计和工业设计将越来越多地需要由多人协同完成。基于AR/VR/MR技术的应用能将思考变得有形，增强与加持人们的智慧和创意，形成一种门槛更低的共创体系。

图5-66 《幻景：当代艺术与增强现实》展览现场KAWS的作品
COMPANION（AR版），漂浮在UCCA入口处的空中

第三节
面向人机融合的创新实践

一、创新设计领域外骨骼的相关研究

从"人机协作"迈向"人机融合"是创新设计领域的发展趋势。近几年各大公司纷纷开始研发外骨骼机器人和人形机器人，其中外骨骼机器人正是人机融合、提升人类力量的一种表现。如今机器人不再只是搬运重物的工具，而是成为我们身体的一部分，协助行走、强化肌肉、运动训练和复健，都能仰赖外骨骼机器人。

前文已对外骨骼的关键技术、应用领域、发展前景等进行了详尽的介绍，其中关于外骨骼设计的关键问题，如人机交互、人机工程、差异性适应等都是创新设计人员值得思考与研究的问题。

（一）外骨骼人机物理接口创新设计研究

浙江大学工业设计研究所研究团队[1][2]针对外骨骼的结构设计、人机接口等关键性问题提出了一套创新性的方案，从材料、结构等方面进行了创新设计。

研究人员首先搭建了一套髋关节助力外骨骼的硬件系统。根据髋关节的运动特点，对外骨骼关节驱动的电机、轴承等关键器件进行了选型，使用铝合金、碳纤维作为外骨骼连杆和连接件的材料来减轻整体重量，以提高穿戴的舒适性，并对外骨骼的电机驱动系统、电源系统和通信系统进行了设计。在外骨骼人机物理接口方面，设计了一款创新性柔性可控气囊单元，用于可靠地连接穿戴者和外骨骼。

---

[1] 曾泽栋. 基于解剖学与生物力学研究的无源半蹲姿助力稳定器设计 [D]. 杭州:浙江大学,2019.
[2] 赵相羽. 髋关节助力外骨骼设计与仿真 [D]. 杭州:浙江大学,2019.

外骨骼中的人机接口主要分为人机认知接口（Human-Robot Cognitive Interface）和人机物理接口（Human-Robot Physical Interface）：

1. 人机认知接口

外骨骼机器人并不像传统机器人是完全自主运动的，需要通过实时地检测穿戴者的运动意图，才能通过助力策略来产生能辅助穿戴者的运动模式。检测穿戴者的意图需要在外骨骼上安置传感器，一般有检测生物电信号和力学信号两种方式。生物电信号主要分为脑电信号（Electroencephalography，EEG）和肌电信号（Electromyography，EMG）两种。通过采集人体的生物电信号，使用算法提取信号的特征，便可以对穿戴者的意图进行预测，并转换成对外骨骼的控制信号使外骨骼能够辅助穿戴者的运动。与生物电信号不同，力学信号是人和外骨骼之间产生力的交互信号，并不能直接地反映人的运动意图，但是通过分析外骨骼的运动以及交互力信号可以间接地推测人原本的运动意图。力学信号可以通过采集外骨骼和穿戴者之间的压力或者外骨骼关节受到的外部力矩的方式获得。压力可以通过压电传感器或者薄膜压力传感器采集，力矩可以通过在外骨骼关节处放置扭矩传感器采集。

2. 人机物理接口

外骨骼与普通辅助机器人不同，是穿在人身上的机器人，外骨骼和穿戴者的肢体是相互连接的，外骨骼中的人机物理接口既是外骨骼中与人体相接触的那一部分，也是外骨骼在结构上与其他人型机器人的区别之处，所以人机物理接口是外骨骼机器人设计时必须考虑的一个关键点。外骨骼的人机物理接口主要起到了支撑和力传导两个关键性的作用。人机物理接口的支撑作用其实就是将人和外骨骼可靠地连接，保证人机之间运动的一致性。由于力是发生在外骨骼和人的接触面上，所以可靠的连接是外骨骼的力能够辅助人运动的前提。但是由于人的肢体并不是刚体，而是由刚度不同的脂肪组织、肌肉组织、骨骼等组成，肢体表面很容易在受到力时产生形变，肌肉组织在不同的运动下也会呈现不同的几何形状和刚度，所以人的肢体并不是一个静态刚度组织，而是一个动态变化的软体组织，因此，人机物理接口的设计是外骨骼机器人设计的一大难点。

外骨骼的人机交互能力主要体现在两个地方，一是在于其柔顺控制能力，二是在于外骨骼和人的连接处，即人机物理接口。

在设计外骨骼的人机接口时需要考虑安全可靠性、舒适性、力的传导性，研究中需要将外骨骼关节与人体髋关节相对齐，传统的外骨骼一般采取柔性衬套来固定在人体上，但由于运动中大腿形态的变化，固定的衬套会影响肌肉的收缩，对舒适性和灵活性都会造成一定的影响。研究中提出一种利用硅胶材料制作的充气气囊单元作为人机接口处的柔性材料，通过充放气动态地调节人机接口的几何形态以及接触压力，并使用液态金属制成的传感器为气囊增加感知的功能，使气囊能够检测自身的形变以及接触面上的压力，为上层控制提供传感数据。气囊单元可以分为硅胶气囊和传感器两部分：其中，气囊使用硅胶材料制作，通过充放气来调整自身的形态来适应人体不规则的表面，在保证人机之间连接可靠的前提下保证穿戴者的舒适性。传感器基于液态金属变电阻的原理制成，通过将液态金属嵌入硅胶中，当气囊产生形变时（图5-67），通过液态金属的电阻变化来检测气囊的形变量与形变方向。

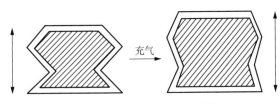

图5-67　气囊结构形变示意图

气囊的材料选择考虑到在充放气时需要改变形态，所以需要很好的弹性；另外，在形变情况下不会损坏，所以还需要有很好的韧性，研究中选择了硅胶作为气囊的材料，硅胶材料具有良好的弹性，且无毒无味无刺激性，作为大形变材料在软体机器人领域有许多应用。在研究中，对不同硬度的硅胶材料进行了拉伸测试，选取了合适硬度的材料。支撑气囊的制作可以分为五个步骤：

（1）按照优化过的气囊尺寸，通过Solidworks对其模具进行建模，并通过3D打印出模具，模具可以分为1个内模和2个外模。拼装模具时，将两个外模相合后，将内模通过外模的卡槽固定在中间，最后通过夹具固定外模。

（2）将邵氏硬度20的硅胶的A、B两种原料以1∶1的比例混合在一起，在室温下搅拌3分钟后静置5分钟除去内部气泡。

（3）将静置后的硅胶混合液缓缓灌入模具内，因为模具只有上方一个开口，所以灌入硅胶时不能一次性倒入大量硅胶，容易导致模具下方的空气排不出来，使翻模出来的气囊有瑕疵。

（4）将灌有硅胶的模具放入60℃的恒温烤箱，放置30分钟。

（5）取出模具，打开外模，将内模从气囊开口处拿出，得到硅胶气囊。气囊制作整体流程如图5-68所示。

研究中为气囊设计了充气装置，由活塞筒、步进电机、丝杠、连接件以及驱动电路组成。其中活塞筒使用20ml医用针管改装制成，充放气时，首先通过步进电机带动丝杠做直线运动，经过3D打印的连接件带动活塞运动，气管通过三通件连接活塞、气囊和控制板上的气压传感器。控制板通过读取气压传感器以及电机位置来判断气囊的充气状态，并做闭环控制（图5-69）。

气囊中的另一部分——传感器的设计，普通的力传感器因为尺寸以及材料的原因很难集成在柔性的气囊中，所以研究中选取了一

图5-68　气囊制作整体流程示意图

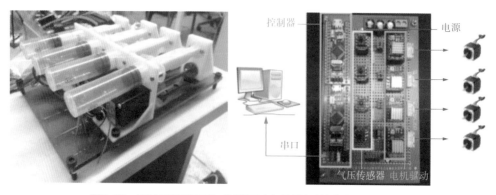

图5-69　控制板读取气压传感器以及电机位置来判断气囊的充气状态

种新颖的液态金属——共晶镓铟合金作为传感器嵌入在气囊中，来检测气囊的三维形变以及受到的外力。将这种液态金属注入到硅胶形成的微通道中，当硅胶产生形变时，硅胶内部的微通道几何形状也会相应产生变化，液态金属也会随之发生形变。传感器由三条硅胶边组成，每条边内部都嵌入了一条液态金属，任意一条边受到拉伸的时候，其内部的液态金属的阻值会发生相应的变化。传感器的制作可以分为四步（图5-70）：传感器模具制作、传感器翻模、传感器封装、注射液态金属。

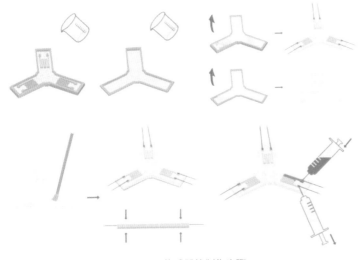

图5-70 传感器的制作步骤

相应地，为传感器设计了信号检测电路，由于传感器引出的导线长度越长，测量越不精准，所以采集电路设计成底座的样式一样，直接放置在气囊的下方，这样可以尽量减小因为导线而引入的误差。完整的气囊单元由硅胶气囊、传感器、气囊底座、电路板、气嘴以及一些连接件组成（图5-71）。

对于不同方向上的力，气囊形变与传感器如图5-72所示。

由于人在自然步态时髋关节主要在矢状面上进行运动，所以对髋关节的助力主要会集中在大腿的上表面和下表面，大腿的侧

图5-71 气囊单元实物图

拉伸状态　　　　　压缩状态　　　　　　倾斜状态1　　　　倾斜状态2

图5-72　不同状态下的气囊单元

面基本不会进行助力，仅仅保持稳定的支撑就行，所以在人机接口的设计时，将气囊单元主要集中在大腿的上下两个表面。研究使用四个相同的气囊单元，分布在人机接口的同一个截面上，由于大腿外形整体是呈圆柱形，气囊单元需要分布在圆柱面上，所以本文设计了一个气囊连接支架用于刚性连接气囊单元与外骨骼的连杆，最终成品使用树脂材料通过3D打印技术制作，成品如图5-73所示。

此研究首先完成人机接口设计后对外骨骼的驱动、控制等模块也进行了配套的技术方案设计，针对髋关节助力控制所需要的动力学前馈的需求，对硬件平台搭建的外骨骼进行动力学建模，并对外骨骼关节轨迹控制进行探究。其次，对零力控制在外骨骼系统中的应用进行了分析，并使用仿真的方式验证了其有效性。最后，分析了中枢模式发生器的原理，并通过中枢模式发生器学习了外骨骼髋关节的参考轨迹，并在仿真中使用阻抗控制的方式对髋关节进行了助力控制，系统地完成了外骨骼的创新设计与开发工作。

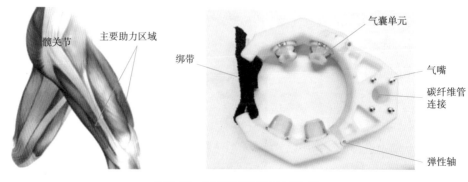

图5-73　气囊连接支架成品实物图

（二）无源外骨骼（稳定器）产品设计

在外骨骼的整体设计方面，浙江大学工业设计研究所团队提出"基于解剖学与生物力学研究的无源半蹲姿助力稳定器设计"，结合解剖学和生物力，对人体下肢助力外骨骼的结构、功能进行整体设计呈现。设计过程中对产品结构强度、角度限定范围、人机工程学设计等方面均进行了深入的探讨，最终呈现出一款具有合理功能，非常产品化的稳定器。

研究主要内容属于无源被动式下肢外骨骼领域，是一个实践性很强的领域。目前世界上对下肢外骨骼的研究主要集中在有源主动式增能装备上，主动式增能装备虽然能够大幅度加强人体体能，但是因为成本十分高昂，有源下肢外骨骼是非常难以普及与产品化的。相比来说，无源被动式下肢外骨骼虽然无法为使用者提供很强的增能能力，但是凭借其灵活性与低成本，同时不受能源限制，产品化的空间很大。研究主要通过对半蹲姿助力稳定器的研究，形成一套轻量化的下肢助力辅助系统，旨在为制造业工人群体提供站姿支撑以及站蹲切换的助力。

外骨骼机器人可以被分为"有源"和"无源"两种，也有学者将其称为"主动式"与"被动式"。有源外骨骼机器人通常会在使用者关节处设计一个或多个驱动器来辅助增强使用者的能力，这些驱动器通常包括电机、液压驱动器、启动肌肉或是其他形态。严格定义下的无源外骨骼机器人不使用上述说到的任何驱动器，而是利用材料特性、弹簧、阻尼等来储存使用者运动时产生的能量并在合适的阶段进行释放，或者对使用者的某个姿势进行支撑。例如，一个无源外骨骼机器人可能会在使用者前倾的时候储存能量，同时它能够在使用者前倾的姿势下为使用者提供支撑，或是在使用者提举物体的时候为其提供一个回弹力。日本工厂NITTO通过与日本千叶大学前沿医学工程中心、西村拓纪设计、日本高分子技研合作，开发出了医用可穿戴椅子"archelis"，能够辅助医护人员的工作，医生在手术过程中可以借助archelis缓解腿部的肌肉疲劳，长时间稳定地保持姿势（图5-74）。

坐立转移过程（Sit To Stand Transfer，STS）是学者们在探讨下肢生物力学时经常涉及的一个过程（图5-75）。坐立转移过程可分为前倾阶段、动量转移阶段和延伸阶段。当被试者腰部距其初始位置伸展0.5°时，前倾阶段开始；当躯干与髋关节之间的屈曲角度达到最大时，动量转移阶段开始；当踝关节达到屈曲角度最大值时，动量转移阶段结束，延伸阶段开始，延伸阶段直至最终达到稳定的站立状态。从坐立转移过程的三个阶段中可以发现，动量转移阶段的生物力学研究与蹲站姿转换过程具有相仿性质，延伸阶段的生物力学研究与站姿具有相仿性质。

由于设计想要解决的主要问题是制造业工人群体长时间站立操作而导致的下肢肌肉骨骼疾患。解决这个问题的关键就是工人群体需要在工作中能够得到足够的休息来缓解下肢疲劳，然而这不是一个简单的椅子能够解决的问题。在工厂生产线上往往不会为工人配备椅子，一是因为椅子占空间，二是因为有些工作需要工人时常移动，而在这些频繁的移动过程中，椅子并不能很好地跟上工人的节

图5-74　医用可穿戴椅子"archelis"

图5-75　自然STS过程示意图

奏。因此，本文的核心理念就是使用下肢外骨骼来解决一个"坐"的问题，设计的下肢外骨骼需要同时满足以下要求：

（1）这是一种可穿戴的，贴身的外骨骼，不会占据太大工作空间。

（2）当使用者行走移动时，外骨骼可以很好地贴合人体运动而不会对其造成阻碍，当使用者下蹲到一定角度时，外骨骼会与地面形成刚性支撑结构，放松使用者的下肢肌肉。

通用性、可行性最高的方案是将助力稳定器考虑为贴合在人体下肢后侧轮廓线上的，由两个连杆与一个可活动转轴形成的外骨骼形态。当然，转轴的活动角度被限位结构限定在一定区间内，如此，使用者在行走时，转轴处于正常活动区间，不会对使用者造成影响，当使用者下蹲至一定角度时限位结构启动，整个助力稳定器在使用者与地面之间形成刚性连接，为使用者提供大量承托力，辅助姿态保持。考虑到在使用者半蹲状态下，稳定器结构需要支撑起一个成年人的体重，那么它就需要有可靠的强度，从结构强度上考虑，选择应用气缸进行限位的稳定器结构方案。并通过力学计算对可行性进行分析得出结构框架需要采用强度近似或者大于铝合金的材料进行，可保证使用的安全性。

通过产品风格意向和产品草图确定产品的外观设计（图5-76），结合结构和材料得出最终的产品设计效果图（图5-77）。

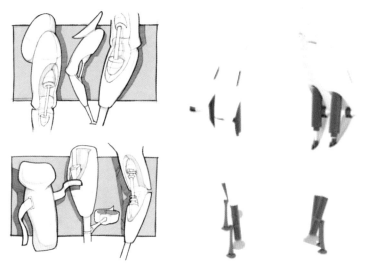

图5-76　产品的外观设计图　　　　图5-77　产品设计效果图

稳定器产品主要包括三个部分：大腿节段、小腿节段以及脚踝固定节段，其中大腿节段有两处绑带固定位，接近臀部处绑带用来与腰带固定，大腿侧面绑带用来与用户大腿绑定。脚踝固定节段有一处绑带固定位，用来与用户脚踝绑定，同时小腿节段中连接万向地脚的一小段碳纤维管可以更换长度，从而对不同身高的用户产生适应性。同时对稳定器的内部结构、产品品牌Logo等进行了完整的设计。经过后续的产品装配和一系列的加工，得到设计产品的成品（图5-78）。

研究后续对稳定器进行了适用实验，包括：产品开合的最大角度范围，产品开合的顺畅程度，产品穿戴难易程度，产品穿戴后的基本效果等（图5-79）。并对产品进行了用户测试，采用肌电实验来对肌肉疲劳度进行定性的解释，验证稳定器的实用效果。

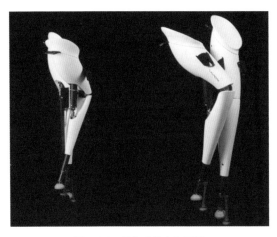

图5-78　最终成品实物展示

除了流水线工作场景之外，还有更多的场景需要长时间保持站立或者半蹲状态。生活方面，候车等需要长达几个小时的站立；科研方面，实验室环境下需要研究人员在几个实验台之间转移并蹲坐完成实验；娱乐方面，桌上足球需要大部分人在半蹲的姿势下进行对决。这些场景都可以是下肢助力稳定器应用的场景，未来如果能够针对各种场景推出针对性高的

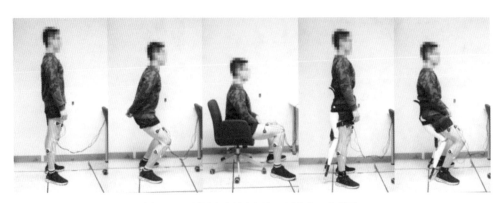

图5-79　被试者穿戴产品在不同状态下的效果

对应产品，稳定器将会是应用场景非常广泛的一款产品。

二、创新设计领域扩展现实的相关研究

（一）基于扩展现实技术的辅助设计平台的设计和实现

基于扩展现实技术的辅助设计平台是浙江省设计智能与数字创意研究重点实验室的研究成果。在产品开发过程中，产品原型可用于呈现设计理念、验证产品、推敲产品，是辅助设计实践的重要方法。然而，现有的原型工具由于不同程度的限制，往往聚焦单一维度的仿真模拟，无法展示产品的全貌，如实体模型缺乏丰富的视觉细节，数字模型缺乏逼真的触感和空间感，界面原型缺乏与实际使用产品时相同的操作方式。"基于扩展现实技术的辅助设计平台"研究利用混合现实设备虚实融合、沉浸式叙事的优点，将HoloLens头显应用于新一代原型工具开发，提出集成了"高保真原型展示、沉浸体验、可用性测试"三个设计环节的辅助设计平台，可有效提升设计师或产品开发团队的效率和质量。

研究主要面向移动终端设备（电子消费类产品）的原型仿真，由于液晶显示屏具备可视化交互的优势，已经成为近年来电子产品重要的组成部分。因此，电子产品在设计和开发的过程中，有三个关键设计要素，即色彩表现、实体造型、交互界面。然而，目前已有的产品原型工具都是针对某一设计要素单独的仿真，距离最终的产品效果还有一定差距。据此提出了同时集成三个设计要素的高保真产品原型平台，其原型仿真的核心策略是"以产品为中心"的仿真，主要体现在两个方面。一方面，通过结合实体草模和数字模型这两类传统的原型方式，即将基于3D打印的有形物理模型（Physical model）和基于MR环境的可视化虚拟模型（Virtual model）优势互补，实现虚拟—物理模型融合的产品原型，可以同时呈现产品的视觉外观和实体造型要素；另一方面，通过开发用户自定义手势识别模块，即与使用真实产品时一样的手势动作，而非

HoloLens自带的手势命令，在物理草模上实现触控界面交互的效果，可以根据用户的自然手势操作，实时呈现可视化交互界面，展现产品的具体功能。为实现整合各设计要素的"以产品为中心"的电子产品高保真原型，通过HoloLens头显、Leap Motion控制器和3D打印机三个物理硬件，结合现有的机器学习算法，建立基于自然HCI的移动终端设备"虚—实融合"原型"VPModel"平台，平台架构如图5-80所示。

1.3D打印模型

HoloLens用于虚拟世界的建模并与真实世界中的实体3D打印模型呼应，Leap Motion用于收集和获取用于操作3D打印模型的常用手势。在设计流程中详细的使用步骤如下：

（1）采用模块化的3D打印方式，打印出产品主体和零部件，将零部件通过3M水洗双面胶附着于产品主体，形成最终的实体模型。

（2）MR设备使用目标检测技术扫描3D打印的实体模型，并使用Vuforia技术的被动AR标记形成对应的虚拟模型，将其覆盖在实体模型的表面。虚拟世界和物理世界在VPModel中最初是通过这种方式相互产生关联。

（3）通过实时匹配技术实现VPModel中的虚拟场景对3D打印模型的动态跟踪，对3D打印模型进行诸如平移、旋转的操作后，MR头显中有相应的实时视觉反馈。

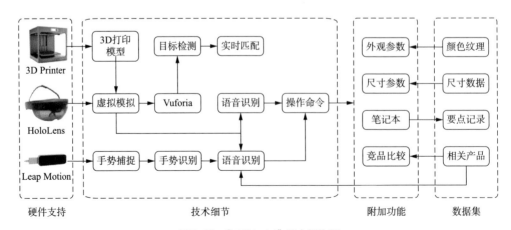

图5-80 "VPModel"平台架构图

（4）在原型的体验过程中，通过手势检测和动作识别技术实现用户自定义的手势操作，通过读取不同手势执行对应的命令，从而无须控制器即可执行操作命令。

（5）VPModel的附加功能可以用于帮助确定产品外观参数并做记录（图5-81）。利用手势操作控制产品的设计参数，如选择颜色、显示尺寸，搜索同款产品等，同时设计师可以在整个过程中随时打开设计笔记本进行笔记记录。

（6）根据用户手势动作传达的操作命令，MR场景通过显示与特定手势相对应的功能界面来模拟产品的真实操作。

（7）在体验完产品原型之后，可以通过可重复安装和拆卸配件的设计方法，交互式地调整3D打印模型的零部件。在刷新系统之后，虚拟场景便可以动态且方便地与设计方案进行匹配，通过快捷地比较不同零部件模型的设计方案，最终选择最佳设计方案。

以相机的设计流程为例，首先，设计师戴上HoloLens头显，手拿通过模块化组装方式3D打印完成的相机模型来开始原型体验。然后，设计师将3D打印模型放置在虚拟视图的白色边框内，白色边框为所创建的HoloLens可以扫描的区域。接下来，VPModel平台将虚拟相机模型与物理相机模型进行匹配。设计师可以自由移动相机模型的位置，可以通过更改角度和方向以观察相机的整体设计。设计师通过相机模型的流程性操作更容易发现设计问题，可以参考以下评价标准："此相机适合我的手，并且易于握持""按键的布局易于使用""按键的形式符合操作习惯"和"按键的选择符合

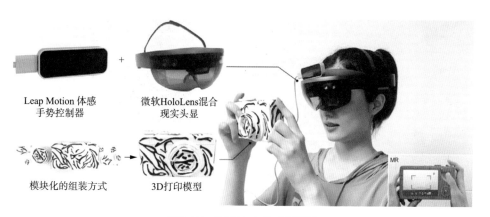

Leap Motion 体感
手势控制器

微软HoloLens混合
现实头显

模块化的组装方式

3D打印模型

图5-81 "VPModel"使用演示

用户的一般偏好"。此外，虚拟和物理匹配的原型还可以揭示设计元素风格是否搭配的问题，这些问题可能随着各种设计元素（如外观、结构和界面）的汇聚而显现。因此，与仅观察3D打印模型或使用MR头显观察数字化模型相比，VPModel平台为可用性测试提供了一个高保真原型（图5-82），并且可以获得用户的高质量体验反馈，而这些广泛的可用性问题很难通过预估得出的。

在以上成果的基础上研究人员进一步提出了面向可穿戴设备的原型仿真方案，将可用对象扩展到对交互性、识别要求更高的可穿戴设计场景，提出以"使用者为中心"的原则。一方面，穿戴式设备因自身的优势，能更好地与用户的身体连接起来，常常通过获取用户的生理数据，并与之形成智能化的物理感知交互，实现其多样化的功能。因此，感知反馈是穿戴式设备的关键功能要素，在其高保真原型的建立上需要具备物理感知模拟模块。另一方面，穿戴式设备由于需长期穿戴在人体上，设计通常以人体特点和行为习惯为根本。因此，在其原型仿真的过程中需要更多地考虑用户的参与因素，需要通过具体使用场景的模拟，还原用户穿戴产品时的行为表现，测试原型是否符合人体工程学的各项要求。为实现"以使用者为中心"的高保真穿戴式设备原型仿真，研究针对穿戴式设

图5-82　"VPModel"体验流程图解

备的特性，基于混合现实技术的虚拟模型（Virtual Model）和基于快速成型技术的实体模型（Physical Model）的基础上，新增感官和场景模块（Sensory and Scene Modules），建立基于多模态HCI的穿戴式设备"人—机—环"仿真"VPSModel"平台。平台的系统架构如图5-83所示，整个项目部署在HoloLens与Arduino开发板中，HoloLens作为主要载体呈现穿戴式设备的虚拟模型、应用场景、交互界面，Arduino开发板连接特定传感器来模仿穿戴式设备实物对人体生理信息、运动信息的采集，以及对人体的感知功能反馈，整个系统是混合现实、图像识别、低功耗蓝牙、机器学习、传感器、智能硬件等多种计算机相关技术的综合应用。

2. 原型仿真平台

原型仿真平台"VPSModel"包含3个核心层面：高保真原型、沉浸式原型体验、原型可用性测试。

（1）高保真原型是为建立高保真的产品原型，VPSModel平台在虚实模型融合的基础上，开发多模态感知模块，模拟穿戴式设备的常见功能，主要有以下两方面作用。一是深层次交互方面：基于多传感器的用户数据采集，即采集用户的姿态、压力等物理数据，

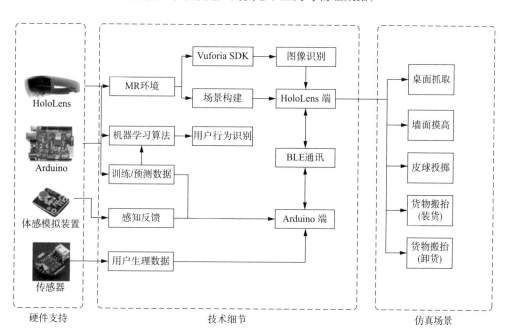

图5-83 "VPSModel"平台的系统架构图

心率、肌电等各项生理信号，通过对数据的处理及分析，进行人体动作识别和用户行为探测，从而模拟穿戴式设备的传感器功能，以及实现用户与应用场景更深层次的自然交互。二是多维度感知方面：基于体感模拟装置的多感知反馈，即通过振动感、压力感、疼痛感、热触感等多感官通道的触觉刺激，延伸混合现实设备自带的视觉和听觉感知，从而模拟穿戴式设备对用户的感知反馈功能，在物理层面带给用户更多维度的超级感知体验。

（2）沉浸式原型体验是为实现沉浸式的产品仿真体验，仿真模拟用户在实际应用场景下使用产品的状态，VPSModel平台搭建面向日常行为模拟的可视化三维场景，分别是桌面抓取、墙面摸高、皮球投掷、货物搬抬4个较为通用的使用场景。这4个场景是生活中的高频场景，包括两个静态动作和两个动态动作，涵盖人体基本运动动作形式，提供丰富和多样化的原型使用体验。

（3）原型可用性测试是为实现主观评价和客观测量相结合的产品可用性测试，VPSModel平台提出基于人体姿态差异的人机工程学分析标准，并开发穿戴式设备的人机工程学评价工具"Posture-difference Ergonomic Toolkit（PostKit）"，在生理数据采集的基础上，从多个维度对穿戴式设备的人机协调性、穿戴舒适性进行严谨、科学的评估。综上，VPSModel平台"以使用者为中心"搭建针对穿戴式设备的原型仿真平台，能够辅助设计师在设计阶段对产品最终效果有更直观的认知，推进设计方案的快速迭代。同时，随着消费市场对可穿戴设备定制化需求日益增长，综观国内外相关研究，越来越多的学者开始关注"如何在实际生产前对定制化产品进行检验，判断其是否符合最终使用者的个性化需求"这一问题。基于VPSModel平台在产品"人—机—环"仿真中的优势，同样可以用于定制化穿戴式设备的使用试验。因此，VPSModel平台不仅适用于医疗背心、按摩腰靠、颈肩按摩器等批量化穿戴式设备的原型检验，还适用于外骨骼、矫形支具等需要定制化的穿戴式设备。除民用级消费市场外，也适用于军事外骨骼、宇航服、消防服等特殊领域的可穿戴装备人性化设计。

以上肢外骨骼为示范案例，通过C4D软件建立3D外骨骼数字化模型，通过数字制造机器（3D打印机和激光切割机）制作外骨骼实体草模，采用Vuforia图像识别技术实现虚拟模型和物理模型在MR环境下的实时匹配，从而完成高保真外骨骼原型的创建（图5-84）。

在产品结构设计阶段，设计师通常会采用易加工成型的材料制作产品草模，草模具备良好的实体表现力，在产品设计中发挥着诸多重要的作用。草模制作用于展现产品的初步实体形态，不追求模型的精准与工艺，只求整体效果和比例的准确，旨在通过空间的形式对产品形态推敲和探讨设计方案，能够在最大程度上满足设计师对于产品造型和基本关系的把握。

上肢外骨骼实体产品模型参照上面建模完成的数字模型的外观和结构，使用3D打印和瓦楞纸板制作实体草模，制作方式为本文提出的一种"通用模块"与"定制模块"模块化组装的方法（图5-85、图5-86）。作为外骨骼实物的简易模型，草模制作过程中严格遵循外骨骼实物的整体造型，草模与实物的比例大约为1∶1，但不具备动力装置以及不追求细部刻画，主要考虑外骨骼造型的基本形态以及面与面

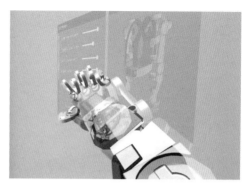

图5-84　HoloLens视野中的虚拟外骨骼模型

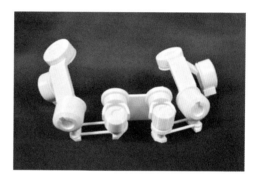

图5-85　基于3D打印制作的通用模块

图5-86　基于瓦楞纸板制作的定制模块

的关系，便于设计师和用户确定外骨骼的空间感和结构细节。外骨骼实体草模在VPSModel平台中的主要作用包括以下两方面。

①放置MR环境下用于对象跟踪的定位点图像，完成虚拟外骨骼模型对物理外骨骼模型的识别追踪，实现虚实外骨骼原型的融合，呈现给用户更真实的产品原型。

②可以在仿真场景中进行人机工程学测试，试验外骨骼草模的长短、宽窄、大小尺寸是否符合被试的人体工程学结构，对模型

与人体的舒适度、配合度、满意度、危险性等方面进行综合评价（图5-87）。

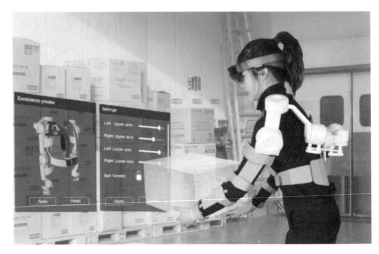

图5-87　穿戴、使用场景示意图

以桌面抓取场景为例，桌面抓取动作主要涉及用户在水平面的桌面物品抓取手部抓握行为。该行为动作主要由前臂肌肉群收缩发力，牵引桡骨和尺骨在水平面运动，并带动腕关节内旋外旋运动形成。完成该动作的人体执行机构主要是前臂和腕关节，可以有效考察穿戴式设备前臂的形体设计、前臂与腕关节肘关节的结构设计等其他部分设计是否符合人体工学要求（图5-88）。

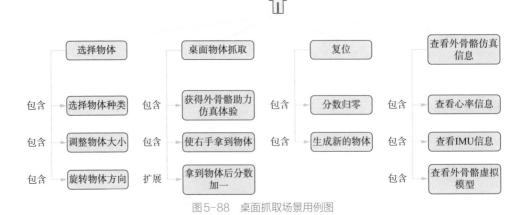

图5-88　桌面抓取场景用例图

首先，用户可以个性化配置桌面物体，包括选择物体类别、调节物体的大小，旋转物体方向；其次，HoloLens将会自动识别真实场景中的桌面区域，并在其上方生成可抓取的物品，所有桌面物体便会出现在空间中，看板上则会显示场景内的操作指示、物体基本信息与用户行为的关键信息；最后，用户可以用右手（在HoloLens中显示为虚拟外骨骼模型）去拿取桌面上的物体，在这一过程中，穿戴式感官模块始终保持模拟场景需要的体感，当用户抓取到选定物体，即可增加一分，提高用户的体验感（图5-89~图5-91）。

图5-89　桌面抓取场景HoloLens内画面展示（一）

图5-90　桌面抓取场景HoloLens内画面展示（二）

随着信息科学技术的发展，以物联网（IoT）、人工智能（AI）、信息物理系统（CPS）等为代表的新一轮科技革命的关键技术逐步成熟，深度融合多领域前沿技术，并赋能于数字创意产业发展将是未来的必然趋势。该研究综合运用了MR、增材制造、智能硬件、机器学习算法等最新技术，创造出一个新型的、先进的、更佳的沉浸式体验，是典型的数字创意应用案例，并在此基础上构建了面向穿戴式设备的定制化设计平台、

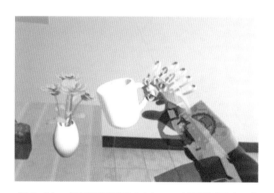

图5-91　桌面抓取场景HoloLens内画面展示（三）

面向VR/AR/MR设备的多感官模块化装置等应用拓展，为数字创意产业的应用研究提供了应用性探索。

创新设计
评价体系

第六章

评价体系指的是由表征评价对象各方面特性及其相互联系的多个指标，所构成的具有内在结构的有机整体。创新设计评价体系可以为创新设计实践提供衡量指标和实现路径，是创新设计发展、判断、产业化和应用推广的重要影响因素，缺乏系统、严密的创新设计评价体系和标准，会导致创新设计发展失去方向、目标和节奏。建立标准化、规范化的创新设计评价体系是推动创新设计快速、健康、有序发展的重要推手，也是一个行业趋于成熟的标志。

本章聚焦创新设计生态，包含推动全数字化设计模拟试点，建立完善的评价体系、标准体系和教育体系。首先概述了创新设计领域相关的竞争力和评价体系研究；其次指出了建立创新设计评价体系研究的重要意义；最后通过作者课题组建立的两个设计评价体系案例，详细呈现了评价体系构建的全流程和相应的评价体系成果。

通过本章节的学习，可以让学习者认识到建立统一的创新设计发展评价标准，对于明确创新设计方法路径，加速创新设计对产业发展的能动作用，以及提升创新设计实践效率具有重大意义。从而建立起理性的评价思维，能够熟练掌握并应用相关评价体系方法。

第一节
竞争力与评价体系

一、竞争力的内涵与研究

世界经济论坛在《全球竞争力报告2018》中指出，竞争力是决定经济体生产力水平的制度、政策及其他因素的集合，决定了经济体所能达到的繁荣程度。竞争力是一种参与对象之间彼此相较而体现出的综合能力，其目的并不是纯粹地比较高低差异，而是通过这种比较对当前的状态进行合理性调整，在补足劣势和增长优势的环境下实现可持续的发展。关于竞争力的研究，哈佛商学院教授迈克尔·波特提出的"五力竞争模型"最为经典，他提出在行业竞争中存在着五种基本力量：来自市场中新生力量的威胁、购买者的议价能力、替代商品或服务的威胁、供应商的议价能力和同行竞争者之间的竞争和紧张程度❶（图6-1）。

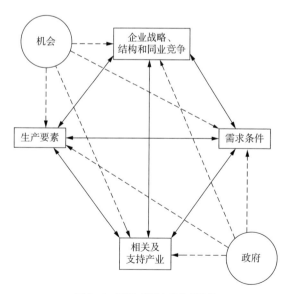

图6-1　波特"五力竞争模型"

❶ 孙湘. 波特竞争力模型在战略管理中的应用 [J]. 企业改革与管理,2012(11):61-62.

各个领域对于竞争力的认识都不尽相同，而且在实际研究的过程中，竞争力的概念也确实会随着所关注的主体不同而变化。关于竞争力的研究主体，受关注最多的就是国家与企业。对于企业来说，"竞争力"在各种背景要素如创新、人才、数据等方面有着独特的视角，它使企业追求更高的效率，更高效地去满足用户需求，从而获得更高的效益。而在国家层面上，"竞争力"让国家关注如何提高生产商品和提供服务的能力去通过国际市场的考验，并且同时增加国民的实质收入、提高居民生活品质和幸福感。除此之外，如果研究主体是一个区域（如城市），那么竞争力即对应提高地方经济、社会发展及居民生活水准的能力。如果进一步对研究主体进行细化和抽象，从国家、城市、企业的软实力出发（如设计、创意能力等），那么竞争力是指一个国家或地区的设计产业依据一系列机制、政策及要素条件而向市场提供比其他国家或地区更优异的产品或服务的生产为水平和比较优势[1]。

（一）城市竞争力

城市作为一个独特的经济系统，具有高度集聚资本、技术、人才和信息等生产要素的功能，并依靠这些生产要素以及生产要素的配置和组合产生相应的经济能量，创造国民财富。不同的城市，集聚资本等生产要素和创造国民财富的能力是不一样的。现如今，伴随全球互联互通的时代关系，国际竞争通过企业产业的竞争而日益激烈。同时，城市作为经济、政治、文化全球化的载体，也使各国之间的实力竞争演变成城市与城市之间的竞争关系。在此背景下，国内外学者纷纷开始将城市作为研究竞争力的主要对象。

竞争力理论的研究最初始于对微观层面的产品及产业竞争和宏观层面的国家竞争的关注，之后逐步转向中观层面的城市竞争。城市竞争力是一个明确直观却又不易精确把握的概念，不同的时代也具有不同的研究特征。国外的城市竞争力研究最初为欧美等发达国

---

[1] 农丽媚. 设计政策与国家竞争力研究 [D]. 北京:清华大学,2013.

家服务，国内的相关研究起步较晚，但也在逐步发展中。

1995年，美国巴克内尔大学的社会学研究专家彼德·克拉索（Peter Karl Kresl）在20世纪90年代陆续发表了《城市竞争力：美国》《城市竞争力决定因素：一个评论》《竞争力和城市经济：24个美国大城市区域》三篇论文，为城市竞争力研究做了开拓性的工作[1]。他从财政收入、经济增长率、政府绩效、产品品质、政府绩效等维度对城市竞争力展开了说明[2]。所选取的指标主要是关于经济、制造等，符合当时工业化时代的特征。

1998年，高登（Gordon）和柴群（Cheshire）首次提出了城市可以利用其境内资源为居民增加就业率和提高他们的工资水平，这是可以反应城市竞争力的重要体现[3]。该研究将城市竞争力的研究最终目的定义为提高人民生活质量。

1999年，道格拉斯·韦伯斯特（Douglas Webster）将城市竞争力定义在企业的发展水平层面上，认为竞争力高的城市必定具有更高的生产和售卖产品的效率[4]。

2002年，洛琳（Loleen）对于城市竞争力要素提出了以下特征：①高品质的生活质量；②有吸引力、安全且可持续的环境；③丰富的基础设施和服务；④有竞争力的税收和措施；⑤人力资本的聚集；⑥文化多样性。这些特征是相对比较完善的城市要素特征，也能够看出随着生活水平的提高，人们对城市的期待也逐渐多元化。

2008年，东南大学徐康宁教授认为城市的竞争力不是阶段性的能力大小，而是体现在未来能够创造永续性价值的系统上[5]。这种竞争力源于从城市中提取自然、经济、文化和政策的环境、吸纳

[1] KRESL P K, SINGH B. Competitiveness and the Urban Economy: Twenty-Four Large US Metropolitan Areas[J]. Urban Studies, 1999, 36(5-6): 1017-1027.

[2] 同[1].

[3] CHESHIRE P C, GORDON I R. Territorial Competition: Some Lessons for Policy[J]. The Annals of Regional Science, 1998, 32(3): 321-346.

[4] Webster D, Muller L. Urban competitiveness assessment in developing country urban regions: The road forward[J]. Urban Group, INFUD. The World Bank, Washington DC, July, 2000, 17: 47.

[5] 徐康宁. 论城市竞争与城市竞争力[J]. 南京社会科学, 2002(5): 1-6.

和运用各类促进经济等相关要素使城市获得长久发展，该研究提出了城市设计竞争力具有可持续性的价值属性，对城市竞争力的研究有着重大的意义。

近年来，国内关于城市竞争力比较系统性、持续性的研究是以倪鹏飞教授和他的团队为代表，他认为一个城市的竞争力强主要体现在争取、占有、管制和转化资源和市场、提高居民保障、创造增值价值等方面的优势。《2009中国城市竞争力研究报告》中，提出了城市竞争力的"弓弦模型"（图6-2），该模型以文化、制度、政府管理、开放度、企业五大竞争力作为基础力量的"弓"，以区位、环境、人力资源、设施、资本、科技、结构等竞争力作为柔性力量的"弦"，生动形象地比喻了城市产业群借助相互配合的竞争力产生的价值体系如"箭"一般对准了城市综合竞争力这个"靶心"❶。在2010年发布的《中国城市竞争力蓝皮书》中，以倪鹏飞为组长的课题研究组在城市竞争力解释框架构建中使用了飞轮模型，把竞争力分为整体竞争力和环境竞争力两方面。飞轮模型以竞争主体划分内外层次，在详细分析影响各主体竞争力要素时，可能产生要素重叠和各个层次之间的交叠，因为各个主体的竞争并不是孤立的，而是相互依赖和相互影响的❷。

通过国内外针对城市竞争力的研究能够看出，对于城市竞争力的理解随着时代的不同，其内涵也是不一样的，同时从早期对城市竞争力的静态理解转变为呈动态变化的理论研究。但即使城市竞争力的定义在不同研究中略有差异，研究人员与学者们在定义城市竞争力时，常常会使用以下一些共通的标准❸。

（1）资源的吸引、争夺、占有、控制和转化能力标准。

（2）居民生活水平标准。

（3）财富创造标准。

（4）可持续发展能力标准。

❶ 倪鹏飞. 中国城市竞争力的分析范式和概念框架 [J]. 经济学动态,2001(6)：14-18.

❷ 罗涛,张天海,甘永宏,等. 中外城市竞争力理论研究综述 [J]. 国际城市规划,2015(S1 vo 30)：7-15.

❸ 项琳. 城市设计竞争力评价指标体系构建及实证分析 [D]. 杭州:浙江大学,2016:20.

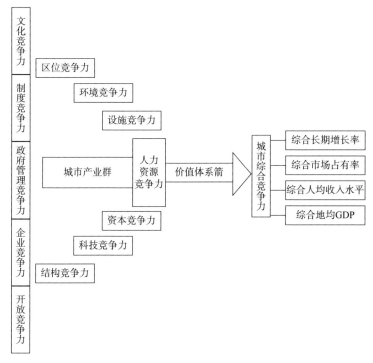

图6-2 倪鹏飞城市竞争力模型——"弓弦模型"

（二）设计竞争力

  设计竞争力和城市、国家竞争力在一定程度上是一脉相承的关系，设计竞争力能够体现出其所在城市、国家的创新能力、人才资源、文化软实力等综合竞争力水平。目前国内外对于设计竞争力的研究，主要的切入点有：产品设计竞争力及包含产品、品牌、文化等企业综合设计竞争力的研究。关于创新、文化及设计创意产业及设计产业竞争力的论述。从顶层设计的角度来探讨国家设计政策的研究也成为一种新的思考方向❶。

  关于设计产业竞争力的研究，国外研究成果都比较系统与成熟，并且对于设计产业的研究都比较深入。相对来说国内对设计产业竞争力的理论研究相对比较零散，还处于发展的阶段。国外的研究中比较系统的关于国家设计战略体系的论文，以劳利克·墨菲

❶ 项琳. 城市设计竞争力评价指标体系构建及实证分析 [D]. 杭州:浙江大学,2016:20.

（Raulik-murphy）[1]为代表，他认为设计策略对于商业企业、创新驱动、品牌质量控制以及对国家竞争力的提升都有推动作用，并且对印度、芬兰、韩国及巴西的国家设计体系进行了梳理；新西兰经济研究所（NZIER）于2002年根据WEF（世界经济论坛）的全球竞争力报告对产品独创性、品牌价值链等设计相关的要素进行提取、分析、整理，发布了全世界第一份从竞争力的角度阐述设计价值的研究报告——《通过设计提升价值的可行性分析》；剑桥大学制造业研究所发布国际设计记分牌，旨在对不同国家设计教育投入和产出效益进行比较，指标包含教育投入、商业产出、设计成果等；韩国产业振兴院也发布了国家设计竞争力报告，通过三维模型对比系统性地分析韩国与其他国家的设计产业[2]，指标包含设计绩效、设计投入、环境指标和人力资源指标等；阿尔托大学DESIGNIUM设计创新中心发布的全球设计观察（Global Design Watch）[3]对全球十多个设计驱动型国家的设计竞争力进行了优势排名，展示了当前世界各地的设计现状，指标涵盖设计产业发展和市场范围、公司设计研发投入和生产过程产业价值链和顾客导向等，对于国家整体设计行业的发展具有现实的参考意义。

对于我国的设计战略研究，清华大学美术学院的柳冠中教授对当代中国制造到中国创造过程中设计创新机制进行了研究[4]，阐述了设计创新对于中国制造向中国创造转变的重要作用，也从侧面说明了设计产业发展在国家层面的重要意义；李一舟[5]等人提出设计产业本身具有跨学科、跨行业、跨领域、人才和知识密集等特征，是整个经济价值链中最具增值潜力的环节之一，是展现国家现代文明程度、创新能力和综合国力的重要标志。并对英国、日本、韩国、美国、印度等国家的设计产业的结构和基本促进方式进行了概

[1] RAULIK G, CAWOOD G, LARSEN P. National Design Strategies and Country Competitive Economic Advantage[J/OL]. The Design Journal, 2015[2022-02-14].

[2] 姜永琪,姜晨菡,徐江基于"创新设计"的国家设计竞争力评价研究[J].南京艺术学院学报（美术与设计）,2018(1):1-5,213.

[3] Immonen, Henna. Global Design Watch 2010[R]. Department of Design Muotoilun laitos, 2013.

[4] 柳冠中. 从中国制造到中国创造设计创新机制研究[J]. 设计,2010(10):39-43.

[5] 李一舟,唐林涛. 设计产业化与国家竞争力[J]. 设计艺术研究,2012,2(2):6-12,26.

述，其中设计产业竞争力较强的国家都采取颁布扶持政策、设立专门机构等方式推进设计产业的发展。除了设计产业在国家发展中的战略角色地位外，设计产业的健康发展也与产业环境、经济思路和价值流动模式相关，如图6-3所示。

阳光、水分、空气
External environment

可持续设计
战略与政策
Sustainability
Strategy and policy

树干与根系
Trunk
社会性、工业化产业结构机制
Mechanism of the industrial structure

良种
Seed
原型创新、设计研究
Prototype innovation & Research

土壤
Soil
设计信息知识库与生活方式形态模型等
Design knowledge database & lifestyle model0

图6-3　设计产业健康发展的外部环境因素示意图 ❶

上海交通大学谢友柏从生产力的角度解读设计竞争力，在物质生产匮乏阶段竞争推动大规模的生产发展，而在现如今产能膨胀阶段，创新则成为提升竞争力的关键 ❷。同济大学在国家设计竞争力方面有着持续性的研究，2018年娄永琪教授和徐江教授初步构建了"创新设计（设计3.0）"内涵的设计竞争力评价指标体系，在英国剑桥大学《国际设计计分牌》重点考察设计"投入"和"产出"的基础上，建构了"效益""能力"和"战略"三个一级指标，作为国家创新设计竞争力评价的基础 ❸，并对22个国家（G20国家中除去欧盟后的19个国家，加上芬兰、瑞士、新加坡3个国家）的设计竞争力进行了排名。次年进行了延续性的研究工作，并对具体

❶ 李一舟，唐林涛. 设计产业化与国家竞争力 [J]. 设计艺术研究，2012,2(2)：6-12,26.
❷ 谢友柏. 设计科学的争论和设计竞争力 [J]. 中国工程科学，2014,16(8)：4-13.
❸ 娄永琪，姜晨菡，徐江. 基于"创新设计"的国家设计竞争力评价研究 [J]. 南京艺术学院学报（美术与设计），2018(1)：1-5,213.

的指标进行了改进和优化，对 74 个国家的设计竞争力指数值进行了计算和排名。

（三）创意、创新指数

在国外有关创新型城市的文献中，对于创新型城市的英文表述有两种："Creative City"和"Innovative City"。这两种表述有共通之处，但也存在着差异性。Creative City 强调创造性的文化理念带动城市的复兴，而 Innovative City 则把重点放在技术、知识、人才和制度等综合要素的变革上。Creative City 这种表述主要是来自英国和荷兰等欧洲国家的一些研究文献。城市地理学家彼得·霍尔（Peter Hall）将创新型城市界定为"处于经济和社会的变迁中，许多新事物不断涌现并融合成一种新的社会形态的具有创新型特质的城市"[1]。

创意指数（Creative Index）概念是由卡内基·梅隆大学（CMU）教授、区域经济发展研究专家理查德·弗罗里达（Richard Florida）在 2002 年的著作《创意阶层之兴起》[2]一书中首次提出，旨在以简化的形式反映文化创意产业对经济增长的贡献力，并为决策者的行为、评估、测量以及影响力的监测等提供一个评估指导。同时，Florida 教授提出一方面创意指数反映出创意经济与社会、经济、文化等环境因素的关联度；另一方面创意指数也从侧面反映了区域内创意集群企业竞争优势的来源。2006 年南希·K. 纳皮尔（Nancy K. Napier）和米凯尔·尼尔松（Mikael Nilsson）给出了对创意更为具体的定义：通过创意人才的行动和创意的集体过程创造出新的、合适的、有价值的事物的能力，这种能力是竞争优势的来源[3]。目前较成熟的创意指数研究包括 3Ts 指数、欧洲创意指数、全

---

[1] 倪芝青. 中国城市创新创业评价指数体系初探 [M]. 北京:科学技术文献出版社,2021.

[2] Sawicki D. The Rise of the Creative Class：And How it's Transforming Work, Leisure, Community and Everyday Life[J]. American Planning Association. Journal of the American Planning Association,2003,69(1)：90.

[3] NAPIER N K, NILSSON M. The Development of Creative Capabilities in and out of Creative Organizations：Three Case Studies[J]. Creativity and Innovation Management,2006,15(3)：268-278.

球创意指数、香港创意指数、上海城市创意指数和北京文化创意指数❶。

2002年，Florida教授创新性地提出了3Ts指数，具体由技术（Technology）、人才（Talent）、宽容度（Tolerance）三个关键评价体系构成（图6-4）。其中，技术指数还可以裂变成高科技指数和创新指数，高科技指数基于米肯研究院的分析数据。人才指数表示从事创意事业的人口在就业总人口中的比例。宽容度指数是用于通过反映城市的开放性或多元性的指数，包括同性恋指数、从事艺术创作相对人口的波西米亚指数、移民或在国外出生者占总人口比例的熔炉指数❷，并运用该评价指标体系，就美国50万人口以上的81个大都市区和50个州进行了创意能力评价。澳大利亚地方政府协会也分别运用这一指标体系评价了澳洲城市经济和产业集群发展的潜力。英国"新经济基金会"也对40个城市进行了评估，3Ts奠定了创意指数的研究基础。

2004年，Florida与艾琳·蒂纳格利（Irene Tinagli）合作，根据欧洲现实环境与欧洲实际情况，将3Ts理论应用于欧洲，提出了欧洲创意指数（ECI）（表6-1）和全球创意指数（GCI）（表6-2），同

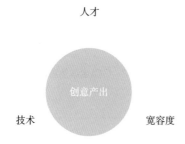

人才

创意产出

技术　　　　宽容度

图6-4　3Ts评价体系

---

❶ 陈颖,龚雪,高长春. 全球创意指数的比较与分析 [J]. 软科学,2010,24(12):30-33.
❷ Sawicki D. The Rise of the Creative Class：And How it's Transforming Work，Leisure，Community and Everyday Life[J]. American Planning Association. Journal of the American Planning Association,2003,69(1): 90.

样包括技术指数、人才指数和宽容度指数。虽然和3Ts在指数表层上一致，但内容上融合了很多人们对新事物的态度、价值观等"软性"指标。欧洲创意指数也是目前影响国际的创意指数。

2004年，香港大学文化政策研究中心立足香港本土特色，借鉴了美国和欧洲创意指数体系，在3Ts的基础上创造性地提出了5C指数，即香港创意指数（HKCI）（图6-5），具体包括：创意成果和产出、结构与制度、人力资本、社会资本、文化资本5个指标在内的指数体系。创意成果和产出是由其他4种指标互动作用而产生的结果。

表6-1　ECI欧洲创意指数

一级指标	衡量依据
人才指数	年龄在25~64岁人群中拥有学士或以上学位人数比例 创意从业人员占全部从业人数的百分比 每1000名工人所拥有的从事研究工作的科学家与工程师的数量
技术指数	每百万人拥有的生物术、信肩、技术以及航空等高科技领域的专利数 研发支出占GDP比重 每百万人拥有专利申请量
宽容度指数	主动或被动宽容的人数占总人数比例 一个国家将传统视为反现代的或世俗价值观的程度 代表一个民族对个人权利和自我体现的重视程度

表6-2　GCI全球创意指数

一级指标	衡量依据
人才指数	年龄在25~62岁人群中拥有学士或以上学位人数比例 创意从业人员占全部从业人数的百分比 每1000名工人所拥有的从事研究工作的科学家与工程师的数量
技术指数	研发支出占GDP比重 每百万人拥有专利申请量
宽容度指数	一个国家将传统视为反现代的或世俗价值观的程度 代表一个民族对个人权利和自我体现的重视程度

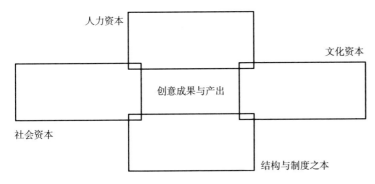

图6-5　香港创意指数 HKCI

2006年，上海作为创意经济中心依托国际金融城市的独特环境，率先发布了我国内地第一个关于城市创意的指数体系，即上海创意指数❶（表6-3），指数分别由产业规模、文化环境、科技研发、人力资源、社会环境五个指数方面构成。在此之后，上海进一步研究产生了"设计之都"指标体系，包括三大类：成果指数、环境指数和潜力指数一共25个指标。此项研究对于国内城市竞争力的研究有着很好的借鉴意义。

表6-3　上海创意指数

一级指标	衡量依据
产业规模指数	创意产业的增值占全市增加值的百分比；人均GDP
科技研发指数	研究与发展经费支出占GDP的比重； 高技术产业拥有自主设计产权产品； 科技研发指数实现产值占GDP比值； 高技术产业自主设计产权拥有率； 每十万人专利申请量；每十万人发明专利量； 市级企业技术中心数
文化环境指数	家庭文化消费占全部消费的百分比；公共图书馆每百万人拥有数； 艺术表演场所每百万人拥有数；博物馆和纪念馆每百万人拥有数； 人均报纸纸张数量；人均期刊数量；人均借阅图书馆图书的数目； 人均参观博物馆的次数；举办国际展览会项目数
人力资源指数	新增劳动力人均受教育年限，高等教育毛入学率，每万人高等学校在校学生数； 户籍人口与常驻人口比例，国际旅游入境人数，因私出境人数，外省市来沪的旅游人数

❶ 鲁育宗. 上海创意产业发展报告 [J]. 上海经济, 2005(3)：55-63.

续表

一级指标	衡量依据
社会环境指数	全社会劳动生产率，社会安全指数， 人均城市基础设施建设投资额； 每千人国际互联网用户，宽带接入用户数， 每千人移动电话用户数； 环保投入占GDP的百分比，人均公共绿地面积； 每百万人拥有的实行免费开放公园数等

2006年，北京市统计局、国家统计局北京调查总队制定了《北京市文化创意产业分类标准》，在此基础上研究建立了北京文化创意产业统计指标体系和北京文化创意指数，分别由文化创意贡献指数、文化创意成果指数、文化创意环境指数、文化创意投入指数、文化创意人才指数五个部分构成[1]。

2012年，CCCI指数由深圳大学创立研究，该研究基于波特的钻石模型、系统论、Interbrand品牌评估法等相关理论方法，构建了一个由要素推动力、需求拉动力、相关支撑力和产业影响力四大模块、九个二级指标和十八个三级指标构成的中国城市创意指数（CCCI）模型[2]。该模型的创新之处是在考虑了人才、经费、科技、文化等资源推动的同时，还考虑了文化需求和消费潜力的拉动作用，以及通信、网络等相关行业的支撑作用。2020年CCCI指数显示，各城市创意指数显著提升，前十强城市分别为：北京、上海、深圳、广州、香港、杭州、苏州、重庆、成都、南京。

从以上研究中可以看出，Florida的3Ts理论作为创意指数的基础，人才、技术和文化是一个城市创意产业发展的必要指数。但同时，对于一级指标权重和数据标准化方法而言，有着较大的差异。其中，3Ts、欧洲创意指数、全球创意指数、香港创意指数都是采用了等权重的方式进行计算，而上海城市创意指数、北京文化创意

---

[1] 张小洁,徐燕. 北京文化创意指数研究 [J]. 北京市第十五次统计科学讨论会获奖论文集,2009:7.

[2] 佚名. 2013 中国城市创意指数(CCCI)在深圳大学发布 [J]. 深圳大学学报:人文社会科学版,2014,31(1):39.

指数和深圳大学的城市创意指数都是对一级指标采取非等权重的方式分配比例。然而，不管是哪一种创意指数，都需要用大量的数据做支撑，通过不断筛选归纳到相应的指标后，还需对指标数据进行去量纲化的处理，以得到能够比较的标准化数据。对于城市软实力或者无形资产，如知识、创意、信息等的衡量随着城市的发展和特点也有着不同的考量，需要与时俱进。

熊彼特定义"创新"为一种新的产品、生产方式、新市场、新的材料供应源或新工业组织等引起的新生产函数的建立❶。创新指数是指从宏观层面反映创新经济与社会、经济、文化的关联度，体现创意国家、城市或地区经济发展中的活力、广度和动力的核心竞争力指标，借以综合衡量国家或地区创意经济对整个国民经济的影响，发现经济发展的关键要素及其互动关系，进而辅助国家、产业和企业的决策。相比创意指数体系，创新指数体系出现较早并且有着连续性的研究，典型代表有欧盟理事会发布的欧洲创新计分牌（EIS）❷和欧洲工商管理学院（INSEAD）发布的全球创新指数（GII）❸等。

2001年，欧盟委员会推出了"欧盟创新指数报告"，对欧盟成员国的创新绩效进行定量比较，以美国和日本为标杆来分析欧盟各国的创新优劣势。在报告中创新指数由创新环境、创新投入、创新活动和创新成效四个指标构成。EIS从创新绩效层面衡量各国创新投入和创新产出的综合表现。

2007年，由世界知识产权组织、康奈尔大学、欧洲工商管理学院共同发布"全球创意指数"，衡量全球一百二十多个经济体在创新能力方面的表现，是全球政策制定者、企业管理执行者等人士的主要基准工具。它反映出了在全球经济越来越以知识为基础的背景下，创新驱动的经济发展与社会增长之间的联系。GII创新指数主要通过创新效率比进行测度，分为投入和产出两类指标。投入类指标包括政策制度环境、人力资本和研究、基础设施、市场成熟度

❶ 约瑟夫·熊彼得. 经济发展理论 [M] 北京：商务印书馆，2000.
❷ EIS-RIS 2021 | Research and Innovation[EB/OL]. [2021-12-12].
❸ DUTTA S, LANVIN B, LEÓN L R, et al. Global Innovation Index 2021[J]. 2021：226.

和商业成熟度五个维度；产出类指标包括知识和技术产出、创造性产出两个维度，涵盖从专利申请量到教育支出等81项具体评估指标。●2021年中国排名第12位●，较2020年上升两位。

创新指数体系相对更加重视技术、研发以及其中的知识产权问题对经济创新能力的影响，这在一定程度上也体现了创意与创新概念的差别。相比创意强调构思原创思想时的智力或灵感，创新强调对已有创意的一种重新审阅、改编和扩充的过程；创意比较私人化和具有主观性，而创新则具有团队性、竞争性和客观性，创意可能引起创新，但创新很少引起创意。正是由于创意与创新的这种差异，创新可以视为一种生产要素直接进入生产过程，而创意是否具有经济和社会价值则需要经过创新实践和市场检验，所以创新是创意的定价和保护机制●。相较于创意指数和创新指数体系，竞争力指数体系更加宏观，指标涵盖范围更广泛，且部分体现了对创意、创新能力的重视。总体来说，创意、创新指数体系与竞争力指数体系形成了局部与整体的关系。

二、创新设计竞争力和可评价性

2016年10月，路甬祥院士在"海峡两岸暨港澳科技合作论坛"上的报告中对设计的动力与环境进行了分析并提出了设计竞争力的可评价性观点，从市场竞争力评价、引领能力评价、持续发展能力评价三个评价维度展开了详细论述。其中，市场竞争力评价包括设计服务产业的总量和占比；创新设计带来的产品服务增值率、增长率和溢价水平；创新设计产品服务在全球细分市场的占有率，同业盈利的占比，为用户、社会创造的价值等。引领能力评价主要指引

● 许海云,张娴,张志强,等. 从全球创新指数(GII)报告看中国创新崛起态势 [J]. 世界科技研究与发展,2017,39(5):391-400.
● 佚名. 2013中国城市创意指数(CCCI)在深圳大学发布 [J]. 深圳大学学报(人文社会科学版),2014,31(1):39.
● 谭娜. 创意指数体系构建机制探析——基于创意、创新及竞争力指数体系比较研究 [J]. 东岳论丛,2013,34(11):68-74.

领行业、引领全球的业态创新能力；产业的占比，引领全球的产品与服务；数据平台的能力、应用先进设计理论的能力和普及程度等。持续发展能力评价是从设计绿色低碳指数、设计标准的国际化、先进性，保障生命生态等方面衡量。同时强调需要以能统计、能评测、能比较的数据指标为依据，针对企业、行业、城市和国家应该分别建立科学评价函数，并采用合理的科学方法对其设计竞争力进行评价[1]（图6-6）。

2017年，中国工程院"创新设计竞争力研究"综合组提出了创新设计竞争力的研究战略。战略指出创新设计竞争力研究包含国家、城市、企业三个层面，分别建立科学合理的指标，并强调指标选取的优劣是决定评价体系科学性的首要因素。通过若干样本实证分析验证，构建科学有效的创新设计竞争力的评价指标体系[2]。研究确定创新设计竞争力的一级指标由设计效益、设计能力、设计战略构成。设计效益主要由与创新设计相关的研发成果、新产品及新

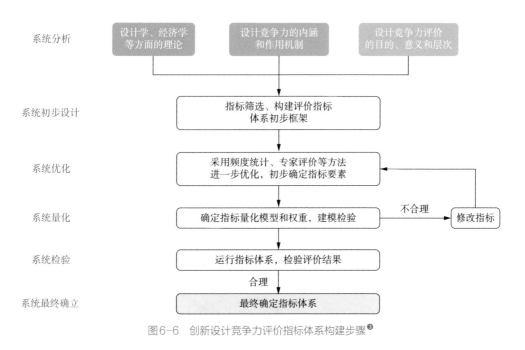

图6-6　创新设计竞争力评价指标体系构建步骤[3]

❶ 路甬祥. 关于创新设计竞争力的再思考 [J]. 中国科技产业,2016(10)：12-15.
❷ 同❷.
❸ 佚名. 创新设计竞争力战略研究 [J]. 中国工程科学,2017,19(3)：100-110.

服务模式等表征；设计能力（潜能）指标主要由设计教育水平、设计研发投入、设计技术和工具来表征；设计战略指标主要由政策支持、设计文化等组成。

路甬祥院士在给出了创新设计评价的具体要素后，就提升创新设计竞争力又给出了值得思考的几大建议[1]。路院士指出创新设计竞争力要素[2]包括知识技术、创新人才、创新环境、价值理念、体制机制、创意创造（图6-7），其中，知识技术是创新设计竞争力的基础和核心；创新环境是培育设计竞争力的沃土；体制机制是创新设计竞争力的主要影响成分；价值理念是创新设计竞争力的核心精神；创意创造是创新设计竞争力的中心因子；人才是创新设计竞争力的首要要素。

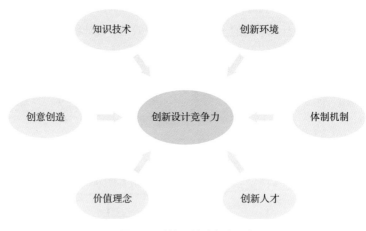

图6-7　创新设计竞争力要素

2018年9月20日，上海哲学社科基地—同济大学创新设计竞争力研究中心（Tong ji DCRC）协同机械工程学会于"创新设计助力新兴产业发展会议"上发表了《2018全球设计竞争力》的报告，该报告内容基于创新设计竞争力战略研究所给出的三个一级指标（设计效益、设计能力、设计战略）从三个维度和九个视角，总结出九个指标评估了各国家或地区的设计竞争力（表6-4），并且基于权威性数据实证分析74个国家或地区在2015~2017年的设计竞

❶ 路甬祥. 创新设计竞争力研究 [J]. 机械设计, 2019, 36(1) : 1-4.

❷ 佚名. 创新设计竞争力战略研究 [J]. 中国工程科学, 2017, 19(3) : 100-110.

争力，将设计竞争力划分为"强""较强""中等""较弱"和"弱"五个等级。报告显示，有11个经济发达国家，如美国、日本、荷兰等处于"设计竞争力强"的梯队；芬兰、意大利、中国香港等10个国家和地区属于"较强"的梯队；中国内地位列第15位，属于"设计竞争力较强"梯队，同时也是发展中国家里设计竞争力最强的国家。

表6-4 《2018全球设计竞争力》的指标体系

总指数	维度指数	维度内涵	维度的衡量视角	衡量指标
国家设计竞争力	设计效益	设计给产品、服务等带来的主导性、独特性和丰富性	设计给产品、服务等带来的主导性	知识产权的授权、许可等带来的直接经济收益
			设计给产品、服务等带来的独特性	企业由产品和工序的独特性带来的竞争优势
			设计给产品、服务等带来的丰富性	经济复杂性指数
	设计潜能	设计未来发展的可能性	本国市场对于设计的需求	消费者的成熟度
			国家的科技水平	企业对最新技术的接纳度
			国家的创新环境和水平	全球创新指数
	设计战略	政府对设计的宏观支持	政府对设计的资金支持力度	研发支出占GDP的比重
			政府对设计的政策引导	政府采购对创新的鼓励程度
			政府为设计提供的政策保障	知识产权的保护力度

总而言之，创新设计作为新兴的战略力量，为国家在从要素驱动和效率驱动型经济转向创新驱动型经济发展过程中起到杰出贡献，设计竞争力作为国家、城市、企业发展的驱动力，已经成为衡量发展水平的重要"标尺"之一。

第二节
创新设计评价体系研究的意义

设计能力作为创新发展程度的重要衡量标准，对于显著提升国家的综合竞争力已经从多方面取得了验证。目前我国对创新设计展开战略性研究，创新设计能够通过联动生产关系从而推进生产力的变革，同时对于持续优化生产方式也具有积极的作用。所以，创新设计竞争力的评价有助于客观分析各国设计政策及其产业创新发展状况，进行比较和分析后对当前状态进行合理性调整，在补足劣势和增长优势的环境下实现可持续的发展。这不仅对国家综合竞争力的提升有着重要的理论意义，同时对城市以及企业设计竞争力的提升也有着现实意义和引领作用。

同时随着新一轮技术创新浪潮正在全球范围内兴起，各产业发展的影响日益深远。除了云计算、大数据、3D打印等新时代技术的迸发之外，新兴的科学技术将主要深入到新能源、新生物学、新材料和制造业等领域发挥作用❶。所以为了更加客观地反应这些创新型的新技术产生的实际价值，以及为它们提供更有效的政策、研究环境，需要从创新设计的角度将这些要素整合在一个评价系统内，这是研究创新设计评价指标体系的客观意义。

此外，目前对于创新设计竞争力和创新设计评价的研究还处于

---

❶ 马明媚. 新技术革命对产业变革的影响 [J]. 商，2015(31)：267.

积极发展的阶段，虽然当前相关的研究和应用已有很多，一些理论也已经进行了实践，但总体来说这部分的研究较为分散，仍有极大的探索空间和研究潜力。

第三节
创新设计评价体系的相关研究成果

一、城市设计竞争力评价体系研究

（一）城市设计竞争力的指标要素

在以创新驱动为主要动力的全球经济发展时代，创新设计在提升国家和城市核心竞争力、建设创新型国家进程中将发挥越来越突出的作用。2015年，中国工程院启动了"设计竞争力研究"咨询项目，组织来自全国高等院校、研究机构和重点企业的多位院士和众多专家组成项目研究组，从国家、城市、企业三个层面展开深入调研和实证研究。浙江大学设计竞争力研究课题组在国内外研究的基础上提出，衡量一个城市设计竞争力水平的指标要素归纳为三个方面：一是当前一个城市区域内进行各类创新设计活动所具备的基础条件，二是各类创新设计活动所产生的效益，三是各类创新设计活动的可持续性。

1. 基础条件
基础条件包括城市所处的地理位置、城市的历史文化、城市的设计文化、城市拥有的产业环境和产业资源、城市的先进技术资源的存量等。

2. 产生的效益
产生的效益可以从两个方面进行分析，一是面向经济产出的，二是面向居民的。从经济产出方面来说，该价值可包括：由文化创意行业和设计相关行业所创造的直接经济产出和在其他行业中由创新设计驱动所带来的间接经济产出；从居民方面来说，该价值可包括：从事创新设计相关工作人员的工资收入、与创新设计相关的工作岗位数量、因创新设计所创造的优质的生活环境等。

3. 可持续性

可持续性是城市自身对于创新设计发展战略规划的重要体现，可从三个方面进行归纳：一是该城市对创新设计活动和相关产业的政策扶持力度，二是该城市对创新设计产业发展和各类创新设计活动的资金支持力度，三是该城市对各类创新设计人才的引进力度[1]。

（二）城市竞争力水平的综合评价体系

根据指标体系构建流程，通过影响因素分析、指标池选择、专家访问优化、指标体系构建、预评估、修正及再评估等多轮研究的展开与推进，最终构建起反映城市创新设计竞争力水平的综合评价体系。效益指标包含两个二级指标，设计能力指标包含四个二级指标，设计战略指标包含两个二级指标。八个二级指标涵盖了研发成果、新产品、设计教育水平、设计研发投入、设计技术和工具、节能减排、政策支持和设计文化。在此框架下，细化的三级指标共有25个。

1. 效益指标

效益指标由创新设计领域增加值占全国创新设计领域增加值比重[2]，本市单位制造业增加值的全球设计专利授权量，本市拥有制造业知名品牌营业收入占全国制造业知名品牌营业收入比重，新产品国内市场占有率，新产品商业模式运行效率，新产品质量与用户满意度六个三级指标构成。作为一级指标的效益指标，占整个指标体系的35%，而其所包括的六个指标的权重比例相同，均为5.83%（表6-5）。

❶ 项琳. 城市设计竞争力评价指标体系构建及实证分析 [D]. 杭州：浙江大学,2016:20.
❷ 熊皎宇. 城市设计竞争力的形成机理与评价模型 [D]. 杭州：浙江大学,2016.

表6-5　城市设计竞争力效益指标

一级指标	二级指标	三级指标	比重（%）
效益35%	研发成果	创新设计领域增加值占全国创新设计领域增加值比重	5.83
		本市单位制造业增加值的全球设计专利授权量	5.83
		本市拥有制造业知名品牌营业收入占全国制造业知名品牌营业收入比重	5.83
	新产品	新产品国内市场占有率	5.83
		新产品商业模式运行效率	5.83
		新产品质量与用户满意度	5.83

2. 设计能力指标

设计能力指标由设计领域从业人员增速、设计师数量占设计领域从业人员比重、设计领域研发投入强度、设计领域民间投资增速、设计领域银行中长期贷款增速、设计研发及孵化平台营业收入增速、数字化设计工具普及率、先进设计技术渗透率，设计园区节能优先率、设计园区减排优先率十个三级指标组成。作为一级指标的设计能力指标在指标系统中所占权重为45%，而其包含的十个三级指标权重也是相同的，均为4.50%（表6-6）。

表6-6　城市设计竞争力设计能力指标

一级指标	二级指标	三级指标	比重（%）
设计能力45%	设计教育水平	设计领域从业人员增速	4.5
		设计师数量占设计领域从业人员比重	4.5
	设计研发投入	设计领域研发投入强度	4.5
		设计领域民间投资增速	4.5
		设计领域银行中长期贷款增速	4.5
		设计研发及孵化平台营业收入增速	4.5
	设计技术和工具	数字化设计工具普及率	4.5
		先进设计技术渗透率	4.5
	节能减排	设计园区节能优先率	4.5
		设计园区减排优先率	4.5

3. 设计战略指标

设计战略指标由市政战略支持创新设计力度（平台、园区、展会），退税额增速，专项扶持资金额，财政补贴额增速，城市对大数据、"互联网+"、云计算等方面的支持，城市独特性工业创新文化水平，城市创新创业水平，设计安全认知度，城市设计氛围与创新设计社会认知度九个三级指标组成。作为一级指标的设计战略指标占整个指标体系的20%（表6-7）。

表6-7　城市设计竞争力设计战略指标

一级指标	二级指标	三级指标	比重（%）
设计战略20%	政策支持	市政战略支持创新设计力度（平台、园区、展会）	2.2
		退税额增速	2.2
		专项扶持资金额	2.2
		财政补贴额增速	2.2
		城市对大数据、"互联网+"、云计算等方面的支持	2.2
	设计文化	城市独特性工业创新文化水平	2.25
		城市创新创业水平	2.25
		设计安全认知度	2.25
		城市设计氛围与创新设计社会认知度	2.25

研究选取国内32个典型城市和18个以G20国家中心城市为代表的国外城市开展评估。国内32个城市从区位特点看，既有港口城市，也有内陆城市，也涵盖了"一带一路"沿线的节点城市，具有深厚的历史文化积淀，相互之间交叉可比，极具代表性。18个国外城市均为具有影响力的国际化大都市，是各国政治、经济、文化中心，城市发展水平和区域特征各有不同，具有很强的典型性。以2015年数据为例，对国内32个城市进行定量分析，结果表明，总体排名能够比较清晰地体现城市设计竞争力的阵营分布，上海、香港、深圳、广州整体实力比较突出，占据了第一阵营；杭州、北

京、南京等城市紧随其后；中西部城市整体实力稍弱。

对效益指标、设计能力指标、设计战略指标三类一级指标开展分析，可以得到各指标表现领先的城市。属于设计能力驱动型的城市有上海、广州、深圳、杭州、北京；属于设计战略驱动型的城市有深圳、上海、广州、杭州、宁波、北京、南京、重庆、合肥、成都、西安、无锡、苏州等。综合各项指标的表现，上海、深圳、广州、杭州是在三类一级指标中均表现俱佳的城市。

该指标体系结合了我国现实情况和创新设计产业发展特点，对提升我国城市设计竞争力水平具有一定的参考价值。结合分析结果和各级指标，给出提升我国城市设计竞争力水平的对策与建议：首先，在政府战略层面应重视长远规划，制定长期合理的发展战略，并配合战略目标制定科学、合理的推动计划；其次，对创新设计产业的发展应给予大力支持，落实相关资金和配套资源，同时政府需进一步关注文化创意类产业的发展，加大政策扶持力度；再次，国内城市仍需进一步加大对设计人才的培养与引进力度，目前国内各大城市对设计人才的培养和引进处于快速发展阶段，在人才交流和自主人才培养方面还有很大的提升潜力，在教育资源开发和引进机制方面还需进一步完善；最后，国内对于知识产权的保护还不够充分，良好的知识产权保护体系是创新设计产业良性发展的前提，应进一步完善知识产权保护领域的法律法规。

以该研究为基础，创新设计分中心于2020年对宁波和丰创意广场进行了设计竞争力评价研究。

宁波和丰创意广场是宁波市委、市政府为加快推进创新型城市建设步伐，提升优化服务业水平，促进产业结构优化升级而打造的重要平台。广场总建筑面积约34万平方米，总投资约26.15亿元，由宁波工业投资集团有限公司、鄞州区人民政府和宁波城建投资控股有限公司共同投资组建的宁波和丰创意广场投资经营有限公司具体负责开发、建设、招商、运营及管理。项目于2009年4月9日开工建设，2011年9月底竣工，同年10月20日正式开园。

作为宁波创新设计的主平台，126家中外设计创意机构、3182名专业设计人才在和丰集聚成长，涵盖汽车、船舶、服装、家电、五金、模具、医疗器械、装备制造、农用机械等十多个领域，是宁波制造业转型升级的创新源泉。和丰创意广场以助推制造业高质量发展为使命，通过打造宁波工业设计博物馆、举办宁波创新设计周品牌活动、组织"百家设计机构进千家制造业企业"产业对接活动、长三角高校设计学科宁波峰会等举措，不断夯实产业孵化培育功能，构建起创研、创孵、创服、创投、创筹等为特色的设计产业生态链，培育出一批"名企、名师、名品"。其中全国十佳工业设计机构二家、省级十佳工业设计机构四家、省级工业设计中心六家，并先后获评全国首批四家"中国工业设计示范基地"、全国首批"小微企业创业创新示范基地"、省级重点文化产业园等殊荣，2020年获工信部颁发"设计文化推广示范中心"荣誉称号。已连续七年在全省18个工业设计示范基地中考核蝉联第一。2017年起，全市营业额前十位的工业设计机构中，有8~9家出自和丰。和丰设计机构贡献全市工业设计机构80%以上的设计营收。目前和丰创意广场已成为浙江省创新设计平台的品牌和标杆，"做设计到和丰，要设计找和丰"的品牌影响力深入人心。在不断夯实服务能力的同时，持续提升产业集聚和专业招商，优化创新设计服务平台建设，推进发展创新设计与宁波"246"产业集群的深度对接融合，争取产业扶持政策与项目合作，探索产业培育发展新模式。

通过调研、对比和分析，总结不同产业集聚区域的制造业生态与设计的依存关系，不同制造业生态对设计服务产业发展的影响，同时设计服务对促进制造业发展作用的体现。

从国家层面来看，此课题研究将有助于从具体的区域、行业、企业入手，深入了解设计服务的发展现状和问题，见微知著，反推出设计服务对国家政策的需求变化。从浙江省层面来看，不同城市和区域的设计服务发展模式和生态存在一定的差异和先后。深入具体地看待差异化的发展情势和问题有助于制定具有针对性的设计产业发展规划，发挥出创新设计最大的推动作用。从宁波市层面来看，本课题的研究也将进一步剖析在面对传统制造业向智能制造转型的关键时期，发展创新设计将如何调整原有的工业设计发展模式，解决多年来的发展瓶颈和问题，挖掘宁波市经济发展新动能对设计转型的影响。当前，宁波以当好浙江建设"重要窗口"模范生的责任担当，按照"246"万千亿级产业集群建设、打造制造业单项冠军之城等重要决策部署，致力于将创新设计、品牌设计、软件和集成电路设计等生产型服务业，以及智能制造、工业互联网等，打造成为数字经济的主动能，打通制造业国内大循环和国内国际双循环的数字大通道，争创国家制造业高质量发展试验区。

在加快推进制造业高质量发展的实施措施上，宁波市已经提出了聚焦提质扩量，构建高能级产业体系；聚焦智能制造，促进高水平融合发展；聚焦创新能力，建设高层次创新体系；聚焦竞争优势，培育高素质市场主体；聚焦竞争优势，培育高素质市场主体的实施意见。设计将在其中发挥出重要的作用。对和丰创意广场而言，通过对照国内其他设计园区在产业集聚和培育方面的各项指标，以及创新设计推动制造业转型升级相关参数的设置对比，提出了和丰创意广场下一步产业发展对策建议。加快研究和丰创意广场下一步发展战略，明确和丰创意广场发展"十四五"期间发展方向和主要任务，推动创新设计产业扶持培育工作。

研究报告从国内主要设计产业服务平台和集聚园区的发展现状分析入手，然后对制造业高质量发展路径和创新设计发展特点进行比对，基于政策方向和创新设计脉络得出创新设计服务能力评价指标体系，从而对和丰创意广场的创新设计能力做出评价，进而对其提出针对性的创新设计发展路径和规划，由此能够推动创意园区更有针对性地审视、改进和评估创意产业。

通过对典型设计服务平台与聚集园区，如广东工业设计城、深圳设计产业园、北京DRC工业设计创意产业基地等园区在政策支持、资源优势、人才优势、技术优势、硬件配套、产业方向和产学研合作几个维度的特点进行分析总结，作为建设和发展参考。同时，结合制造业和创新设计的发展要求，提出创新设计服务能力指标体系。需要注意的是从创新设计的定义及内涵来看，创新设计服务能力的指标应当涵盖工程设计、工业设计、服务设计等领域，要满足绿色低碳、网络智能、共创分享的时代特征。从当前企业的设计部门和独立的设计公司的发展现状来看，创新设计服务能力还应当充分考虑企业的效益、业务形态、服务模式等。从平台管理和共享服务提供方面来看，创新设计服务能力还应当包括平台的信息聚合程度、商业模式、服务主体关系、平台价值、数据资源等。创新设计服务能力不仅是对单个的设计团队或设计公司的评价，也是对一个城市和地区的创新设计平台的评价，因此，指标需要具有一定的普适性，又能区分设计团队和平台的不同侧重（表6-8）。

表6-8 创新设计服务能力指标体系

一级指标	二级指标	三级指标
设计服务效益指数	经济效益	制造业年产值与设计服务主体设计服务年产值比值
		设计服务主体设计服务年产值增长率
	产权效益	设计服务对象新产品专利授权量比重
		设计服务主体自主研发产品比重
	品牌价值效益	设计服务对象品牌价值增长率
		设计服务主体自主品牌价值增长率
设计服务可持续竞争指数	人才结构	设计服务主体人才构成比例
		设计服务主体人才引进比例
		设计服务主体人才流动率
	资金投入	设计服务主体运营成本占比
		设计服务主体研发投入增速
		设计服务主体金融政策
	数字化	设计服务主体数字化管理
		设计服务主体数字资源转化率
	资源	供应链合作
		技术研发合作
		设备资源合作

一级指标	二级指标	三级指标
设计服务全过程深度指数	研发	设计规划参与度
		技术研发参与度
	制造	制造设备参与度
		制造流程参与度
	营销	渠道分布参与度
		营销模式参与度
设计服务环境发展指数	政策支持	支持政策力度
		战略政策方向
		专项政策落地
	城市环境	平均薪资水平
		创新创业水平
	设计价值认同	设计活动影响力
		客户信任度
		设计服务报价

　　创新设计服务能力指标不仅针对设计服务企业，也可用于以设计服务企业集聚的区域设计平台以及设计行业。一级指标具有较高的普适性，能够应用于平台和企业；二级指标中政策环境和城市环境不适用于设计服务企业的评估；三级指标中设计服务主体金融政策、设备资源共享、创新创业水平、设计活动数量不适用于设计服务企业的评估。通过创新设计服务能力指标的设定和评价方法的确认，可以量化地分析设计团队或平台对制造业高质量发展的推动作用，寻找到制约设计行业发展的问题所在，探究出设计与制造融合的契机和关键点，从而进一步加强和实现制造业高质量发展的目标。

二、创新设计作品评价研究

　　除了城市设计竞争力评价体系方面外，对于创新设计作品的评价体系也有相关的研究。与城市设计竞争力不同的是，研究主体从宏观角度转向微观角度，设计作品的评价是体现设计竞争力的重要方法，通过有效的体系和方法量化设计作品能够以小见大，体现出不同地区、环境下的设计趋势和设计水平。然而，不同的设计竞赛，其评审方式和评审标准不尽相同，除了因竞赛宗旨或比赛性质的不同造成的差异外，是否也与评审团本身的组织结构（背景组成）不同有关，则有待考证。为了降低因评审者主观因素造成的评审误差，创新设计竞赛领域需要一套较为规范的评审标准，来促进设计类竞赛的规范和发展，同时也保障各位参赛者的比赛权益。此外，纵观当前的设计竞赛领域，并没有一个融合竞赛报名、竞赛评审、竞赛管理于一体的竞赛系统，在信息化和互联网化的今天，这显然已经落后于时代。设计类竞赛的分散非常不利于设计类竞赛数据的后续收集和整理工作，更不利于分析设计竞赛获取的设计信息。

鉴于此，浙江大学工业设计研究所团队❶基于创新设计构成要素构建了一套作品综合评价体系和评价方法，旨在为设计比赛提供更优的作品评价服务。设计比赛能够提升国家设计水平和打造海外国家形象，同时能够促进设计和商业的结合，提高设计的生产力，结合类似的标准化评价体系，能够更科学、客观地对作品进行评价。在国家对创新设计高度重视的今天，创新设计作品评价体系也应该顺应时代的潮流进行相应的改革。创新设计并不是单一方面的创新，而是需要融合技术、制度、管理、市场、环境等多因素于一体的创新。作为我国开展自主创新设计中非常重要的一个环节，需要融合创新设计中的不同属性和方面，对设计作品进行不同维度的考量，才能够促成符合创新设计发展的设计作品。评价指标体系需要准确地阐释创新设计作品应该具有的基本特征属性。根据中国创新设计产业联盟提出的创新设计思路，将技术、艺术、人本、文化、商业五大部分作为评价基础属性，而每一个评价基础属性包含若干个具体评价指标。为了获取这些具体评价指标，研究人员所属的中国工程院《创新设计知识服务系统》项目组走访了多位设计类

---

❶ 张颖. 基于创新设计构成要素的作品综合评价系统研究 [D]. 杭州:浙江大学,2016: 19-69.

竞赛的一线评审、具有多年教龄的设计专家、设计教育者具有多年设计参赛经验的设计类学生。通过统计与分析，并结合相关文献，总结出图6-8中的基础属性和具体评价指标，构成本创新设计作品评价体系的评价指标体系。

能够看出创新设计作品本身其实是一个多元化的复杂问题，并非某一个特点或方面可以概括的，其评价指标体系具有明显的层次性，也包含很多难定量的问题，如文化属性、艺术属性，所以在研究中利用层次分析法（该方法将定性和定量方式相结合，具有系统化和层次化的特点。层次分析法主要用来处理一些较为复杂、并非具体量化的问题来做出决策，尤其适合并非完全按照定量方式分析的问题）构建层次模型，再结合模糊评价法（理论的目的是用数学方法解决较为模糊的问题。该方法包含的隶属函数和隶属度专口针对定性因素，能够用精确的数学语言描述定性和不确定因素，帮助解决统一各个指标量纲的问题）对作品的各项特性进行评价。

确定了评价指标和评价方法后，该研究提出了相应的评价平台，旨在为创新设计竞赛参赛人员和管理人员提供一个易于掌握、便于使用的创新设计作品综合评价的支持系统，为衍生产品的开发和设计提供支持，同时为今后竞赛服务信息的大数据获取提供便利。可在PC端实现采用模糊层次评价方法进行的创新设计综合评价的全部过程，并输出评价结果；为创新设计相关人员提供较为可靠的工具，通过本系统可以科学合理地完成创新设计综合评价，辅

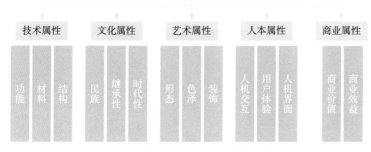

图6-8 创新设计作品综合评价指标体系

助完成大量设计作品的初步筛选工作；可实现异地数据存取，利用互联网技术，让管理人员和参赛人员可方便地通过互联网完成数据共享，使用客户机／服务器体系结构，实现方便的数据库查询，对于数据的管理和组织具有长远意义；拥有良好的交互界面，界面具有一致性，操作简单易上手，整个系统应该直观、易用。

平台主要针对参赛者、评价者和管理者三个用户群体进行权限设计。参赛者可以直接在平台录入比赛报名信息，评价者通过系统可对作品进行评价，不同的比赛可对评价指标的权重进行调整以适应比赛的偏重需求。比赛管理模块也属于系统管理平台的一部分，主要负责对创新设计比赛进行相关管理，同时对比赛作品进行相关管理。该模块的主要使用对象是系统管理员，主要功能包括比赛信息管理功能、比赛发布功能、比赛作品管理功能、分配作品评价者功能、分配权值评价者功能。

以此研究为基础，创新设计知识服务系统于2020年上线了大赛评价功能（图6-9）。该平台为创新设计竞赛参赛人员和管理人员提供一个易于掌握、便于使用的创新设计作品综合评价的支持系统，同时还能够为设计竞赛服务信息的大数据获取提供便利。评审人员可在PC端实现采用模糊层次评价方法进行的创新设计综合评价的全部过程，并输出评价结果。以"镇海杯"设计大赛为例，评审人员可浏览作品库，并单独对作品相似性进行检索，而后对作品做出评价，评价后自动生成可视化的评价结果，直观地展示作品的成绩。

图6-9　设计大赛评价平台

一方面，创新设计大赛评价平台能够为创新设计相关人员提供较为可靠的工具，更加科学合理地完成创新设计综合评价，辅助完成大量设计作品的筛选工作。另一方面，使用该平台对设计作品的评价数据进行收集，对于大赛数据的管理和组织也具有长远意义（图6-10）。

图6-10　设计大赛评价界面